汉译世界学术名著丛书

物理学理论的目的与结构

〔法〕皮埃尔·迪昂 著

李醒民 译

商务印书馆
创于1897 The Commercial Press

Pierre Duhem

THE AIM AND STRUCTURE OF PHYSICAL THEORY

根据美国普林斯顿大学出版社 1954 年英文版译出

汉译世界学术名著丛书
出 版 说 明

我馆历来重视移译世界各国学术名著。从20世纪50年代起，更致力于翻译出版马克思主义诞生以前的古典学术著作，同时适当介绍当代具有定评的各派代表作品。我们确信只有用人类创造的全部知识财富来丰富自己的头脑，才能够建成现代化的社会主义社会。这些书籍所蕴藏的思想财富和学术价值，为学人所熟知，毋需赘述。这些译本过去以单行本印行，难见系统，汇编为丛书，才能相得益彰，蔚为大观，既便于研读查考，又利于文化积累。为此，我们从1981年着手分辑刊行，至2010年已先后分十一辑印行名著460种。现继续编印第十二辑。到2011年底出版至500种。今后在积累单本著作的基础上仍将陆续以名著版印行。希望海内外读书界、著译界给我们批评、建议，帮助我们把这套丛书出得更好。

商务印书馆编辑部

2010年6月

哲人科学家迪昂

李醒民

在历史上寥若晨星的哲人科学家当中，皮埃尔·迪昂(Pierre Duhem,1861—1916)无疑是其中的佼佼者。他是法国著名的物理学家、科学史家和科学哲学家，是科学思想界一位至关重要的人物。[①] 他学识渊博，才干出众，论著丰硕，思想敏锐，影响深远。作为一位卓越的思想大师和写作高手，迪昂从大学二年级发表处女作起到早逝的三十二年间，共出版了三十二部(共四十二卷)著作、约四百篇论文，总计二万个印刷页，而且这些出版物没有一个是多位作者署名的(这与现代科学出版物众多作者署名形成强烈的对照!)。这些出版物是迪昂以缜密的思维、系统的叙述、雄辩的论证、精妙的风格铸就的丰碑，经过岁月的洗礼，它们今天依然是砥砺智慧的宝库和启迪思想的源泉，成为波普尔所谓的"世界 3"中的永恒之物，源源不断地为人类带来无尽的恩惠。

---

① 关于迪昂的生平、工作和思想的详尽论述，有兴趣的读者可参阅李醒民："皮埃尔·迪昂：科学家、科学史家和科学哲学家"，《自然辩证法通讯》(北京)，第十一卷(一九八九年)，第二期，第 67-78 页。李醒民：《迪昂》，东大图书公司(台北)印行，一九九六年。

"谁云其人亡，久而道弥著。"①作为一位理论物理学家，迪昂在热力学、流体力学、弹性学，尤其是在他所偏爱的能量学或广义热力学中的贡献是独特的。它们不仅在十九世纪和二十世纪之交使法国物理学重新焕发荣光，而且"今日物理学家还能够从中发现许多值得研究和有效反思的论题"（德布罗意语）。例如，普里戈金这位当今知名的哲人科学家在一本著作中专门讨论了"迪昂定理"和"迪昂-马古勒斯方程"，并称迪昂的《论能量学》是一部伟大著作，是对第一原理给出最透彻论述的著作。②

迪昂从未自诩为科学史家，甚至不愿走科学史的"后门"回学术中心巴黎执教，但是接踵而至的恢弘巨著——诸如《力学的进化》、《静力学的起源》、《列奥纳多·达·芬奇研究》（三卷）、《保全现象》，尤其是纪念碑式的伟大著作《宇宙体系》（十卷）——使他成为现代科学史的奠基人。卓尔不群的理智才干，博大精深的学术素养，见微知著的哲学头脑，运用自如的多种古典语言和现代语言的惊人功力，为他钻研中世纪多种文字的原始文献，把握已故科学家的创造和思维过程，分析评判过去的科学内容和现代意义提供了别人难以企及的便利条件。迪昂是一位真正意义上的积厚流广的科学史家，他也许胜过当时所有的其他科学史家，因为没有一个人在研究的深度和广度上能望其项背。有人甚至有点言过其实地认为，与迪昂相比，他的同时代的科学史家似乎有点外行人的味道，因为没有人像迪昂那样埋头于中世纪的浩瀚手稿堆中，以名副

---

① 晋·陶渊明：《咏二疏诗》。

② L. Jaki, *Uneasy Genius: The Life and Work of Pierre Duhem*, Martinus Nijhoff Publishing, Dordrecht, 1987, p. 309.

其实的历史学家的姿态,以全新的方式撰写真实的科学史。就连享有盛誉的科学史大师萨顿竟没有研究过中世纪的手稿和藏书,而他却是靠四卷关于古代和中世纪的巨著确立学术威望的。

迪昂对科学史的重大学术贡献是:彻底粉碎了中世纪是科学的黑暗世纪的神话;肯定从一二〇〇年到文艺复兴,物理学的发展是连续的,尤其是发现了十四世纪巴黎的经院哲学家和基督徒的功绩;列奥纳多和伽利略有其前驱,且了解他们的工作;使中世纪文化和近代科学的起源成为有意义的研究课题。在法国丰厚的史学传统的熏陶下,在长期的科学史研究实践中,迪昂也形成他的异彩纷呈的科学进化观和别具慧眼的编史学纲领。迪昂的编史学纲领,诸如历史的真理是实验的真理,预想的观念在研究中是必要的,对待历史文献的十一个疑问,坚持严格性原则,历史学家要具有正直、诚实、摆脱一切偏好和激情的道德品质,敏感心智或直觉心智在历史研究中必不可少,历史将永远不是演绎科学,历史主义和文脉主义的编史实践和观点等,在诸多方面成为现代编史学的滥觞,至今依然呈现出勃勃生机。

迪昂也是现代科学哲学的先行者。具有科学和科学史双重智力结构的迪昂,在进入科学哲学领域时,肯定具有无与伦比的优势。他把严密的逻辑分析、深邃的心理探索和确凿的历史论证巧妙地结合在一起,既显示出逻辑的严格性,又体现了直觉的洞察力和历史的启发意义,从而一反十九世纪中期之前的传统科学哲学——它以朴素实在论、古典经验论和机械论或还原论为特征标志,从而给这个领域带来时代的新鲜气息。

《物理学理论的目的与结构》(一九〇六年第一版,一九一四年增订第二版)是迪昂科学哲学的代表作。该书比较完整地展现了迪昂的科学哲学思想,是科学哲学的经典篇,是科学思想的里程碑。它的论题即使在今天看来依然是新鲜的和激动人心的,当今科学哲学讨论的诸多问题和提出的许多新颖命题,都能在其中找到思想源泉和智力酵素。难怪德布罗意这样认为:"迪昂论述物理学理论的著作值得大加赞誉,因为这是一部建立在作者的重大个人经验和一个无比强大的心智的敏锐判断基础上的著作,它包含着往往是非常正确和深邃的观点,甚至在我们不能没有限制地采纳它们的情况下,它们无论如何依然是有趣的,并为思想提供了足够的素材。"难怪内格尔如此评论:"迪昂的书是关于现代科学的哲学的最重要的经典著作之一,尽管自第一版出版以来已过去了半个世纪,但它还与目前的问题和当前思想的活跃源泉密切相关。"[①]在内格尔如是估价之后又过了将近半个世纪,恕我孤陋寡闻,似乎在同一论题的著作中,还没有一本能在内容的丰富和思想的新颖方面超越迪昂。

迪昂在《物理学理论的目的与结构》以及其他有关科学哲学的论著中,所做出的学术贡献和所体现的哲学思想主要有如下几项:

1. 构筑物理学理论的逻辑大厦。迪昂对物理学理论的目的、定义、价值、本性、功能、结构等做了广泛而深入的探讨。在他看来,物理学理论不是实在的说明,而是自然定律的描述和分类。理想的理论是其逻辑秩序对应于事物本体论秩序的自然分类的理

---

① P. Duhem, *The Aim and Structure of Physical Theory*, Translated by P. P. Wiener, Princeton University Press, U. S. A., 1954.

论，这样的理论具有经济、分类、示真、审美、预言的功能，他把能量学或广义热力学视为“抽象理论的范式”。迪昂特别看重物理学理论的知识或认知价值，明确反对实用主义的“处方观”和功利主义的效用观。按照迪昂的观点，物理学理论是符号的体系，它是通过以下四个基本操作建构的：物理量的定义和测量、假设的选择、理论的数学展开以及理论与实验的比较。在这里，他关于科学中的语言翻译、卓识是假设取舍的审判员、理论与实验比较的整体性特征等论述，格外引人入胜和发人深省。迪昂如此构筑的物理学理论的逻辑大厦具有结构性、逻辑性、符号性、开放性、整体性的鲜明特征。

2. 确立物理学（理论）的自主性。迪昂早就行动在当代科学哲学之先，探讨科学的自主性问题。他通过对物理学的内部逻辑的分析（论证）和历史进化的考察（例证）表明，物理学就其目的和方法而言都是自主的。他揭示出，物理学体系在它的起源和结局上都是实证论的，从而与立足于思辨的形而上学和依赖于信仰的神学判若黑白：实证的物理学不受形而上学和宗教的影响，是通过自主的方法自我决定和自我发展的；物理学不反对，也不可能反对形而上学学说和天主教教义，当然也不为后者辩护；他采用语义分析方法，从双方的目的切入来澄清人们的种种误解。

尽管物理学和形而上学在逻辑上是独立的，但是在历史上却是依赖的，在现实中也是关联的。迪昂一方面通过把物理学理论定义为描述而非说明，从而把形而上学从物理学中排除出去，以免后者受到前者不确定性和非主体间性的“污染”，阻碍后者的一致认同和进步。另一方面，形而上学需要从物理学理论的实验决定的细节（二者在观察层次上相关）和发展趋势（二者收敛于自然分类）的类比和判断中受益，而物理学理论也可从形而上学获得某种启迪（在假设提出中）和辩护（理论趋向逻辑统一或自然分类）。关于科学和宗教的关系，迪昂一方面批判历史挑战（教会被说成是在过去不断反对科学的进展）和哲学挑战（科学证据被说成比宗教信仰具有优越的严格性）；另一方面又严守中立战略，让宗教和科学各司其职。他的物理学和科学哲学论著根本没有宗教信仰影响的痕迹，也未充斥宗教说教和辩护。莱伊、弗兰克、萨顿、拉卡托斯等人指谓迪昂的哲学是信仰主义、新托马斯主义或新经院哲学，显然依据的是浮光掠影的印象和捕风捉影的传言，实在不足为训。

3. 本体论背景上的秩序实在论。作为一个普通人和科学家，迪昂的实在论似乎是天生的、自然而然的。作为一位思想家，由于他提出自然分类和自然秩序的概念，并认为它们是外部世界的本体论秩序的反映，从而使他成为秩序实在论者。这一概念是迪昂本体论哲学的核心概念，是迪昂独特的秩序实在论——它属于关系实在论范畴而非实体实在论范畴——的基石，也是把他与形形色色的观念论和实证论区别开来的根本标识。迪昂的非原子论和反机械论观点，他对于常识、卓识和真理的讨论，也或多或少是在秩序实在论的框架内展开的。

4. 方法论文脉内的科学工具论。迪昂在他的《保全现象》（一九〇八年）中考察了从柏拉图到哥白尼乃至伽利略长达两千年间的天文学方法和物理学方法对立的历史沿革，他明显地站在保全现象的传统一边，并结合科学实践把它提炼为科学工具论。迪昂的科学工具论的特征是：它是在科学土壤中萌生的，在科学实践中修正和发展的，并用来解决合适的科学问题；它不否认本质主义的常识性和合理性，但却把本质主义从科学的追求中排除出去，至多只不过是在“反映”和“类比”的意义上为它辟出小块地盘；它避免了科学与形而上学和神学的纠缠与冲突，维护科学的自主性；它主要活动于科学方法论范畴，高扬多元论的方法论，反对一切蒙昧主义的信条和阻碍思想自由的独断论；它与科学实在论并非针锋相对，而是与其保持必要的张力。

5. 认识论透视下的理论整体论。迪昂关于科学理论是作为一个整体面对经验检验的命题，通常被称为迪昂论题或(理论)整体论。迪昂整体论的思想内涵和精神实质可以概括为：H_1 物理学理论是一个整体，比较只能是理论描述与观察资料两个系统的整体比较；H_2 不可能把孤立的假设或假设群与理论分离开来加以检验；H_3 实验无法绝对自主地证实、反驳或否决一个理论；H_4 判决实验不可能，纯粹的归纳法在物理学中行不通；H_5 观察和实验渗透、负荷、承诺理论，物理学中的理论描述和观察资料两个系统以此结合为一个更大的整体；H_6 经验依然是选择假设的最终标准，但决断则是由受历史指导的卓识做出的；H_7 反归纳主义，即归纳法在理论科学中是不切实际的；H_8 反对强约定论，同意弱约定论的某些与整体论相关的主张。

理论整体论是迪昂的最重要的认识论原则，是他的最重大的哲学创造和最有意义的思想贡献。由于整体论具有丰富的哲学内涵，深邃的思想底蕴，悠远的认知文脉，广阔的文化与境，以及从还原论和实证论的龙潭与相对主义和约定论的虎穴之间穿越的理论勇气、思维张力和学术魅力，长期引起哲学家的青睐、关注和探究，成为科学哲学中经久不衰的热门话题，从而在人类思想史上浓墨重彩地大书一笔。

6. 对人类心智的壮丽探险。迪昂也对科学心理学做过饶有兴味的探索，他曾把法国人的心智和英国人的心智、法国人的心智和德国人的心智（在一九一五年的《德国科学》中）加以对照，剖析了几何学心智和敏感心智的特征及优劣长短。迪昂最终认为两种心智应该是互补的、平衡的；理想的心智是两类心智的优势以恰当的比例集于一身的心智，理想的科学是无国别特征的科学；伟大的科学大师具有以和谐的比例分配的理智，其理论也消除了私人的乃至国家的特征。

但是，由于迪昂的不合时宜的政治观点，深厚而虔诚的宗教信仰，使人敬畏的学术才干和学术成就，正直坦荡的品格和独立不羁的个性，以及种种客观原因（尤其是学术权威和实权派人物贝特洛的公报私仇），他生涯坎坷，命运多舛，一生很不得志。[①] 虽然在他生前，马赫、莱伊曾提及和讨论过他的思想，但是总的说来，它们被一道无形的缄默之墙阻隔，致使在相当长的时间内被忽视、被遗忘。难怪迪昂的传记作者雅基称迪昂为"不适意的天才"。

然而，"青山遮不住，毕竟东流去。"[②]迪昂的丰沛思想最终还是成为二十世纪科学哲学的重要源流。它直接孕育和有力促进了维也纳学派和逻辑经验论的形成和发展，弗兰克和钮拉特对此心

① 关于这方面的详细材料和分析评论，读者可参阅拙著《迪昂》第14-69，111-128页。这些章节对迪昂的坎坷生平、正直性格、道德良心、思想情操、生存体验、生活智慧做了生动的描绘和深入的分析。

② 南宋·辛弃疾：《菩萨蛮》。

有灵犀，维也纳学派的“宣言”在追溯该学派的“家谱”时也赫然列有先驱者迪昂的尊姓大名。迪昂的思想不仅影响了波普尔、库恩等科学哲学家，也影响了希尔伯特和爱因斯坦等哲人科学家。尤其是五十年代初，奎因的“经验论的两个教条”的著名论文引起学术界对迪昂及其思想的全面重视和研究。历史是公正的，逻辑是永恒的，历史和逻辑终于在人类思想史上赋予迪昂以应有的位置。

一九八九年三月，在美国弗吉尼亚工学院和州立大学举行了题为“皮埃尔·迪昂：科学史家和科学哲学家”的学术论讨会，《综合》(*Synthese*)杂志于一九九〇年五月和六月为此出版了两个学术论文专集，这也许是近百年来迪昂研究的最高潮。这次浪潮勃兴于世纪之交，并且必将延续到二十一世纪。其理由在于，在即将跨入新世纪之时，科学、哲学、宗教、历史之间的关系日益引起人们的关注和探索，迪昂及其著作本身就是这方面的一个典型范例和思想源泉；近在咫尺的新世纪将是一个科学文化人文化，人文文化科学化的时代，集科学精神和人文精神于一体的迪昂无疑会再度复活，其思想将焕发出新的生命力和迷人的魅力。

在中国，在八十年代之前，对迪昂的研究完全是一片空白，根本无人问津。留心的学人至多也只不过是从《唯物主义和经验批判主义》听说有这么一个被误译为“杜恒”的人的，这种错译在近年出版的权威性著作的版本中依然如故，从而在学术界和理论界继续造成不应有的讹误和混乱。

迪昂有句名言：“逻辑是永恒的，因而它能够忍耐。”这既是迪昂的思想智慧的结晶，也是他的生活体验的颖悟。君不见，科学的逻辑犹如大浪淘沙，冲尽黄沙始到金；历史的逻辑恰似无情之筛，留下的哪有秕糠杂质!《物理学理论的目的与结构》在近百年经过岁月之流的冲刷和学术之筛的筛选,实属闪光的金子和饱满的谷粒,这是我愿意花时间、费力气翻译它的唯一原因。读者只要稍加浏览,就不难窥其堂奥,探骊得珠,发觉它永远不会过时——因为它包含着能够忍耐的永恒逻辑!对于眼下那些文字垃圾或各领风骚三五天的时髦玩意儿,我实在懒得一顾,再多的报酬我也打不起精神去写去译的。面对报刊、讲坛和领奖台上的政治"学术"、商品"学术"、职称"学术"、忽悠"学术"的泡沫漫天飞舞,正直的学人除了感到可悲、可笑外,实在无可奈何。不过我深信,非逻辑是暂时的,因而它耐不住长久的寂寞。当然,孤芳自赏是不必要的,但洁身自爱在任何情况下却是无价之宝,尤其是在世风浇漓、回天乏力之时。写到此处,我情不自禁地回想起屈原《抽思》中的诗句:

"善不由外来兮,名不可以虚作。孰无施而有报兮,孰不实而有获。"

1998 年于北京中关村

前　言

皮埃尔·迪昂的生平和工作

皮埃尔·迪昂(Pierre Duhem)1861 年 6 月 10 日[①]生于巴黎，1916 年 9 月 14 日在他的故乡卡布雷斯潘(奥德省)去世，终年 55 岁。他是半个世纪前法国理论物理学最有独创性的人物之一。除了他的严格的科学工作——它们确实是杰出的，在热力学领域是显赫的——之外，他还获取了极其广泛的关于物理科学的历史知识，而且在对物理学理论的意义和范围做出诸多思考后，就它们形成了十分引人注目的见解，在众多论著中以各种形式阐述它。于是，作为一位有渊博学识的出色的物理学理论家和科学史家，他也在科学哲学中为自已赢得巨大的名声。

皮埃尔·迪昂在数学和物理学方面具有极高的天赋，他在 20 岁时进入巴黎迪尔姆街的高等师范学校学习；这所著名的高等教育机构为法国培养出如此之多的文科和理科教师，他在校是一位才华横溢的学生，他的注意力很快转向热力学及其应用的研究，此

---

① 据雅基(S. L. Jaki)在 *Uneasy Genius: The Life and Work of Pierre Duhem*, Dordrecht: Martinus Nijhoff Publishing, 1987 一书中考证，迪昂的出生日应为 6 月 9 日。——中译者注。有兴趣的读者，也可参阅本人的专著——李醒民:《迪昂》，台北:三民书局东大图书公司，1996 年第 1 版，xiii＋510 页。

后他从未停止耕耘这个领域。

在对汤姆孙(开尔文勋爵)、克劳修斯、马西厄(Massieu)、吉布斯和其他伟大的热力学概念创始人的工作的反思中,他也被拉格朗日的分析力学方法和热力学方法之间的类似震撼。这些反思导致他在23岁时以十分普遍的方式引入热力学势的概念,并在此后不久出版了一本书《热力学势及其在化学力学和电现象理论中的应用》。

1885年,他在竞争物理学教师资格的考试中拔取头筹。这位在科学界已经众所周知的迪昂,在两年后成为里尔大学理学院的讲师,在那里出色地教过流体力学、弹性学和声学。在里尔结婚后不久,他的妻子去世了,给他留下唯一的女儿,他和女儿一起度过他的余生。在32岁时,他成为波尔多大学理学院的正教授,直到逝世他一直保持这一岗位。

在整个一生在科学工作中,皮埃尔·迪昂都坚持他的最初取向。他对理论的全神贯注是构造一种类型的广义能量学(general energetics)(把经典分析力学作为一个特例包括进来)和抽象热力学。作为一位本质上有秩序的心智,他受到公理化方法的吸引,该方法拟定精密的公式,以便通过严格的推理导出无懈可击的结论;他珍视它们的可靠性和严格性,绝没有因为它们的枯燥和抽象而排斥它们。据说很可能,他极其厌恶地拒绝用原子理论提供的不确定图像或模型代替能量学的形式论据的观念;在构造容许具体解释热力学的抽象概念的物质分子运动论方面,他不倾向于追随麦克斯韦、克劳修斯和玻耳兹曼。即使他赞美威拉德·吉布斯纯粹热力学论据的严格性和证明相律的代数的优美,但是当这位伟大的美国思想家力图把热力学的原子解释建立在普遍的统计力学的基础上时,他肯定没有追随他。从他年轻时期的著作《热力学评论》,到他成熟时期圆满完成论物质的著作《论广义能量学》,迪昂都竭力追求公理化和严格的演绎。他精心筛选热力学认可的基本概念;例如,他给出热量的纯粹数学定义,剥夺它的任何物理直观意义,以便避免用任何未经证明的假定来辩论。这种持之以恒的抽象化努力,使迪昂的理论著作具有相当严整的外观,这种外观尽管带来十分显著的成果,但是它却不能使所有心智中意。

迪昂虽然在他发展的理论中持续地专注于建立无懈可击的公理体系,但他从未丧失对应用问题的洞察,坚持这个事实是公平的。引人注意的是,在从他年轻时起就熟悉的物理化学领域中,他通过详细审查威拉德·吉布斯往往艰深的观念的所有推论,逐渐把握理论对实验的应用,他知道如何使吉布斯的描述变得精确,他是在法国传播它们的头一批人之一。

迪昂也大量致力于流体动力学和弹性理论,此外他的概念导致他把这些科学分支视为广义能量学的特殊章节。他的关于波在流体中传播的工作,特别是关于碰撞波的工作,至今保持它们的全部有效性。他关于电磁学的研究似乎不怎么幸运,因为他总是对麦克斯韦理论深怀敌意,而偏爱亥姆霍兹的观念,后者在今天则完全被人遗忘了。而且,他对形象化模型深恶痛绝,这妨碍他理解当时处于充分发展中的洛伦兹电子论的重要性,正像他对于当时处于开端的原子物理学的兴起显得目光短浅一样,使他表现得不够公正。

皮埃尔·迪昂也是一位属于他所熟悉的力学、天文学和物理学领域的伟大科学史家。由于充分意识到在科学发展中显示出来的连续进化,他公正地使人相信,所有伟大的革新者均有先驱;他强有力地证明,在文艺复兴时代和现时代,力学、天文学和物理学的伟大复活都深深植根于中世纪的智力工作。从科学的观点来看,在迪昂研究之前,这项工作的重要性过分经常地未被认识到。在他的几部著作中,特别是在他的重要三卷著作《列奥纳多·达·芬奇研究》中,他坚持中世纪大学所起的作用,尤其是从13世纪到16世纪巴黎大学学者功不可没。他表明,在圣托马斯·阿奎那逝世后,发生对于亚里士多德和亚里士多德主义者的反动,这是在拒绝这位希腊哲学家的运动概念时,以惯性原理、伽利略的工作和近代力学而终结的思想运动的起源。他确立了,1327年前后的巴黎神学院院长约翰·比里当(John Buridan)第一个具有惯性原理的观念,并以拉丁名词冲力(impetus)引入这个量;它虽然未被明确定义,但却与我们今天称谓的运动和运动量密切相关。他分析了稍后归功于萨克森的阿尔伯特(Albert of Saxong)和尼古拉·奥雷姆(Nicholas Oresme)工作的重要进步。后者尤其完成引人注目的工作,他因其关于太阳系的观念成为哥白尼的先驱,以其解析集合的首次尝试成为笛卡儿的先驱。他甚至得到在重力研究中如此重要的匀加速运动定律的形式。于是,迪昂向我们表明,列奥纳多·达·芬奇这位令人赞美的多才多艺的天才人物,吸收并继续追求他的前驱的工作,并且为后来的发展铺平道路,伽利略及其继承者跟在16世纪各个科学学者之后,正在沿着这条道路决定性地开创近代力学。

由于这类著作,尤其是由于力学历史的有价值的纲要,也仔细研究16世纪科学并阐明往往未被认识到的梅森(Mersenne)和马勒伯朗士(Malebranche)神父的贡献的皮埃尔·迪昂,被列入当代第一流的科学史家。在他成熟时期,他着手——据说与许多无名合作者一起——一项庞大的工作:宇宙进化论学说的历史,即从古代到近代时期关于世界体系概念的历史。在他逝世时,他已经撰写了这部巨著的八卷,但是仅出版五卷:最后三卷的手稿委托巴黎科学院保管,其出版由于财政困难的缘故而被拖延。它是一部深奥博学的著作,是关于古代和中世纪的思想史和哲学史著作,至少同样也是恰当地称之为科学史的东西的珍贵文献的宝库。作者尽管过早地去世了,但是他几乎按时完成它,通过广泛资助帮助这部综合性的鸿篇巨制全部出版,也许是极其令人想望的[①]。

作为一位具有无可争辩价值的理论物理学家,并拥有科学史的渊博知识,又习惯于通过双重智力构成反思物理学理论的成长、发展和范围,皮埃尔·迪昂自然地转向科学哲学。由于具有本质上有秩序的心智,他就物理学理论的意义形成十分精确的见解,并在他的众多出版物中阐述了这一见解。在这些出版物中,最重要的是他的题为《物理学理论:它的目的,它的结构》的著作,这本书在法国享有巨大的声誉,眼下的英译本提供给美国(以及其他讲英语)的读者。它是一本首屈一指的著作,它的明晰和往往充满激情的语调是创造它的心智精密的反映。我们不想完备地分析内容如此丰富的著作,我们应该乐于迅速地强调几个本质之点。

---

① 迪昂的巨著《宇宙体系》共有十卷,在其生前仅出版了前五卷。迪昂逝世后,经过多方努力,1954年才有了第六卷和前五卷的重印本,下余四卷也在1959年之前全部出齐。参见李醒民:《迪昂》,台北:三民书局东大图书公司,1996年第1版,第99页。

皮埃尔·迪昂坚定地坚持把物理学与形而上学分开:他在物理学理论的历史中看到,不管它们基于连续的还是不连续的图像,或者不管它们具有物理学的场类型还是原子类型,都可以证明,我们根本不可能达到实在的深处。这不是信奉天主教的皮埃尔·迪昂拒斥形而上学的价值;他希望完全把它与物理学分开,给它以大相径庭的基础。作为一个逻辑的但又希奇古怪的结局,这种把物理学与形而上学截然分开的先入之见导致他被列入具有能量论(energetism)倾向的实证论者之中,至少在关于物理学理论的解释方面是这样。事实上,他用如下结论概述他关于物理学理论的见解:“物理学理论不是说明;它是数学命题的体系,其目的在于尽可能简单、尽可能完备、尽可能精密地描述整个实验定律群。”

于是,物理学理论也许只不过是物理现象的分类方法,从而使我们不至于淹没在这些现象的极端复杂性中。迪昂达到这种接近于昂利·彭加勒约定论的实证论和实用主义的自然概念;在宣布物理学理论尤其是“思维经济”方面,他与实证论者马赫完全一致。在他看来,所有基于图像的假设都是暂时的和不牢固的;只有健全的理论在现象之间确立的代数性质的关系才能够沉静地屹立不动。迪昂就物理学理论提出的基本观念主要就是这样的。它肯定使他的同时代的能量学学派的物理学家感到高兴;它肯定也会受到当今大多数量子物理学家的偏爱。其他人已经发现或者还将发现它有点狭隘,并将指责它过多地贬低实在深处的知识,而物理学的进步是能够为我们取得这种知识的。

我们必须是公正的,必须强调这样一个事实:迪昂并没有陷入他的观点也许有可能导致他走向的极端。他像所有物理学家一样本能地相信外在于人的实在的存在，不希望容许他自己被拖入十足的“观念论”引起的困难。因此，为了在此采取一种真正个人的立场，并在这一点上把他本人与纯粹的现象论分开；他宣告，理论物理学的数学定理尽管没有告知我们事物深刻的实在是什么，但是无论如何向我们揭示和谐的某种外观，而这种和谐只能是属于本体论的秩序。物理学理论在完善它自己时，逐渐采取现象的“自然的分类”的特征；他用下述说法使形容词“自然的”意义更精确：“理论愈完善，我们愈领悟到，它排列实验定律的逻辑秩序是本体论秩序的反映。”以这种方式，似乎导致他缓和他的实证论的苛刻，因为他感到——我们无可非议地如此认为——下述反对意见的力量：“如果物理学理论仅仅是可观察现象的方便的和逻辑的分类，那么它们能够在实验之先并预言迄今未知的现象的存在是如何发生的呢?”为了回答这一异议，他确实感到，我们必须把比已知事实的纯粹方法之分类的含义还要深刻的含义赋予物理学理论。尤其是，他清楚地意识到，而且他的书的一些段落也表明情况确是如此：与不同的物理现象有关的物理学理论所使用的公式的类似，往往未还原为纯粹形式的类似，而可能对应于实在的各种各样的外观之间的深刻关联。

迪昂就物理学理论的范围提出的概念主要就是这样的，这一观念的细微差别在最后比人们最初可能相信的更为微妙。然而，可以认为，不管他的自然分类观念产生的学说的微妙性，迪昂由于他的心智毫不妥协的倾向的引导，常常坚持过分绝对的判断。就这样，由于受到真正厌恶力学模型或图像模型的激发，他一直反对原子论；出于对能量学学派的忠诚，在他自己的一生中，他从未对统计力学提供的关于经典热力学的抽象概念的解释发生兴趣，尽管该解释是如此有启发性和富有成效。因此，也许是他自己对过分容易的成功做好准备，他攻击用微小的、坚硬的和弹性的微粒对原子做过于简单化的描述；他攻击开尔文勋爵用齿轮或旋涡描述自然现象的、时常在某种程度上是幼稚的观念。他好像没有意识到原子理论以它目前形式必定给物理学带来惊人的复兴，也对它在半个世纪必定具有异常发展没有任何预感。他几乎坦白地嘲笑电子概念以及把该概念引入科学，这些嘲笑的段落由于受到微观物理学的异乎寻常发展的打击而遭到严厉的反驳。

他的书的其他部分带有它的时代的一些标志。例如，当他利用心理学的洞察力把狭窄而深刻的心智与广博而脆弱的心智比较时，也许在提及拿破仑是后者的例子时是正确的，但是在把英国学派的所有物理学家都放入同一范畴时他也是正确的吗？他的见解无疑要用撰写该书的时代来说明，在威廉·汤姆孙杰出著作的影响下，他的强烈的个性看来好像要使整个当代英国物理学象征化。但是，我认为，在今天没有一个人打算说狄拉克先生仅仅专注于具体的描述时，这让人感到多么出其不意！而且，由于他把深刻的心智和广博的心智平行对照，在我看来，迪昂对第二范畴的“图像的”理论家也许是不公正的，因为与仅仅专注于公理化和十足严格的逻辑演绎的理论家相比，毕竟这些理论家对物理学进步的贡献无疑要大一些。

尽管有这些保留意见，迪昂论述物理学理论的著作值得大加赞誉，因为这是一部建立在作者的重大个人经验和一个无比强大的心智的敏锐判断基础上的著作，它包含往往是非常正确的和深邃的观点,甚至在我们不能没有限制地采纳它们的情况下,它们无论如何依然是有趣的,并为思想提供足够的素材。我愿以迪昂致力的所谓判决实验(培根的 experimentum crusis)的透辟分析作为例子。按照迪昂的观点,不存在真正的判决实验,因为必须与实验比较的是形成一个不可分割整体的理论的集合。他的推论之一的实验确认,即使当它是在最有特征性的推论中挑选出来的,也不能给理论带来决定性的证据;因为实际上没有什么东西容许我们断定,理论的其他推论将不与实验矛盾,或者另一个被发现的理论将不能像先前的理论一样好地解释所观察的事实。迪昂相当颖悟地引用傅科著名的实验作为例证;在距今一个世纪之前,傅科借助他的旋转镜方法用实验证明,光在水中传播的速度比光在真空中传播的速度要小。在迪昂正在写书之时,人们认为,这个实验提供有利于光的波动说的决定性证据,并迫使我们拒斥这一物理实体的任何微粒概念。迪昂十分正确地宣告,傅科实验决不是决定性的,因为即使它的结果容易用菲涅耳理论解释,并与牛顿的微粒说矛盾,但是没有什么东西容许人们断定,建立在不同于这个学说的旧形式假设基础上另外的微粒说不可能使我们解释傅科的结果。在举这个例子时,迪昂所做的选择原来是特别幸运的选择,由于他确实没有预见到我们关于光的观念进化之结果。事实上,我们知道,在迪昂撰写他的书的同一年(1905 年),爱因斯坦把“光量子”的观念即光子引入科学,今天光子的存在是毋庸置疑的。不管最终我们以什么方式解释光的二象性,即它的实在性不再能够被怀疑的微粒外观和波动外观,使光子的存在与傅科的结果协调起来不用说将是必要的。这向我们表明,迪昂关于判决实验的评论是深刻的，他本能地了解如何选择他的例子是巧妙的。因此，我们不能否认，迪昂的分析十分经常地显示出这样的特征——深邃的洞察和广阔的眼界。

皮埃尔·迪昂虽然是仁慈的、和蔼可亲的，但是他也具有毫不妥协的个性，而且并非总是宽恕他的思想对手。作为令人信服的天主教徒和政治上的保守主义者，他真挚地维护他的见解，这种真挚时常不免带有敢作敢为的快活。人人都称赞他个性正直，但是一些人不欣赏他的严厉苛刻。他有仇敌，这无疑说明他为什么没有在巴黎的高等教育大机构获得教授职位，而在像法国这样的中央集权制国家，这种职位是每一个优秀的科学生涯自然的桂冠。我不得不说，他没有为设法取得它做什么事情；当有一天探询他是否愿意接受法兰西学院教科学史的任命时，他回答说，他是一位物理学家，而不希望被归类为历史学家。在他逝世前三年，他得到一点满足，巴黎科学院宣布他成为非常驻院士，这对他遭到的诸多不公正是一个安慰。

作为一位不屈不挠的工作者，在 56 岁就过早去世的皮埃尔·迪昂在理论物理学、哲学和科学史留下庞大的遗产。他严格的科学研究的价值、他思想的深邃和他惊人的博学多才，使他成为 19 世纪末和 20 世纪初法国科学最卓越的人物之一。

路易·德布罗意(Louis de Broglie)

巴黎 1953 年

英译者序

像一位博学的法国物理学教师所描绘的，这个译本是为对最精密的经验科学的逻辑、历史和教育方面感兴趣的人写的，此前一直没有一本高明的科学史和科学哲学著作被译为英文。

当本书于1905年撰写时，迪昂在法国讲授的以及在他带有惊人历史研究的许多系统性论著中阐明的经典力学、电磁理论和热力学，正要受到爱因斯坦的狭义相对论的冲击。现在，聚精会神的读者将在本书转述的诸如迪昂、马赫、彭加勒、阿达玛(Hadamard)等人之间的方法论讨论中注意到，物理学理论的整个目的和结构当时以敏感而广阔的哲学分析的斟酌被权衡。迪昂对科学中深刻的、基本的论题的讲解是异常明晰的，与自他1916年逝世以来所写的关于物理学理论的大多数专门著作相比，他的阐明更容易使非物理学家领会。

由于缺乏科学思想在所经过时代的根本连续的真正历史知识——迪昂在这里如此丰富地揭示它们——认为物理科学的所以原理都像诸如关于"终极的"粒子数目或最近的宇宙学假定之类的特殊科学假设一样短命，则是一个错误。

由于没有否认近代物理学的革命性变化——迪昂的哲学分析和历史透视为此留有广阔的余地——我们还能够从他对于精

密物理科学的逻辑结构和进化的研究中得益。正如一种语言的语法不像它的通俗习语那样急剧变化一样，物理学的逻辑也不像实验发现和新理论的急剧进步导致许多人相信的那样根本地变化。

当今日的理论物理学家在数学的节日中没有脱离对于可观察的物理世界的关注时，他们依然发现有必要思考迪昂在这里讨论和分析的许多问题。这些问题包括物理学理论与形而上学说明的关系，数学演绎语实验证实的关系，测量的本性和理论的近似确认，假设的选择以及"常识知识"与科学知识的关系。

与最近关于逻辑句法和语义学问题——迪昂的观点认为这些问题与实验物理学的实际语言和实践并非密切相关——的哲学分析相比，迪昂就数学的符号化和演绎以及实验在物理学理论的建构中的作用提供了更为详细的分析。不用说，将存在并且应该存在对他的观点的批评，但是批评者将必须使他自己的观念服从实验科学及其历史发展的相同的具体现象，迪昂已经明显地提供了这些东西以支持他的解释。对科学实践的假定和方法的哲学反思和历史透视的这样结合，肯定能对在普通教育中的科学和哲学的学习和教学的最高目标有所助益。

附录包括迪昂捍卫他的实用主义而反对阿贝尔·莱伊（Abel Rey）的机械论观点，也表明迪昂如何把实证科学与形而上学和神学加以区分。在未分享迪昂的天主教的情况下，译者认为迪昂提供了物理科学自主性的一个十分强有力的案例，这种自主性是通过物理科学的内在逻辑和进化显示出来的。我想感谢小约翰·欧文（John Erwin，Jr.）先生和普林斯顿大学出版社的其他工作人员十分有益的合作。法国科学院终身干事路易·德布罗意撰写了有趣的和很有价值的前言,我必须表达我们对他的慷慨而果断的回应的特别赞赏。

菲利普通·P. 威纳(Philip P. Wiener)

纽约 1953年

目　录

第二编 物理学理论的结构

附　录

作者第二版序

本书第一版问世于一九〇六年，各章汇集了在一九〇四年和一九〇五年通过《哲学评论》(*Revue de Philosophie*)发表的系列文章。自那时以来，关于物理学理论的若干争论正在哲学家中间盛行着，物理学家也提出若干新理论。无论这些讨论还是这些发现，都没有向我们揭示对我们陈述的原则发生怀疑的任何理由。实际上，我们比以往任何时候都更加确信，这些原则应该被牢固地确立。确实，某些学派老是爱轻蔑它们；这些学派也许感到摆脱了基于这些原则的强制，他们认为他们更加容易和迅速地从一个发现奔向另一个发现；但是，这种狂热的和闹哄哄的追求新奇观念的竞赛，打乱了整个物理学理论的领域，使它变成真正的混沌，在这里逻辑迷失了它的道路，常识惊恐地潜逃。

因此，召唤逻辑的法则，维护常识的权利，在我们看来似乎并不是无所事事；对我们来说显而易见的是，重复我们在将近十年前说过的话并非没有用处；因此，这个第二版重印了第一版全部页码的正文。

如果岁月的流逝没有造成任何理由促使我们怀疑我们的原则的话，那么时间则给我们机会使它们精确和发展它们。这些机会导致我们写了两篇文章：一篇是由《基督教哲学杂志》(*Annales de*

Philosophie Chrétienne)发表的"信仰者的物理学";另一篇"物理学理论的价值"受到《纯粹科学和应用科学总评论》(*Revue générale des Sciences pures et appliquées*)的善待。由于读者也许发现,花一段时间仔细阅读这两篇文章给我们的书带来的澄清和添加有点值得,因此我们在这个新版本末尾的附录中把它们重印出来。

(一九一四年)

引　言

在本书中，我将对物理科学借以进步的方法提供简单的逻辑分析。也许有些读者将希望把这里提出的思考扩展到物理学之外的科学；也许他们也将期望引出超越恰当的逻辑目的的结论；但是，就我们而论，我们审慎地避免这两类概括。我们把狭窄的界限强加于我们的研究，为的是比较彻底地探索我们指派我们探询的限定领域。

在实验家使用仪器研究现象之前，他关心的肯定是，他将卸下仪器，审查每一部分，研究各个部件的功能和作用，把它交付各种各样的检验。他接着确切地知道，仪器的读数多么可靠，读数的精确限度如何；他然后自信地使用它。

于是，我们着手分析物理学理论。首先，我们试图精确地决定它的**目标或目的**。其次，在了解它所对准的鹄的时，我们审查它的**结构**。我们依次研究合起来构成物理学理论的每一步操作的机制，并注意其中每一操作如何有助于实现该理论的目的。

为了厘清我们的每一个断言，我们做出深思熟虑的努力，由于我们尤为担心任何错误地引导我们与实在直接接触的惯用语。

而且，本书所提出的学说不是从对普遍观念的沉思中唯一导致的逻辑体系；它也不是通过某种敌视具体细节的冥想构造的。

它是在科学的日常实践中诞生和成熟的。

几乎没有一个关于物理学理论的章节我们未在每一个细节上讲授过,我们不止一次地力图促使几乎每一个这样的论题取得进步。现在呈现的关于物理学理论的目的和结构的简要观念,就是延续二十余年的这一劳动的成果。这种漫长的考验期使我们深信,该观念是正确的和富有成效的。

第一编

物理学理论的目的

第一章　物理学理论和形而上学说明 7

物理学理论被视为说明

我们将要面对的第一个问题是:物理学理论的目的是什么?对于这个问题,人们做出各种各样的回答,但是所有答案可以归结为两个主要原则:

某些逻辑学家回答:"物理学理论就其目标而言,是**说明**用实验确立起来的定律群。"

另一些思想家说:"物理学理论是一种抽象的体系,其目的是**概述**和**在逻辑上分类**实验定律群,而不标榜说明这些定律。"

我们将依次审查一下这两种回答,权衡一下取舍其中每一个的理由。我们由第一个答案开始,它把物理学理论看做是说明。

可是,首先什么是说明呢?

说明(explain,explicate,explicare)就是剥去像面纱一样的覆盖在实在上的外观(appearances),以便看到赤裸裸的实在本身。

对物理现象的观察并非使我们与隐藏在可感觉的外观之下的实在发生关系,而是使我们在特定的和具体的形式中领悟可感觉的外观本身。此外,实验定律也没有把物质的实在作为它们的对象,而确实是以抽象的和普遍的形式论及这些已获得的可感觉的外观。理论则在揭开或撕破这些可感觉的外观的面纱时,进而深入外观之内和潜入外观之下,寻找在物体中实际存在的东西。

例如,弦乐器或管乐器发出声音,我们洗耳恭听,我们聆听声音忽强忽弱、忽高忽低,以千变万化的音调细微差别在我们身上激起听觉感觉和音乐情感;声学事实就是这样的。

我们的理智按照它起作用的规律,精心阐述这些特定的和具体的感觉,这些感觉向我们提供了诸如强度、音高、八音度、全大调和音或全小调和音、音色等普遍的和抽象的概念。声学实验定律的目的就在于阐明这些概念和其他同样抽象的和普遍的概念之间的固定关系。例如,有一个定律告诉我们,同一金属的两根弦发出相同音高的两个音或相隔八音度的两个音时,两弦尺度之间存在什么关系。

8

但是,这些抽象的概念——声音强度、音高、音色等——无非是向我们的理性描绘我们的声音知觉的一般特征;这些概念使我们了解的是声音与我们的关系,而不是声音单独地在发声体中的样子。唯有这种实在的外部面纱在我们的感觉中显示出来,而这种实在则是通过声学理论为我们所知的。声学理论告诉我们,在我们的知觉仅仅把握我们称之为声音的外观的地方,实际上存在十分微小、十分急剧的周期运动;强度和音高只不过是这种运动的振幅和频率的外部样态;音色是这种运动的真实结构的表观显现,我们能够把它分解为由形形色色的振动引起的复杂感觉。因此,声学理论是说明。

声学理论给予支配声音的实验定律的说明,宣称给我们以确定性;它在为数甚多的情况中使我们用自己的眼睛看到它把这些现象归因的运动,使我们用自己的手指感到运动。

我们屡屡发现,物理学理论不能达到完美的程度;它本身不能作为对可感觉的外观的**某种**说明出现,因为它不能使它宣布存在于这些外观之下的实在达到感官。于是,它满足于证明,我们所有的知觉之所以产生,**仿佛**由于实在像它断言的那样起作用;这样的理论是假设性的说明。

例如,让我们列举用视觉观察的现象集合。对这些现象的理性分析导致我们构想某些抽象的和普遍的概念,诸如单色或复色、亮度等等,以表达我们在每一光知觉中遇到的性质。光学实验定律使我们获悉这些抽象的和普遍的概念之间以及其他类似的概念之间的固定关系。比如,一个定律把薄金属板反射的黄光的强度与金属板的厚度和照射它的光线的入射角联系起来。

9

光的振动理论给这些实验定律以假设性的说明。它假定,我们看见、感到或称量的一切物体,都沉浸在一种称之为以太的不可称量的、不能观察的介质中。人们把某些力学性质赋予这种以太;该理论说,所有单色光都是这种以太的十分微小和十分急剧的横振动,这种振动的频率和振幅表征这种光的颜色和亮度;该理论不能使我们察觉以太,也不能使我们处在直接观察光振动往复运动的位置上,它试图证明,它的公设必须使推论在每一点上与实验光学提供的定律一致。

按照前述的见解，理论光学是从属于形而上学的

当物理学理论被视为说明时，那么在揭开每一个可感觉的外观以便把握物理实在之前，它的鹄的是达不到的。例如，牛顿关于光色散的研究教给我们分解我们经验到的从太阳发出的光的感觉；他的实验向我们表明，太阳光是复合的，能够分解为若干较简单的光现象，每一个都与一种确定的和不变的颜色相联系。但是，这些简单的光或单色光的资料是某些感觉的抽象的和普遍的表象；它们是可感觉的外观，我们只是把复杂的外观分离为另外的较简单的外观。但是，我们没有达到实在的事物，我们没有说明颜色效应，我们没有建构光学理论。

由此可见，为了判断一个命题集是否构成物理学理论，我们必须探询，把这些命题关联起来的概念究竟是以抽象而普遍的形式表达实际组成物质事物的要素呢，还是仅仅描述所知觉的一般性质呢？

要使这样的探询有意义或完全可能，我们首先必须把下述断语视为可靠的：在我们的知觉中所揭示的可感觉的外观之下，存在与这些外观截然不同的实在。

姑且承认这一点，没有它，寻求物理说明就是无法想象的；不 10 过，在回答完下一个问题——构成物质实在的要素的本性是什么？——之前，还是不可能公认已达到这样的说明。

现在，这两个问题——存在与可感觉的外观截然不同的物质

实在吗？这种实在的本性是什么？——并非源于实验方法，实验方法只能获得可感觉的外观，不能发现外观彼岸的事物。这些问题的解答超越了物理学使用的方法；它是形而上学的目标。

因此，**如果物理学理论的目的是说明实验定律，那么理论物理学就不是自主的科学；它从属于形而上学。**

按照前述的见解，物理学理论的价值依赖于人们采纳的形而上学体系

构成纯粹数学科学的命题在最高程度上是被普遍接受的真理。语言的精确和证明方法的严格没有为不同数学家的观点之间的任何持久分歧留有余地；在数世纪期间，学说由于连续的进步而发展了，但是新概念并未使任何原先获得的领域蒙受损失。

没有一个思想家不希望他培育的科学像数学科学那样平稳而规则地成长。但是，如果说有一门科学使这一希望似乎特别合乎情理，那它实际上就是理论物理学，因为在所有充分建立起来的知识分支中，它确实是最少偏离代数学和几何学的分支。

现在，使物理学理论依赖形而上学，的确不是让它们享有普遍赞同特权的途径。事实上，哲学家不管多么坚信在处理形而上学问题时所使用的方法的价值，他也不能质疑下述经验论的真理：在审查中考虑一下人的理智活动的所有领域；在不同时代涌现的思想体系或由不同学派诞生的当代体系中，没有一个比在形而上学领域内的体系相互之间显示出更深刻的分歧、更尖锐的分离、更剧烈的对立了。

如果理论物理学从属于形而上学，那么把各种形而上学体系分隔开的歧见将扩展到物理学领域。一个形而上学学派的宗派主义者认为满意的物理学理论，将受到另一学派的党徒的排斥。

11

例如，考虑一下磁石对铁施加的作用，暂且假定我们是亚里士多德主义者。

关于物体的真实本性，亚里士多德(Aristotle)的形而上学教给我们什么呢？每一种实物(substance)——尤其是每一种物质实物——都起因于两种要素的结合：一种是恒久的(质料)，另一种是可变的(形式)。由于其恒久性，在我们面前的一块质料始终是一块质料，在所有环境依然是同一块铁。由于其形式经受的变化，由于它经历的**改变**，这同一块铁的性质可以根据环境变更；它可以是固体或液体，或热或冷，呈现出如此这般的形状。

把这块铁放在磁石跟前，它在形式方面便经受特殊的改变，随着磁石的接近变化越强烈。这种改变对应于两极的出现，并给予铁块以这样的运动本原：一极倾向于接近磁石上与它相反的极，另一极则受到标示为磁石上的同类极的排斥。

对于亚里士多德主义的哲学家来说，潜藏在磁现象之下的实在就是这个样子；当我们通过把所有这些现象还原为磁石的两极之质的性质而分析它们时，我们便提供了完备的说明，形成完全满意的理论。尼古拉·卡博伊(Niccolo Cabeo)一六二九年在他的著名的论磁哲学的著作[①]中构造的就是这样的理论。

---

① Nicolaus Cabeus, S. J., *Philosophia magnetica, inqua magnetis natura penitus explicatur et omnium quae hoc lapide cernuntur causae propriae afferuntur, multa quoque de electricis et aliis attractionibus, et eorum causis*(Cologen:Joannem Kinckium,1629).

如果一位亚里士多德主义者宣布他满意卡博伊神父构想的磁理论，那么同一人将不会满意信守博斯科维奇(Boscovich)神父宇宙论的牛顿主义哲学家。

按照博斯科维奇从牛顿及其门徒的原理中得出的自然哲学，[1]用铁的实物形式的磁改变来说明磁石施加在铁上的作用的定律，根本什么也没有说明；我们实际上正在听起来深刻，但却空洞的言辞下掩盖我们的无知。 12

物质实物并不是由质料和形式组成的；它能够被分解为不计其数的失去广延和形状，但却具有质量的点；在这些点的任何两个之间，存在与质量之积、与分隔它们的距离的某一函数成比例的相互吸引或排斥。在这些点中间，有一些点形成物体本身。在形成物体的点之间发生相互作用，只要分隔它们的距离超过某一限度，这种作用就变成牛顿研究的万有引力。另一些失去这种引力作用的点构成诸如电流体和热流体的无重量的流体。关于所有这些质点的质量、关于它们的分布、关于它们相互作用依据的距离函数的形式的适当假定，都是为了解释所有的物理现象。

例如，为了说明磁效应，我们想象每一个铁分子都携带相等质量的南磁流体和北磁流体；流体在这个分子周围的分布受力学定律支配；两个磁质量相互施加作用，其大小与这些质量之积成正比，与它们之间距离的平方成反比；最后，这种作用是排斥还是吸引，依据质量是同类还是异类而定。磁理论就这样发展起来：它由

---

① P. Rogerio Josepho Boscovich, S. J., *Theoria philosophiae naturalis redacta ad unicam legem virtum in natura existentium*(Vienna, 1758).

富兰克林(Franklin)、厄皮努斯(Oepinus)、托比阿斯·迈耶(Tobias Mayer)和库仑(Coulomb)开创,在泊松(Poisson)的经典专题论文中达到花繁叶茂。

这一理论给出了能够使原子论者满意的对磁现象的说明吗?确实没有。该理论承认在相互远离的磁流体的一些部分之间存在吸引或排斥作用;对原子论者来说,这样的超距作用,相当于不能被认为是实在的外观。

按照原子论的教导,物质是由大量散播在虚空中的十分微小的、坚硬的和刚性的各种形状的物体组成的。两个这样的微粒由于彼此分离,因而不能以任何方式相互影响;只有当它们彼此接触时,它们的不可入本性引起冲撞,它们的运动按照固定的规律更改。唯有原子的大小、形状和质量以及支配它们碰撞的法则,才提供物理学定律能够承认的唯一满意的说明。

为了以可理解的方式说明铁块在磁石存在时所经受的各种运动,我们不得不设想,磁微粒的洪流以被压缩的,尽管是不可见的和不可触摸的流从磁石逸出,要不然就趋向磁石凝结起来。在这些微粒急剧的行程中,它们以各种方式与铁分子冲撞,并从这些冲撞中产生力,一种浅薄的哲学把这些力归因于磁的吸引和排斥。卢克莱修(Lucretius)曾经勾勒的磁石性质的理论的原理就是这样,伽桑狄(Gassendi)在十七世纪发展它,此后常常有人再次采用它。

我们难道没有发现更多的难以满足的心智,谴责这种理论根本没有说明任何东西,并把外观当做实在吗?正是在这里,笛卡儿主义者出现了。

按照笛卡儿(Descartes)的观点,物质本质上等同于在长度、宽度和深度方面的广延，就像几何学语言表达的那样；我们必须考虑仅仅是它的各种形状和运动。对于笛卡儿主义者来说，如果你乐意的话，物质是一类不可压缩的、绝对同质的广漠流体。坚硬的、不可破坏的原子和把它们分隔开来的空虚空间只不过是像幻影一样的外观而已。无处不在的流体的某些部分可以被持续的旋转或旋涡运动激励；在原子论者粗陋的眼睛看来，这些涡旋或旋涡看来好像是单个的微粒。媒介流体把力从一个旋涡传给另一个旋涡，牛顿主义者由于不充分的分析，将把这些力看作是超距作用。这就是笛卡儿首先勾画的物理学原理，马勒伯朗士(Malebranche)进一步研究它，W. 汤姆孙(W. Thomson)借助柯西(Cauchy)和亥姆霍兹(Helmholtz)的流体动力学研究，给今日的数学学说以精致的和精确的特征。

这种笛卡儿主义的物理学不能省却磁理论；笛卡儿曾经力图构造这样的理论。笛卡儿在他的理论中不无天真地用"微妙物质"的开塞钻代替伽桑狄的磁微粒，在十九世纪的笛卡儿主义者中间，这种开塞钻又被麦克斯韦(Maxwell)更科学地构想出来的旋涡接替。

于是我们看到，颂扬把磁现象还原为要素的理论的每一个哲学学派都用这些要素构成物质的本质，但是其他学派却拒斥这种 14 理论，他们的原理不容许他们承认在该理论中有对磁的满意说明。

关于隐秘的原因的争吵

当一个宇宙论学派攻击另一个学派时，十分经常地发生这样一种形式的批判：前者指控后者诉诸“隐秘的原因”。

可以按这样的顺序排列伟大的宇宙论学派——亚里士多德学派、牛顿学派、原子论学派和笛卡儿学派，其中每一个学派承认存在于物质中的基本性质比排在它前面的学派乐意承认的为数要少。

亚里士多德学派只用两种要素即质料和形式构成物体的实物；但是，这种形式可以受到其数目并非有限的质的影响。每一种物理性质从而都能够归因于一种特殊的质：可以直接达到我们知觉的**可感觉的**质，像重量、固体性、流动性、热或亮度；要不然就是**隐秘的**质，其效应只能以间接的方式出现，对磁或电来说就是如此。

牛顿主义者拒斥质的这种无止境的增加，以便在更高的程度上简化物质实物：他们在物质的要素中只留下质量、相互作用和形状，当时他们还没有像博斯科维奇及其几个后继者走得那么远，后者把要素还原为无广延的点。

原子论学派更进一步：它的物质要素只保留了质量、形状和硬度。但是，力却从实在领域消失了，而在牛顿学派看来要素是通过力相互作用的；力仅仅被视为外观和虚构。

最后，笛卡儿主义者把这种剥除物质实物的各种性质的倾向推进到极限：他们拒绝原子的硬度，甚至排斥充实和虚空之间的差异，正如莱布尼兹(Leibniz)所说，为的是把物质等同于“完全赤裸的广延及其改变”。[①]

---

① G. W. Leibniz, *Oeuvres*, ed. Gerhardt, IV, 464. (*Cf.* Leibniz, *Selections*[Charles Scribner's Sons, 1951], pp. 100ff.)

这样一来，每一个宇宙论学派在它的说明中都承认物质的某些性质，而接着的学派则不愿把它们看做是实在的，因为后者认为它们只是称呼更深邃地隐藏着的实在的词，并没有揭示这些实在；简言之，它把它们与经院哲学大量创造的隐秘的质归入一类。 15

几乎没有必要回忆，亚里士多德学派以外的所有宇宙论学派，都一致攻击前者是把质储存在实物形式里的武库，每当必须说明一个新现象时，都要给其中添加一个新质。但是，亚里士多德的物理学并不是唯一一个被迫遭受这样批评的物理学。

牛顿主义者把超距作用的吸引和排斥赋予物质要素，在原子论者和笛卡儿主义者看来，这似乎是采纳古老的经院哲学惯用的那些纯粹字面的说明之一。牛顿的《原理》在一段时间几乎未能出版，当时他的著作激起聚集在惠更斯(Huygens)周围的原子论部族的讥讽。惠更斯写信给莱布尼兹："就牛顿先生给出的潮汐的原因而论，我对此大为不满，关于他建立在吸引原理之上的任何其他理论，我也不感到乐意，依我之见它们似乎是荒谬的。"[①]

假如笛卡儿那时还活着的话，他也许会用类似于惠更斯的语言讲话的。事实上，梅森(Mersenne)神父曾把罗贝瓦尔[②](Roberval)的一本著作提交给笛卡儿，作者早在牛顿之前很久就采用了万有

---

① 克里斯蒂安·惠更斯致 G. W. 莱布尼兹，一六九〇年十一月十八日，*Deuvres complètes de Huygens*，*Correspondance*，10 vols. (The Hague，1638-1695)，IX，52.（英译者说明：惠更斯选集的完备版本由荷兰科学学会以二十二卷出版。）

② *Aristarchi Samii "De mundi systemate, partibus et motibus ejusdem, liber sigularis"*(Paris，1643). 这部著作于一六四七年在马林·梅森的 *Cogitata physico-mathematica* 第三卷中重印。参见第 242-243 页以下。

引力的一种形式。笛卡儿在一六四六年四月二十日如下表达他的看法："没有比添加到前述事项的假定更荒谬的东西了；作者假定，某种性质是在世界的物质的每一部分中固有的，各部分通过具有这种性质的力相互保持一定的姿态并彼此吸引。他还假定，类似的性质本质上属于地球的每一部分，地球的每一部分又被认为与地球的其他部分有关系，而且这种性质不以任何方式扰动前一种性质。为了理解这一点，我们不仅必须假定每一个物质粒子是有生命的，甚至是通过相互不扰动的大量不同的灵魂获得生气的，而且还必须假定，这些物质粒子的灵魂被赋予真正神性的知识，以致它们在没有任何媒介的情况下可以知道，在十分遥远的距离发生什么并相应地去行动。"①

16

当笛卡儿主义者开始谴责牛顿主义者在理论中乞求的超距作用是隐秘的质之时，他们是与原子论者一致的；但是，笛卡儿主义者接着转而反对原子论者，他们同样严厉地对待原子论者赋予微粒的坚硬性和不可分性。笛卡儿主义者德尼·帕潘(Denis Papin)写信给原子论者惠更斯："另一件使我烦恼的事是……你相信完全的坚硬性是物体的本质；在我看来，你似乎正在这里假定一种把我们带到数学或力学原理彼岸的固有的质。"②的确，原子论者惠更斯同样苛刻地对待笛卡儿主义者的主张。他答复帕潘说："你的另一个困难是，我假定坚硬性是物体的本质，而你和笛卡儿

① R. Descartes, *Correspondance*, ed, P. Tannery and C. Adam. Vol, IV (Paris, 1898), Letter CLXXX, p. 396.

② 德尼·帕潘致克里斯蒂安·惠更斯，一六九〇年六月十八日，*Oeuvres complètes de Huygens...*, IX, 429.

只承认它们的广延。我由此看到，你还没有使自己摆脱我长期以来断定是十分荒谬的主张。”①

没有什么形而上学体系足以构造物理学理论

每一个形而上学学派都申斥它的竞争对手在它的说明中诉诸本身未被说明的，实际上是隐秘的质的概念。这种批判岂不是几乎总是适用于申斥它自己的学派吗?

为了使属于某一学派的哲学家宣布完全满意同一学派物理学家构造的理论，在这个理论中使用的所有原理就必须能从该学派宣称信奉的形而上学中推演出来。如果在物理现象的说明过程中诉诸那种形而上学无力辩护的某一定律，那么说明将不会唾手而得，物理学理论将达不到它的目的。

现在，任何形而上学都无法给出足够精密、足够详尽的指导，以便有可能从它推出物理学理论的所有要素。

事实上，形而上学学说就物体的实在本性提出的指导，往往是由否定命题组成的。亚里士多德主义者像笛卡儿主义者一样，否定空虚空间的可能性；牛顿主义者拒斥任何不能还原为在质点之间作用的力的质；原子论者和笛卡儿主义者否认任何超距作用；笛卡儿主义者不承认在物质的各部分之间有任何除形状和运动之外的差异。 17

当问题在于谴责敌对学派提出的理论时，所有这些否定命题

① 克里斯蒂安·惠更斯致德尼·帕潘，一六九〇年九月二日，*ibid.*，IX，484.

都恰当地被证明;但是,当我们希望推导物理学理论的原理时,它们似乎是毫无成效的。

譬如,笛卡儿主义者否认,在物质中存在除长度、宽度、深度方面的广延及其各种模式——也就是说形状和运动——以外的其他任何东西;但是,仅用这些资料,他甚至无法开始勾画物理学定律的说明。

至少,在试图构造任何理论之前,他必须了解支配各种运动的普遍定律。因此,他从他的形而上学原理开始,企图首先推演动力学。

上帝的完美性要求他在他的计划中是永远不变的;从这种不变性中得出下述结论:上帝保持他在开端时给予世界的恒定的运动量。

但是,在世界上运动量的恒定还不是一个充分精确或充分确定的原理,从而使我们有可能写出任何动力学方程。我们必须用定量的形式陈述它,这意味着把迄今十分模糊的"运动量"概念翻译为完全确定的代数表达式。

接着,物理学家将把什么数学意义附着在"运动量"一词之上呢?

按照笛卡儿的观点,每一个物质粒子的运动量将是它的质量或它的体积——在笛卡儿的物理学中,它的体积等价于它的质量——乘以它被激励的速度之积,全部物质在其整体上的运动量是它的各部分的运动量之和。这个和在任何物理变化中保持恒定的值。

笛卡儿提议借以翻译"运动量"概念的代数量的组合,肯定满足我们关于这样的翻译的本能知识预先强加的要求。对于处于静止的整体而言它为零，对于被某些运动促动的物体群来说它总是为正；当一个确定的质量增加它的运动速度时，它的值增加；当一给定的速度影响较大的质量时，它再次增加。但是，无数其他表达式也可以同样充分地满足这些要求：我们可以显著地用速度的平方代替速度。所得到的代数表达式于是与莱布尼兹称为“活力”的表达式重合；我们不是从神圣的不变性引出笛卡儿的运动量的恒定性，而是推导出莱布尼兹的活力的恒定性。

18

这样一来，笛卡儿打算置于动力学基础的定律无疑与笛卡儿的形而上学一致；但是，这种一致不是必要的。当笛卡儿把某些物理学效应仅仅还原为这样的定律的推论时，他确实证明了，这些效应不与他的哲学原理矛盾，但是他并没有借助这些原理说明该定律。

我们刚刚就笛卡儿主义者所说的东西，能够就任何要求在物理学理论中终止的形而上学学说加以重复；在这一理论中，总是存在某些被安置的假设，这些假设并**没有**把形而上学学说的原理作为它们的根据。那些追随博斯科维奇思想的人承认，在可知觉的距离上观察到的一切吸引或排斥都与距离的平方成反比地变化。正是这个假设，容许他们建构三个力学体系：天体力学、电力学和磁力学；不过，他们采取这种形式的定律是由于需要使他们的说明与事实一致，而不是由于他们的哲学的要求。原子论者承认，某一定律支配微粒的碰撞；可是，这个定律却是另一定律被异常大胆地推广到原子世界，而后者只有当质量大到被认为足以观察时，才是可容许的；它不是从伊壁鸠鲁（Epicurus）的哲学中推演出来的。

因此，我们不能从形而上学体系推导出构造物理学理论的全部要素。物理学理论总是求助于形而上学体系没有提供的，因而对该体系的党徒来说依然是神秘的命题。在它宣称给出的说明的根底，总是存在着未被说明的东西。

第二章　物理学理论和自然分类

物理学理论的真实本性和构成它的操作是什么?

当我们认为物理学理论是物质实在的假设性的说明时,我们就使它依赖形而上学了。用这种方式,绝不是给它一种最大多数心智都能够赞同的形式,我们仅限于那些承认它所坚持的哲学的人才能接受它。但是,甚至他们也不能够完全满意这个理论,由于它无法从形而上学学说引出它的全部原理,而它却被宣称是从形而上学学说中导出的。

在上一章讨论的这些思想,导致我们十分自然地询问下述两个问题:

我们难道不能够把一种目的赋予使其成为**自主的**物理学理论吗?在不是从任何形而上学学说产生的原理的基础上,物理学理论可以用它自己的术语来判断,而不包含依赖于他们可能从属的哲学学派的物理学家的主张。

我们难道不能构想一种对构造物理学理论来说必然是**充分的**方法吗?与它自己的定义一致,物理学理论不会使用它不能合理运用的原理,不会求助于它不能合理运用的任何程序。

我们打算集中在这个目的和这个方法上，并研究一下二者。

让我们现在径直地断定物理学理论的定义；本书接着的部分将厘清它，将发展它的完备内容：物理学理论不是说明。它是从少数原理推演出的数学命题的体系，其目的在于尽可能简单、尽可能完备、尽可能精密地描述实验定律的集合。

为了在某种程度上更精确地开始下定义，让我们概括一下形成物理学理论的四个相继操作的特征：

1. 在我们着手描述的物理性质中，我们选择我们认为是简单的性质，这样其他性质将想象是它们的群聚或组合。我们通过合适的测量方法，使它们与数学符号、数和量的某个群对应。这些数学符号与它们描述的性质没有固有本性的关联；它们与后者仅具有记号与所标示的事物的关系。通过测量方法，我们能够使物理性质的每一个状态对应于表示符号的值，反之亦然。

2. 借助少数我们在我们的演绎中作为原理看待的命题，我们把这样引入的不同种类的量关联起来。这些原理在该词的词源学含义上可以称为"假设"，因为它们确实是将要建立的理论的基础；但是，它们没有以任何方式宣称陈述物体的实在性质之间的实在关系。这些假设当时可以以任意的方式阐述。限制这种任意性的唯一绝对不可逾越的障碍是同一假设的术语之间的逻辑矛盾，或是同一理论各个假设之间的逻辑矛盾。

3. 理论的各种不同的原理或假设按照数学分析的法则组合在一起。代数逻辑的要求是理论家在这一进展过程中必须满足的唯一要求。他的计算所依据的量并未被宣称是物理实在，他在他的演绎中所使用的原理并未被作为陈述这些实在之间的实在关系；因此，他们进行的操作是与实在的还是想象的物理变换相对应，则是无关紧要的。人们有权要求他的一切是，他的符号系统是可靠的，他的计算是准确的。

4. 这样从假设推出的各种推论，可以翻译为同样多的与物体的物理性质有关的判断。对于定义和测量这些物理性质来说是合适的方法，就像容许人们进行这种翻译的词汇表和图例一样。把这些判断与理论打算描述的实验定律加以比较。如果它们与这些定律在相应于所使用的测量程序的近似程度上一致，那么理论便达到它的目标，就说它是好理论；如果不一致，它就是坏理论，就必须修正或拒斥它。

因而，真的理论并不是给物理外观以与实在符合的说明的理论；它是以满意的方式描述实验定律群的理论。假的理论并不是在 21 与实在相反的假定之基础上建立说明的尝试；它是不符合实验定律的命题群。**对物理学理论来说，与实验定律一致是真理的唯一标准。**

我们刚刚勾勒的定义区分了物理学理论的四个基本操作：(1)物理量的定义和测量；(2)假设的选择；(3)理论的数学展开；(4)理论与实验的比较。

当我们继续写这本书时，我们将详尽地致力于这些操作的每一个。但是，正是在现在，我们有可能回答由物理学理论的定义产生的几个问题，并驳斥几种反对意见。

什么是物理学理论的统一性？理论被认为是思维经济

首先，这样的理论有什么用处？

对于事物的本性或我们正在研究的潜藏在现象之下的实在，在我们刚刚描绘的规划上构想的理论绝对没有教给我们任何东西，也没有宣称教给我们任何东西。那么，它有什么用处呢？物理学家用描述定律的数学命题的体系代替实验方法直接提供的那些定律，究竟得到什么呢？

首先，物理学理论用为数很少的命题即基本假设替代为数很多的定律，这些定律是作为相互独立的东西提出的，每一个定律都不得不独自学习和记忆。可是假设一旦已知，数学演绎便容许我们以十足的把握使心智回想起所有的物理学定律，而不会有遗漏或重复。这样把大量的定律浓缩在少数原理中，大大减轻人的心智的重负，没有这样的技巧，人的心智就不能储藏它每日获得的新财富。

把物理学定律简化为理论从而有助于"智力经济"，恩斯特·马赫(Ernst Mach)在智力经济中看到科学的目标和指导原则。①

22 实验定律本身已经体现了第一次智力经济。人的心智面对不计其数的具体事实，每一个事实由于大量各种各样的细节而错综

① E. Mach, "Die ökonomische Natur der physikalischen Forschung", *Populärwissenschaftliche Vorlesungen* (3rd ed.; Leipzig, 1908), Ch. XIII, p. 215. (Translated by T. J. McCormack, "The Economical Nature of physical Research", Mach's *Popular Scientific Lectures* [3rd ed.; La Salle Ill; :Open Court, 1907], Ch. XI-II.)

Cf. E. Mach, *La Mécanique*; *exposé historique et critique de son développement* (Paris, 1904), Ch. IV, Sec. 4; "La Science comme économie de la pensée", p. 449. (T. J. McCormack从德文第二版译, *The Science of Mechanics*: *a Critical and Historical Account of Its Development* [Open Court, 1902], Ch. IV, Sec. IV: "The Economy of Science, pp. 481-494.)

复杂;没有一个人能够囊括和保留所有这些事实的知识;也没有一个人能够把这种知识传达给他的同胞;抽象进入舞台。它导致从这些事实中排除一切独有的或个体的东西,从它们的总体中仅仅抽取在它们中是普遍的或对它们来说是共同的东西,它用单一的命题代替这一大堆麻烦的事实,该命题几乎不占用人的记忆,且容易通过教育传播:它系统地阐述了物理学定律。

"例如,倘若我们知道,入射光线、折射光线和法线在同一平面,且 $\sin i/\sin r=n$ 那么我们就用不着记下光折射的个别例子,便能够在心理上重构所有现在的和未来的情况。在这里,我们不用记下在物质的不同组合中和在不同的入射角下的无数折射例子,我们只要记住上述陈述的法则和 n 的值——这容易得很——就行了。在这里,经济的意图是清楚明白的。"①

用定律代替具体事实达到了经济,当心智把实验定律浓缩为理论时,它便加倍了经济。折射定律对于不可胜数的折射事实而言是经济,光学理论对于无限变化的光现象的定律来说也是经济。

在光效应中,只有极少数被古人简化为定律;他们了解的唯一光学定律是光的直线传播定律和反射定律。在笛卡儿时代,折射定律加强了这个贫乏的偶然事件。在没有理论的情况下,光学能做的事情是如此稀少;学习和讲授每一个定律自然而然是容易的。

相反地,在今天,正如我们知道的,希望研究光学的物理学家在不借助理论的情况下,怎么能够获得这一庞大领域里的即使是 23

① E. Mach, La Mécanique..., p. 453.(在译本 *The Science of Mechanics*..., p. 485.)

肤浅的知识呢？考虑一下单轴晶体或双轴晶体的单折射、双折射效应，在同位素介质或晶体介质上的反射效应，干涉效应，衍射效应，反射引起的偏振以及单折射或双折射引起的偏振效应，色偏振效应，旋转偏振效应等等。这些巨大的现象范畴中的每一个都可以引起为数甚多的实验定律的陈述，其数量和复杂性会使最能干、最强大的记忆力感到惊恐。

光学理论伴随产生了，占有这些定律，并把它们浓缩为少数原理。从这些原理出发，我们总是能够通过规则的和可靠的运算，抽取我们希望使用的定律。因此，守望这些定律的知识不再有必要了；它们所依赖的原理的知识就足够了。

这个例子能使我们牢牢地把握物理科学进步的道路。实验家不断地揭示出迄今未曾料到的事实并用公式表示新定律，理论家通过设想更浓缩的表述、更经济的体系，使有可能存储这些获得物。物理学的发展刺激着“不厌倦提供的自然”和不希望“厌倦构想”的理性之间的持续斗争。

理论被认为是分类

理论不仅仅是实验定律的经济表述；它也是这些定律的**分类**。

实验物理学向我们提供可以说是在同一水平上全都混在一起的定律，而没有把它们分为用一种家族纽带结合的定律群。十分偶然的原因或相当表面的类似往往导致观察者在他们的研究中把不同的定律汇集起来。牛顿把光穿越棱镜的色散定律和使肥皂泡产生颜色的定律归于同一作用，只是因为在这两类现象中映射到眼睛的是同一颜色。

另一方面，通过展开把原理与实验定律关联起来的演绎推理的众多衍生物，理论便在这些定律之间建立起秩序和分类。它把某些定律汇集在一起，密切地排列在同一个群中；它通过把其他一些定律放置在两个相距很远的群中而把它们分开。可以说，理论给出目录表和各章标题，所研究的科学在其下将在方法论上被划分开来，它指明在这些章中的每一个之下所排列的定律。 24

比如，在支配棱镜形成的光谱的定律旁边，理论排列着支配虹的颜色的定律；但是，牛顿环的颜色据以被排序的定律开始与杨(Young)和菲涅耳(Fresnel)发现的条纹的定律为伴；而在另外的范畴，格里马尔迪(Grimaldi)分析的漂亮的着色与夫琅和费(Fraunhofer)产生的衍射光谱有关。所有这些现象的引人注目的颜色导致在头脑简单的观察者的眼中把它们混为一谈，多亏理论家的努力，它们的定律才被分类和排序。

这些分类使知识方便地使用和安全地应用。请端详一下那些实用的柜子吧，为同一目的而使用的工具在其上并排放置，隔板在那里逻辑地把不是指派为同一任务而使用的工具分开：工人的手迅速地抓住所需要的工具，没有乱摸或拿错。多亏理论，物理学家才确信地、在没有遗漏任何有用的东西或使用任何多余的东西的情况下，找到可以帮助他解决给定问题的定律。

秩序无论在哪里统治，随之都带来美。理论不仅使它描述的物理学定律群更容易把握、更方便、更有用，而且也更美。

追随一个伟大的物理学理论行进，看看它宏伟地展现了它从初始假设出发的规则的演绎，看看它的推论描述了众多的实验定律直至最小的细节，人们不能不被这样的结构之美而陶醉，不能不敏锐地感到这样的人的心智的创造物真正是艺术作品。

理论倾向于被转变为自然分类[①]

这种审美情感并不是达到完美的高级程度的理论所产生的唯一反应。它也说服我们看见理论中的自然分类。

现在，首先要问，何谓自然分类？例如，博物学家在提出脊椎动物的自然分类时意味着什么？

25

他所设想的分类是一个不涉及具体个体，而涉及抽象、涉及种的智力操作群；这些种按群排列起来，较特殊的在较一般的之下。为了形成这些群，博物学家考虑各种器官——脊柱、头盖骨、心脏、消化道、肺、鳔，不是它们在每一个体中呈现的特殊的和具体的形式，而是对同一群中的所有种都适合的、抽象的、普遍的、图式的形式。在这些通过抽象而如此理想化的器官中，他进行比较，注意类似和差异；比如，他宣布鱼鳔类似于脊椎动物的肺。这些同源性是纯粹理想的关联，而不涉及实在的器官，而只涉及在博物学家心智中形成的概括的和简化的概念；分类只是概括所有这些比较的摘要表。

当动物学家断言这样的分类是自然分类时，他意指他的理性在抽象概念中建立起来的那些理想关联，对应于在他的抽象中汇

① 在"L'Ecole anglaise et les théories physiques", Art. 6. *Revue des questions scientifiques*, October, 1893 中，我们已经注意到自然分类是物理学理论倾向趋近的理想形式。

集和包含的相关动物之间的实在关系。譬如，他意味着，他在形形色色的种之间注视到的或多或少显著的相似，恰当地讲，是组成这些种的个体之间的或多或少密切的血缘关系的指标；他通过阶梯瀑布似的东西表现纲、目、科、属的部类，从而产生系统树，各种脊椎动物在这棵树上从同一树干和树根伸出枝条。这些家族亲缘关系只能通过比较解剖确立；从本质上把握它们并厘清它们，是生理学家和古生物学家的职责。无论如何，当博物学家沉思他的比较方法把秩序引入混在一起的众多动物时，他无法断定这些关系，这种证明超越他的方法。如果生理学家和古生物学家有一天向他证明，他设想的关系不存在，进化论假设遭到反驳，那么他可能继续相信，他的分类勾画的蓝图描绘了动物之间的实在关系；他也许承认，他在这些关系的本性方面，而不是在它们的存在方面受到欺骗。

实验定律在物理学家创造的分类中找到它的位置的简洁方式，以及给予这个定律群以如此完美秩序的突出明晰性，以势不可 26 当的方式劝诱我们，这样的秩序不是来自机灵的组织者强加在定律上的纯粹任意的群集的结果。在不能说明我们的确信，也无法摆脱它的情况下，我们在这一体系的精密秩序中看到借以辨认自然分类的标志。即便不要求说明潜藏在现象——我们把现象的定律群集在一起——之下的实在，我们也感到我们的理论确立的群集对应于事物本身之间的实在的亲缘关系。

在每一个理论中寻求说明的物理学家深信，它用光振动把握了我们感官以光和颜色的形式向我们揭示的质的恰当而密切的基础；他相信以太，认为其部分受到这种振动激励的物体处于急剧的往复运动之中。

当然，我们并不具有这些幻想。在光学理论课程中，当我们谈到光振动时，我们不再想象实在物体的实在往复运动；我们仅仅设想抽象的量，即纯粹的、几何学的表达。正是周期地变化的长度，帮助我们陈述光学假设，并通过规则的运算恢复支配光的实验定律。对我们的心智来说，这种振动是**描述**，而不是**说明**。

但是，在许多摸索之后，当我们成功地借助这种振动系统阐明了基本假设时，当我们在这些假设勾画的蓝图中看到此前以如此混乱的方式被如此之多的细节塞满的广大光学领域变得有秩序和有组织时，我们可以相信，这种秩序和组织是反映实在的秩序和组织的图像；用理论汇集在一起的现象，例如干涉带和层着色，实际上是光的同一性质的稍微不同的表现；被理论分开的现象，例如衍射光谱和色散光谱，有健全的理由断定实际上是本质不同的。

这样一来，物理学理论从未给我们以实验定律的说明；它从未揭示潜藏在可感觉的外观之下的实在；但是，它变得越完备，我们就越理解，理论用来使实验定律秩序化的逻辑秩序是本体论秩序的反映；我们就越是猜想，它在观察资料之间确立的关系对应于事物之间的实在关系；[①]我们就越是感到，理论倾向于自然分类。

27

物理学家不能解释这一确信。供他使用的方法被局限于观察资料。因此，它不能证明，在实验定律之间建立的秩序反映超越经

① *Cf*. H. Poincaré, *La Science et l'Hypothése* (Paris, 1903), p. 190. (Translated by Bruce Halsted, "Science and Hypothesis", in *Foundations of Science* 〔Lancaster, Pa.: Science Press, 1905〕.)

验的秩序；这更加是他的方法无法猜测与理论确立的关系对应的实在关系之本性的理由。

不过，尽管物理学家无力为这一确信辩护，但是他也无力使他的理性摆脱它。他徒劳地充满这样的观念：他的理论没有能力把握实在，它们仅仅有助于给实验定律以概要的和分类的描述。他无法强迫自己相信，能把在初次遇到的如此歧异的大量定律如此简单、如此方便地秩序化的体系，会是纯粹人为的体系。由于服从帕斯卡(Pascal)认为是"理性不了解"的心灵的那些理性之一的直觉，他断言他信仰随着时间的推移在他的理论中更清楚、更如实地反映出来的实在的秩序。

于是，对借以构造物理学理论的方法的分析，以十足的证据向我们证明，这些理论不能作为实验定律的说明提出；相反地，作为不能被这种分析辩护、同样不能被它挫败的信仰行为却使我们确信，这些理论不是纯粹人为的体系，而是自然分类。因此，我们在这里可以应用帕斯卡的深刻思想："我们无能为力证明哪一个东西不能被任何教条主义战胜；我们拥有不能被任何皮朗(Pyrrhon)怀疑论战胜的真理的观念。"

理论预期实验

有一种境况特别清楚地表明我们对于理论分类的自然特征的信念；当我们要求理论在实验发生之前告诉我们实验结果时，这种境况就出现了，此时我们给它一个大胆的指令："成为我们的预言家。"

显著的实验定律群通过研究确立起来了；理论家打算把定律浓缩到极少数的假设中，他们成功地这样做了；每一个实验定律都正确地被这些假设的推论描述。

28

但是，能够从这些假设中引出的推论在数目上是不受限制的，我们从而能够导出一些推论，它们不与任何先前已知的实验定律对应，仅仅描述可能的实验定律。

在这些推论中，一些涉及能够在实践中实现的情况，这些推论特别有趣，因为能够把它们交付事实检验。如果它们确切地描述了支配这些事实的实验定律，那么理论的价值将增加，受理论支配的领域将添加新定律。相反地，如果在这些推论中存在一个与事实——它们的定律必须用该理论描述——截然不一致的推论，那么就不得不修正理论，或者也许不得不完全抛弃它。

现在，在我们使理论的预言面对实在的场合，请设想一下，我们必须打赌赞成还是反对理论；我们将把我们的赌注押在哪一边呢？

如果理论是纯粹人为的体系，如果我们在它赖以立足的假设中看到为描述已知的实验定律而精巧制作的陈述，但是倘若理论没有暗示在不可见的实在中间实在关系的任何反映，那么我们将认为，这样的理论不确认新定律。在为其他定律而调整的抽屉之间留下的空余空间中，迄今未知的定律要找到它可能严格合适的预制抽屉，会是不可思议的偶然性的绝技。我们冒险把赌注押在这类预期上也许是愚蠢的。

相反地，如果我们在理论中辨认出自然分类，如果我们感到它的原理表达了事物之间的深邃的和实在的关系，我们将不会为看到它的推论预期经验并激起新定律的发现而惊奇；我们将毫不畏惧地打赌赞成它。

因此，我们坚持认为一个分类是自然分类的最高检验，就是要求它预先指明唯有未来将揭示的事物。当实验完成并确认从我们的理论得到的预言时，我们感到增强了我们的确信：我们的理性在抽象的概念中建立起来的关系确实对应于事物之间的关系。

例如，近代化学符号体系运用发达的化学式建立分类，各种化合物以此分类排列有序。这种分类把令人惊异的秩序引入庞大的化学武库，而这种秩序已经向我们确保，该分类不是纯粹人为的体系。它通过取代在各种化合物之间建立的类似和推导关系仅在我们的心智中有意义；可是，我们却深信它们对应于实物本身之间的亲缘关系，实物的本性依然深深地潜藏着，但是其实在性似乎是毋庸置疑的。不过，由于这种深信变成压倒之势的确定性，我们必定看到，理论预先写出众多物体的化学式，而且鉴于服从这些指示，合成必然揭露大量的实物，我们甚至在这些实物存在之前就能够了解它们的构成和性质。

29

正像合成事先预告化学标记法法令是自然分类一样，物理学理论同样将证明，它由于预期观察从而是实在秩序的反映。

现在，物理学史向我们提供了这种有洞察力的猜测的诸多例证；许多时代都有预言还没有观察到的定律，甚至预言似乎不可能出现的定律的理论，它激励实验者去发现定律，指导他趋向这一发现。

法国科学院颁布把对光衍射现象的总审查作为物理学奖的课题，该奖项在一八一九年的公众大会上授予。提交了两篇专题论文,菲涅耳的一篇赢得大奖,评判委员会由毕奥(Biot)、阿喇戈(Arago)、拉普拉斯(Laplace)、盖-吕萨克(Gay-Lussac)和泊松组成。

从菲涅耳提供的原理出发,泊松通过雅致的分析演绎出下述奇怪的推论:如果一个不透明的和圆形的小屏幕截住从点光源发出的光线,那么在屏幕背后、正是在这个屏幕的轴上,存在着不仅是明亮的点,而且恰恰是这些点发光,仿佛屏幕未插入它们和光源之间一样。

看来,这样的推论与最明显的经验确定性是如此背道而驰,它似乎是拒绝菲涅耳提出的衍射理论的十分健全的根据。阿喇戈确信出自这个理论的洞察力的自然特征。他检验它,观察给出与来自计算的未必确实的预言绝对一致的结果。[1]

30

正如我们定义的,物理学理论从而把有利于智力经济的浓缩描述给予广泛的实验定律群。

它把这些定律分门别类,并通过分类使它们可以更方便、更安全地利用。与此同时,它使整体有序,从而增添它们的美。

在它完备之时,它显示出自然分类的特征。它建立的群容许就事物的实在亲缘关系做出暗示。

尤其是,这种自然分类的特征是以理论的多产性为标志的,该理论预期还没有观察到的实验定律并促进它们的发现。

这充分表明对物理学理论的探究是正当的,尽管这种探究没有追求现象的说明,但也不能称它是徒劳的和无效的任务。

---

① *Oeuvres Complètes d'Augustin Fresnel*, 3 vols. (Paris, 1866-1870), I, 236, 365, 368.

第三章　描述的理论和物理学史

自然分类和说明在物理学理论进化中的作用

我们提出，物理学理论的目的是变成自然分类，是在各种实验定律之间建立作为一种真实秩序的图像和反映的逻辑的协调，逃避我们的实在就是按此秩序组织起来的。我们也可以说，凭靠这个条件，理论将是富有成果的，将启发发现。

但是，一种反对意见立即引起了我们在这里正在详述的学说。

如果理论必须是自然分类，如果它以与实在被聚集的相同方式聚集外观，那么首先探询这些实在是什么难道不是达到这个目的的最可靠的途径吗？在希望体系最终成为事物的本体论秩序的图像的过程中，不去构造以尽可能浓缩、尽可能严格的形式描述实验定律的这一逻辑体系，而是力图说明这些定律并力求揭开那些潜藏的事物的面纱，难道不是更有意义吗？而且，这难道不是科学大师们行进的道路吗？通过致力于说明物理学理论，他们难道创造不出拥有预言并引起我们惊叹的多产的理论吗？与模仿他们的榜样并重返在第一章中所谴责的方法相比，我们能够做得更好一些吗？

毫无疑问,数位天才——我们把近代物理学归功于他们——曾经建立了他们希望给自然现象以说明的理论,一些人甚至相信他们把握了这种说明。但是,这无论如何不是反对我们就物理学理论详述的见解的结论性论据。空想的希望可以促成令人钦佩的发现,但是这些发现并未使空想实现,而空想却使它们产生。大大有助于地理学进步的大胆探险归因于寻找黄金之地的冒险家,不过却没有充足的理由在我们的全球地图上标印"假想中的黄金国"。

32

因此,如果我们想要证明寻求说明是物理学中的真正富有成效的方法,那么这还不足以表明大量的理论是由为这种说明而努力的思想家创造出来的;我们必须证明,寻求说明实际上是阿里阿德涅线团[①],该线团引导他们通过实验定律的混乱,并容许他们描绘这个迷宫的设计图。

现在,给出这样的证明不仅是不可能的,而且正如我们将要看到的,甚至肤浅的物理学史研究也提供了相反的丰富论据。

当我们分析打算说明可感觉的外观的物理学家所创造的理论时,我们一般并未花费长时间去辨认,这一理论是由两个实际上迥然不同的部分形成的:一部分仅仅是打算分类定律的描述部分;另一部分是打算把握潜藏在现象之下的实在的说明部分。

现在,认为说明部分是描述部分存在的理由远非为真,描述部分才是说明部分由以成长的种子和滋养它发展的根;实际上,两部

① 阿里阿德涅(Ariadne)是希腊神话中帕西淮和克里特王弥诺斯的女儿。她与雅典英雄忒修斯相爱并在他杀死弥诺陶洛斯(半人半牛怪)之后,用小线团帮助他逃出迷宫。——中译者注

分之间的链环几乎总是最脆弱的和最人为的。描述部分借助恰当的和自主的理论物理学方法独立地发展;说明部分达到充分形成的有机体,并像寄生虫一样附着在描述部分上。

理论不是把它的能力和多产归功于这个说明部分;绝非如此。在理论中有效的一切东西——理论据此似乎是自然分类并把预期实验的能力授予它自己——可以在描述部分找到;这一切是物理学家忘记追求说明时发现的。另一方面,在理论中为假且与事实矛盾的无论什么东西,尤其可以在说明部分找到;物理学家之所以把错误引入理论中,是由他想要把握实在导致的。

由此可得出下述结论:当实验物理学的进步与一个理论对立并且迫使它做出修正或改造时,纯粹描述的部分几乎整体进入新理论,从而使新理论继承旧理论全部有价值的所有物,而说明部分却坍塌了,以便为另一种说明让路。

这样,借助连续的传统,每一个理论都把它能够构造的自然分类的份额传递给紧跟它的理论,就像在某些古代游戏中,每一个奔跑者把点燃的火炬传给他前面的信使,这种连续的传统保证了生命的永恒和科学的进步。 33

由于只是显现出被消除的说明不断破碎,肤浅的观察者是看不见传统的这种连续性的。

让我们用一些例子支持我们刚才所说的一切。光折射理论将提供它们。我们之所以从这些理论中借用它们,实际上并不是因为它们格外有利于我们的论题,相反地,而是因为那些肤浅地研究物理学史的人也许认为,这些理论把它们的主要进步归功于对说明的追求。

笛卡儿曾经给出描述单折射现象的理论;它是两篇令人赞美的专题论文"折光学"和"大气现象"的主要对象,二文是作为《方法论》的序言。在入射角的正弦和折射角的正弦之间的不变关系的基础上,他的理论以十分明晰的秩序排列各种形状的透镜以及由这些透镜构成的光学仪器的性质;它解释参与视觉的现象,分析虹的规律。

笛卡儿也给光效应以说明。光只是外观;实在是白炽物体在渗透所有物体的"微妙物质"内的急剧运动造成的压力。这种微妙物质是不可压缩的,以至组成光的压力在其中即时地传播到任何距离:不管一点距光源多么远,正是在同一瞬时,光源发光,该点被照亮。光的这种即时传播是笛卡儿创造的说明体系的绝对必要的结果。比克曼(Beeckman)不愿承认这个命题,他模仿伽利略(Galileo),企图借助在那时相当幼稚的实验反驳它。笛卡儿如下致函比克曼:"依我之见,它〔光的即时速度〕是如此确定,以致如果凭借某种不可能性发现它犯有错谬之罪,那么我会乐于向你立即承认,我对哲学一无所知。你对你的实验如此满怀信心,致使你宣称,如果时间间隔无法把人们在镜面看见灯笼运动的瞬时与人们知觉它在他的手中的瞬时分开的话,那么你自己准备认为你的哲学全都是假的;另一方面,我向你宣布,如果能够观察到时间间隔,那么我的整个哲学就会被完全打翻。"①

34

是笛卡儿本人创造了折射的基本定律,还是如惠更斯暗讽的

① R. Descartes, *Correspondances*, ed. P. Tanney and C. Adam, Vol. I, Letter LVII (Aug. 22, 1634), p. 307.

从斯涅耳(Snell)那里借用的,这成为动感情争论的问题;答案是可以怀疑的,但对我们来说无关紧要。确定的东西是,这个定律和以它为基础的描述理论不是笛卡儿提出的光现象的说明的产物;笛卡儿的宇宙论没有扮演产生它们的角色;只有实验、归纳和概括才能提出它们。

而且,笛卡儿从未尝试把折射定律与他的光的说明理论联系起来。

实际上,在"折光学"的开头,他确实展开关于这个定律的力学类比;他把从空气进入水中的光线方向的变化与用力扔出的、从一种介质进入另一种阻力较大的介质中的球的路线的变化加以比较。但是,确切地讲,这些力学比较把折射理论与发射说关联起来,它们的逻辑可靠性遭到诸多批评,要知道在发射说中光线被比作为从光源猛烈抛射出的小粒子雨。伽桑狄在笛卡儿时代坚持这种说明,牛顿稍后也采纳它,但是它与笛卡儿的光理论并不类似;它与后来的理论不相容。

于是,笛卡儿的光现象的说明和笛卡儿对不同折射定律的描述只不过是并置而已,而没有任何关联或渗透。因此,当丹麦天文学家罗默(Römer)表明,光以有限的和可测量的速度在空间传播时,笛卡儿的光现象的说明土崩瓦解了;但是该学说中描述和分类折射定律的甚至最微小的部分也没有随之倒塌;后者即使在今天还继续形成我们基础光学的较大部分。

一条光线从空气中传入某些晶体介质(例如冰洲石)内部,它提供两条不同的折射光线:一条是遵循笛卡儿定律的寻常光线,而另一条是逃脱这一定律限制的非常光线。这种"来自冰洲石的可劈开的晶体的美妙而异常的折射”,是在一六五七年由丹麦人埃拉35斯穆斯·巴尔泰耳森或巴尔托林努斯(Erasmus Barthelsen or Bartholinus)发现和研究的。[①] 惠更斯打算系统阐明同时描述单折射定律、笛卡儿工作的对象和双折射定律的理论。他以巧妙的方式成功地这样做了。在提出在非晶体介质或在立方晶体中单光线遵循笛卡儿定律之后,他的几何学构图不仅勾勒非立方晶体中的两条折射光线,而且也完备地确定了支配这两条光线的定律。这些定律是如此错综复杂,以致听凭它自己应变能力的实验也许不会解决它们;但是,在理论给出它们的公式后,实验在细节上证实它们。

惠更斯是从原子论的宇宙论的原理,从那些在他看来“真正的哲学借以构想所有自然效应的原因”之“力学的理由”,引出这个漂亮的和多产的理论吗?绝不是。虚空、原子及其坚硬性和运动的考虑在构造这一描述中根本未起作用。声传播和光传播之间的比较,两条折射光线之一遵循笛卡儿定律而另一条却不服从它的实验事实,关于光波在晶体介质中的波面形状的巧妙而大胆的假设——这位伟大的荷兰物理学家着手揭示他的分类的原理的步骤就是这样的。

惠更斯不仅没有从原子论物理学的原理引出双折射理论,而且这个理论一旦被发现,他也没有力图把它与这些原理结合起来。事实上,为了解释晶体的形态,他设想晶石或岩石晶体是由球体分

① Erasmus Bartholinus, *Experimenta crystalli Islandici disdiaclastici, quibus mira et insolita refractio detegitur*(The Hague,1657).

子的规则堆叠形成的，从而为阿维(Haüy)和布喇菲(Bravais)准备了道路；不过，在提出这个假定后，他满意地写道："我将只添加一句话，这些小球体完全有助于形成上面假定的光波的球面，几个球面以同一方式与它们的轴处于平行。"①惠更斯通过把恰当的结构赋予晶体，来说明光波波面的形状，我们在这个短句中拥有他为此而尝试的一切。 36

因而，他的理论将依然未经触动，而光现象的说明将连续地彼此接替，因为它们是脆弱的和衰朽的，不管它们的作者表明多么坚信它们的持久价值。

在牛顿的影响下，发射的、微粒的说明与波动理论的创立者惠更斯给予光现象的说明针锋相对；由于这个说明沿着博斯科维奇的原理的路线与引力宇宙论结合在一起，这位伟大的荷兰物理学家认为它是荒谬的，拉普拉斯为惠更斯的构想做了辩护。

拉普拉斯不仅借助引力物理学说明一位称赞截然相反的观念的物理学家发现的单折射或双折射理论，他不仅"从我们受惠于牛顿的那些原理，借助穿越许多无论什么透明介质和大气的光的所有运动现象都服从严格计算"②演绎出该理论，而且他也认为这一演绎增加了说明的确定性和精确性。毋庸置疑，双折射问题的解

① Christian Huygens, *Traité de la lumière, où sont expliquées les causes de ce qui arrice dans la réflexion et dans la réfraction, et particuliérement dans l'etrange réfraction du cristal d'Islande*(Leyden, 1690), ed. W. Burckhardt(Paris, 1920), p. 71.

② P. S. Laplace, *Exposition du système du monde* I(Paris, 1796), IV, Ch. XVⅢ: "De l'attraction moléculaire."(*Cf*. J. Pond 的英译本〔Dublin 1809〕和 H. H. Harte 的英译本〔Dublin and London, 1830〕。拉普拉斯的星云假设出现在他的书中的一个注释〔vii〕中。)

决是由惠更斯的构想给出的，它"被认为是实验结果，可以置于那位罕见天才的最漂亮的发现的高水准上。……我们不应该犹豫不决地把它们置于物理学的最确定和最美丽的结果之中"。但是，"迄今这个定律仅仅是观察的结果、近似的真理，在那里最精细的实验还是落在误差限度内。不过，它所依赖的作用定律的简单性应当使它被看作是严格的定律。"拉普拉斯在确信他提供的说明的价值方面甚至走得如此之远，以至于宣称，唯有这个说明能够消除惠更斯理论的不可能性，使健全的心智接受它；由于"这个定律经历了与开普勒(Kepler)的漂亮的定律相同的命运，开普勒定律长期以来没有受到正确评价，因为它们与不幸地渗透在开普勒所有著作中的体系的观念结合在一起"。

就在拉普拉斯如此轻蔑波动光学的时代，由杨和菲涅耳发扬37光大的波动光学却取代了微粒发射光学；但是，多亏菲涅耳，波动光学才经历深刻的变化：光源的振动不再在光线的方向上起作用，而是在垂直于光线的方向上起作用。指导惠更斯的声和光的类比消失了；不过，新说明还是导致物理学家以惠更斯设想过的方式采纳被晶体折射的光线的构图。

无论如何，在改变它的说明部分时，惠更斯学说也丰富了它的描述部分；它不再仅仅表达支配光线路程的定律，而且也表达它们的偏振状态的定律。

现在，这个理论的持有者处在反过来反对拉普拉斯的有利位置上，尽管他曾对他们的立场表示轻蔑的怜悯；正是在菲涅耳光学正在凯旋的时刻，这位伟大的数学家写下下述句子，情况变得不讥笑它就难以卒读："在我看来似乎是，双折射和恒星光行差现象即使不是把十足的确定性，也是把极高的可能性给予光的微粒发射体系。这些现象按照以太流波动的假设是费解的。被晶体偏振的、在通过平行于第一个晶体的第二个晶体时不再分开的光线的奇异性质显然指明，同一晶体对各种不同的光分子具有不同的作用。”①

惠更斯给出的折射理论并未覆盖所有可能的情况；较大范畴的晶状体即双轴晶体提供的现象无法进入它的框架。菲涅耳建议扩大这个框架，使人们不仅能够分类单轴双折射定律，而且也能够分类双轴双折射定律。他是如何成功地这样做的呢？是通过寻求光在晶体中传播模式的说明吗？绝不是；他是通过几何学直觉完成它的，在那里没有为关于光本性或透明体构成的任何假设留有余地。他注意到，惠更斯不得不考虑的所有波面能够通过简单的几何学构图从某种二次面推导出来。这个面对单独折射的晶体来说是球面，对单轴双折射介质来说是回转椭面；他设想，通过把同一构图应用于三个不等的轴，人们能够得到适合于双轴晶体的波面。 38

这种大胆的直觉得到最杰出的后继者的报答；它不仅使菲涅耳提议的理论与所有实验决定审慎一致，而且它也使人们有可能猜测和发现意料之外的和自相矛盾的结果——实验家把它们遗忘了，从未想到寻找它们。伟大的数学家哈密顿(Hamilton)从双轴晶体的波面形状推导出这些奇异现象的定律，物理学家劳埃德(Lloyd)随后寻找并发现了这些现象。

① *Ibid.*

因此，双轴双折射理论具有我们在其中辨认出自然分类标志的那种多产性和预言能力；可是，它们并非诞生于任何说明的尝试。

菲涅耳并不是没有力图说明他所得到的波面的形式；这种尝试曾激起他的强烈的感情，致使他没有公布导致他发现的方法；这个方法只是在他去世后才变得为人所知，当时他的关于双折射的第一篇学术论文最终被豁免出版。[①] 在他活着时发表的关于双折射的论著中，菲涅耳力图借助有关以太性质的假设重建他已发现的定律；"但是，他由以构成他的原理的那些假设并未经受透彻的审查"。[②] 当菲涅耳的理论限于起自然分类的作用时，它是令人赞美的，但是只要它作为说明给出，它就变得站不住脚了。

相同的情形对于大多数物理学学说都为真；在这些学说中持久的和多产的东西是逻辑工作，它们通过逻辑工作借助从几个原理演绎出为数众多的定律而成功地把这些定律自然地加以分类；短命的和不结果的东西是着手说明这些原理的劳动，为的是把这些原理附属于与潜藏在可感觉的外观之下的实在有关的假定。

人们往往把科学进步与涨潮相比较；当应用于物理学理论的进化时，这种比较在我们看来似乎是十分恰当的，可以进一步详细地追踪它。

无论谁对冲击到海滩的波浪投以短暂的一瞥，他都看不见潮

---

① *Cf.* "Introduction aux oeuvres d'Augustin Fresnel" by E. Verdet, Arts. 11 and 12, *Oeuvres complètes d'Augustin Fresnel*, Vol. I, pp. lxx and lxxvi.

② *Ibid.*, p. 84.

水上涨；他看到波浪升起、奔腾、伸展它自身，覆盖狭带似的沙滩，39 然后离开它似乎要征服的干地带而退回去；新的波浪紧随而至，有时比前一个波浪跑得稍远一些，但有时甚至还达不到前一个波浪浸湿的海洋贝壳。不过，在这种表面的往复运动下，产生了另外的运动，后一种运动更深奥、更缓慢，漫不经心的观察者是察觉不到的；它就是在同一方向稳定地继续着的累进运动，海面借以不断地上升。波浪的来来去去是下述说明尝试的忠实图像：那些上升的东西反而被弄碎，那些前进的东西反而后退；在那之下持续着缓慢而不断的进展，它的潮流稳定地征服新的土地，这对物理学学说而言保证了传统的连续性。

物理学家对于物理学理论本性的看法

有一位思想家恩斯特·马赫最强有力地坚持这样的观点：物理学理论应该被看做是浓缩的描述，而不是说明；他如下写道：

"我的思维经济观念是由我作教师的经验发展起来的，并由我的教学实践得以增强。早在一八六一年，当我作为一位无公薪讲师开始讲课的时候，我就具有这种观念，当时我相信我是唯一具有该原理的人——这一确信是会被原谅的。但是在今天，相反地，我深信至少这种观念的某一表述，必然总是**所有**反映科学研究本性的探索者共同拥有的。[①]

---

① E. Mach, *La Mécaniquè ; exposéhistorique et critique de son développement* (Paris, 1904), p. 360. (T. J. McCormack 译自德文第二版 *The Science of Mechanics : a Critical and Historical Account of Its Development* 〔*Open Court*. 1902〕, p. 579.

的确,自从古代以来,就有一些哲学家认为,物理学理论绝不是说明,它们的假设也不是关于事物本性的判断,而仅仅是打算提供与实验定律符合的推论的前提。①

40 恰当地讲,希腊人获得的唯一的一个物理学理论是天体运动理论;这就是在处理宇宙结构学体系时,他们表达和发展他们的物理学理论的概念的缘由。而且,他们在某种完善程度上持有的、今天再次在物理学中出现的其他理论,即杠杆平衡理论和流体静力学,都建立在其本性毋庸置疑的原理的基础上。阿基米德(Archimedes)的公理或要求是具有实验起源、经概括转换的清楚明白的命题;它们的推论与事实的一致概述了事实并使事实有秩序,而没有说明事实。

希腊人在讨论恒星运动的理论时区分什么属于物理学家——我们今天应说形而上学家,什么属于天文学家。属于物理学家的是通过从宇宙论引出的理由决定星球的实在运动是什么。另一方面,天文学家不必涉及他们描述的运动是实在的还是虚构的,他们唯一的目标是精密地描述天体的**相对**位移。②

① 自本书第一版以来,我们在两个场合发展了正文中遵循的思想。其一在题为"Σωζειν γά φαινόμεγα Essai sur la notion de théorie physique de Platon à Gaililée"的系列文章中,见 *Annales de Philosophie chrétienne*, 1908. 其二在我的题为 *Le Système du Monde, Histoire des doctrines cosmologiques de Platon à Copernic*, 5 vols.(Paris, 1913-1917), Vol. Ⅱ, Part 1. Chs. X and XI, pp. 50-179.(迪昂为这部著作留下的手稿注释已由巴黎 Hermann 出版。)

② 我们从十分重要的文章中借用在文本中遵循的几个资料条目,例如 P. Mansion, "Note sur le caractère géométrique de l'ancienne Astronomie", *Abhandlungen zur Geschichte der Mathematik*, IX (Leipzig). *Cf.* P. Mansion, *Sur les principes fondamentaux de la Géométrie, de la Mécanique et de I'Astronomie*(Paris, 1908).

在他的关于希腊人的宇宙结构学体系的漂亮研究中，斯基亚帕雷利(Schiaparelli)揭示了关于天文学和物理学之间的这种区分的十分著名的段落。这段话出自波塞多尼奥斯(Posidonius)，被杰米努斯(Geminus)概述或引用，并被辛普利希乌斯(Simplicius)为我们保留下来。这段话是："了解什么按其本性固定不动、什么运动，绝对不属于天文学家；但是，在相对于什么是静止的、相对于什么是运动的假设中，他探求哪些假设符合天上的现象。就原理而言，他不得不求助物理学家。"

这些表达纯粹的亚里士多德学说的观念激励古代天文学家写下许多段落；经院哲学正式采纳它们。通过返回原因本身给出天文学外观的理由的，正是物理学即宇宙论才能胜任的；天文学只处理现象的观察和几何学能够从它们推导的结论。圣托马斯(Saint Thomas)在提及亚里士多德的《物理学》时说："天文学具有某些与物理学共同的结论。但是，因为它并非纯粹是物理学，所以它用其他手段证明它们。这样一来，物理学家用物理学家的程序证明地球是球体，例如通过说地球的部分在每个方向上同等地倾向于地心；相反地，天文学家依据月球在月食时的形状或者从世界的不同地方看恒星不相同，来证明这一点。" 41

正是通过推进天文学的作用这一概念，圣托马斯在他评论亚里士多德的《论天》时以如下方式表达关于行星运动论题的看法："天文学家力图以各种方式说明这一运动。但是，他们没有必要设想该假设为真，因为很可能，星球显示出的外观也许是由于人们还不知道的其他运动模式。可是，亚里士多德仍然使用这样的相对于运动本性的假设，仿佛它们为真。"

在《神学大全》的一个段落(I,32)中,圣托马斯甚至更明确地表示,物理学方法不可能把握是确定的说明:"我们可以以两种方式给出一个事物的理由。第一种方式在于以充分的方式证明某一原理;从而在宇宙论(scientia naturalis)中,我们给出充分的理由证明天球的运动是均匀的。用第二种方式,我们没有引入充分证明该原理的理由,但是在预先提出该原理时,我们表明它的推论与事实一致;因而在天文学中,我们设置了本轮和偏心轮的假设,因为通过作这一假设,能够维持天上运动的可感觉的外观;但是,这不是充分可能的理由,由于它们也许要用另外的假设来维护。"

关于天文学假设的作用和本性的这种见解,很容易与哥白尼(Copernicus)及其注释者雷蒂库斯(Rheticus)的大量段落吻合。哥白尼在他的著名的《短论设置天球运动的假设》中仅仅提出,太阳的固定性和地球的可动性是**假设**,他要求他姑且承认:Si nobis aliquae petitiones...Concedentur。可以恰当地补充一句,他在他的《论天球运行的轨道六卷》的某些段落强调关于他的假设的实在性的看法,这些假设保留得比从经院哲学继承下来的学说、比在《短论》所陈述的要少。

42

这最后的学说被奥西安德(Osiander)在为哥白尼的书《论天球运行的轨道六卷》所写的著名序言中阐明了:"的确,这些假设为真甚或可能,并非是必要的;是否计算表明与观察一致,这一件事就足够了。"他以这些言辞结束他的序言:"任何人都不应该从天文学期望确定性,因为他牢固坚持假设,天文学不能为像这样的任何东西负责。"

关于天文学假设这样的学说激起开普勒的义愤。[1] 他在他的最老练的著作中说：

"我从来也不能够赞成下述一些人的看法：这些人向你引用某个意外证明的例子，在这种证明中严格的三段论从假前提演绎出某个真结论；这些人力图证明哥白尼承认的假设可以为假，真现象从来也不可能从它们中像从它们的恰当原理中那样演绎出来。……我毫不犹豫地宣布，哥白尼后验地收集并用观察证明的一切，能够在没有任何妨碍的情况下，借助几何学公理先验地加以证明，以致假如亚里士多德活着的话，这对他来说也会是令人高兴的场景。"[2]

在开创十七世纪的伟大发现者中间，对物理学方法的无限能力的这种热情的、在某种程度上天真的坚信是很突出的。伽利略事实上在天文学观点和自然哲学观点之间做了区分：前者的假设除了与实验一致外没有其他约束，后者则要把握实在。当他捍卫地球运动时，他自称仅仅作为天文学家谈论，而没有给出作为真理的假设，但是这些区分在他的案例中仅仅是造成的漏洞，以便避免教会的指责；他的审判官并不认为它们是真诚的，而如果他们这样

43

① 一五九七年，尼古拉斯·赖马鲁斯·乌尔祖斯(Nicolas Raimarus Ursus)在布拉格出版了一本题为《论天文学假设》的书，他在书中在夸大的程度上支持奥西安德的看法。三年后，从一六〇〇年或一六〇一年起，开普勒以下述著作做了回答：*Joannis Kepleri"Apologia Tychonis contra Nicolaum Raymarum Ursum"*；这部著作的手稿依然以十分完整的状态保存着，只是在一八五八年才由 Frisch 出版(*Joannis Kepleri astronomi "Opera omnia"*〔Frankfovton-the-Main and Erlangen〕, I, 215)。这部著作包含对奥西安德观念的强烈反驳。

② *Prodromus dissetationum, cosmographicarum, continens mysterium cosmographicum... a M. Joanne Keplero Wirtembergio* (Georgius Gruppenbachius, 1591). *Cf.* Joannis Kepleri astronomi "Opera omnia", I, 112-153.

看待它们，那么这些审判官恐怕几乎没有表现出真正的洞察力。如果他们认为伽利略是作为天文学家而不是作为自然哲学家——或用他们的习惯用语“物理学家”——真诚地讲话的，如果他们把他的理论视为适合于**描述**天体运动的体系而不是视为关于天文现象**实在本性**的肯定学说，那么他们就不会指责他的观念。我们是通过伽利略的主要对手卡迪纳尔·贝拉明（Cardinal Bellarmin）在一六一五年四月十二日写给福斯卡里尼（Foscarini）的信确信这一点的：“我相信，你的父辈和尊敬的伽利略通过使你本人满足于假设性地谈论假定而谨慎地行动，而不像哥白尼那样一意孤行。事实上，下述说法是十分中听的：由于假定地动日静，我们给出比我们能够借助偏心轮和本轮更好的外观的陈述；在这一陈述中没有什么危险，而且它对于数学家来说是充分的。”[①]在这段话中，贝拉明坚持在物理学方法和形而上学方法之间做出类似于经院哲学的区分，这种区分对伽利略来说只不过是遁词而已。

最有助于摧毁物理学方法和形而上学方法之间的障碍、混淆它们如此明晰地在亚里士多德哲学中区分的领域的人，确实是笛卡儿。

笛卡儿的方法怀疑我们所有知识的原理，听任它们在这种方法论的怀疑上悬而不决，直到通过从导源于著名的我思故我在（Cogito，ergo sum）的一长串演绎，达到证明原理合情合理之点为止。没有什么东西比这样的方法更为与亚里士多德的概念针锋相

① H. Grisar，*Galileistudies*：*Historische-theologische Untersuchungen über die Urtheile der römischen Congregationen in Galileiprocess*（Regensburg，1882），Appendix，IX.

对，而按照亚里士多德的概念，像物理学这样的科学依赖于不证自明的原理，原理的本性是借助不能增加它们的确定性的形而上学审查的。

笛卡儿遵循他的方法建立物理学中的第一个命题，它把握和表达了物质的真正本质："物体的本性仅仅在于它是在长度、宽度和深度上具有广延的实物这一事实。"①因此，只要已知物质的本质，我们便能够通过几何学程序从它演绎出所有自然现象的说明。在概述他自称他用来处理物理科学的方法时，笛卡儿说："由于通过论证能够证明我从原理演绎的一切东西，我不接受在数学中也不能接受的物理学原理；只要所有自然现象可以借助这些原理来说明，它们就是充分的。"

44

笛卡儿宇宙论的大胆公式是这样的：人知道物质的真正本质即广延；他接着可以由它逻辑地演绎出物质的所有性质。所谓物理学研究现象及其定律，形而上学就其是现象的原因和定律的基础而言力求了解物质的本质，二者之间的这种区分被剥夺了任何基础。心智并不是从现象的知识开始上升到物质的知识，它从开始能够知道的知识是物质的真正本性，进而是现象的说明。

笛卡儿把这个得意的原理推到它的极端结局。他不满足于断言所有自然现象的说明都能够完备地从这个单一命题——"物质的本质是广延"——推导出来。他试图详细地给出这种说明。他从这个定义出发，研究用形状和运动构造世界的问题。当他达到他的工作的终点时，他停下来凝视它，并宣称在它之中什么也未遗

① R. Descartes, *Principia philosophiae* (Amsterdam. 1644), Part Ⅲ, 4.

漏:"在自然界中没有什么现象不包含在这篇论文所说明的东西之内"——《哲学原理》最后几段之一的标题就是如此写的。[①]

笛卡儿有时似乎暂时被他的宇宙论学说的大胆性惊吓,他希望使它类似于亚里士多德的学说。这就是在《原理》的一节中所发生的事情;让我们完整地引用这一节,因为它密切地触及到我们研究的对象:

"就这一点而言我还可能遭到反驳:虽然我可以设想能够产生类似于我看见的结果之原因,但是我不应该为此理由而得出结论说,我看见的结果是由这些原因产生的;因为正如一位勤劳的钟表匠可以制作两只以同一方式指示时间的钟表,而在它们齿轮的构成上却没有任何相似之处一样,可以肯定,上帝以无限不同的方式工作,其中每一种方式都能使他创造在世界上显现的万物,尽管要使人的心智了解他乐于使用所有这些方式中的哪一个是不可能的。我毫无困难地赞同这一点。而且我相信,如果我所说明的原因是这样的,即它们可能产生做所有结果类似于我在世界上看到的结果,而没有告诉是否存在产生它们的其他方式,那么我将足以做到这一点。我甚至相信,知道这样设想的原因在生活中是有用的,就像我们具有真实原因的知识一样有用,因为医学、力学以及一般而言物理学知识所服务的一切技艺,其目的仅仅在于把某些可观察的物体以这样的方式相互应用,以至某些可观察的结果是由一系列的自然原因产生的。这恰恰能够通过考虑如此设想的该系列的几个原因更好地完成,而不管它们如何可能为假,就像它们

45

① *Ibid.*, Part IV, 199.

是真实的原因一样，因为这个系列就可观察的结果而论被假定是相同的。为了不可能使人设想亚里士多德永远主张做比这更多的东西，他本人在他的《气象学》第七编的开头说：'关于没有向感官显示的事物，它们未被充分证明，不过也许有理由那么多地期望它们，只要能够表明它们可能是像所说明的那样就行了。'"①

但是，这种对经院哲学家观念的让步明显地与笛卡儿本来的方法不一致。它只不过是预防宗教法庭任何指责的一种手段，正如我们知道的，这位伟大的哲学家受到宣判伽利略有罪的突然袭击，并为此大受困扰。而且，笛卡儿本人似乎担心他采取的小心谨慎态度过于严重了，因为他紧接着我们刚刚引用的一节又添加了下述题目的另外两节："我们依然具有道德的确定性，即这个世界上的一切事物都是相同的，就像它们在这里可能是被证明的东西一样"，以及"关于它们，我们甚至具有比道德的确定性还要多的东西"。

实际上，词语"道德的确定性"并不足以表达笛卡儿在他的方法中表白的无限的信仰。他不仅相信他对所有自然现象给出满意的说明，而且他以为他为它们提供了唯一可能的说明，并能够在数学上证明它。一六四〇年三月十六日，他写信给梅森："至于物理学，我应该认为我对它一无所知，假如我在没有证明事物不能够是另外样子的情况下只能说它们怎么可能是这个样子的话；就把物理学还原为数学定律而言，我知道它是可能的，我相信我能做到这一点，尽管我相信我只有那么一点知识；虽然我在我的《评论》中没 46

① *Ibid.*, Part IV, 204.

有做这一点，因为我不想在那里提出我的原理，而且我还没有看到有任何迹象吸引我在未来提出它们。”①

这种对形而上学方法的无限能力的得意确信，正好是帕斯卡轻蔑地嘲笑的东西；当你仅仅承认物质无非是三维中的广延时，希望引出世界的详细说明是多么愚蠢啊：“我们必须拙劣地说：那就是用形状和运动所做的，因为那为真。但是，请多讲一些，请构成机器——那是可笑的，因为那是无用的、靠不住的和棘手的。”②

帕斯卡的有名对手克里斯蒂安·惠更斯对于主张推导自然现象说明的方法并非如此苛刻。当然，笛卡儿的说明在不止一点上是站不住脚的；不过，那是因为他的把物质还原为广延的宇宙论不是稳妥的自然哲学即原子论者的物理学。我们可以期望从后者演绎自然现象的说明，尽管具有很大的困难：

“笛卡儿比在他之前的那些人更多地承认，除了必然与没有超越我们心智达到的范围的原理——例如依赖于被认为缺乏质的物体及其运动的原理——有关的东西之外，我们从来也不能理解物理学中的任何重要的事物。但是，因为最大的困难在于表明如此之多的各种事物是如何仅仅由这些原理产生的，所以在这方面他没有继续他打算审查的几个特定问题；其中之一尤其是重量问题。这可以用我在几个地方就他写的东西所做的评论来判断，对此我能添加另外的东西。可是，我坦白，他的文章和洞察虽然是虚假的，但却帮助我发现了我本人在同一问题上做出发现的道路。

① R. Descartes, *Correspondance*, ed. P. Tannery and C. Adam, Ⅲ, 39.

② B. Pascal, *Pensées*, ed. Havet, Art. 24. 在这一思想之前的是这些词语：“针对在科学中陷得太深的人而写：笛卡儿。”

“我没有使它免除一切怀疑，也没有提供一种无法提出异议的东西。要在自然研究中走那么远真是太艰难了。我仍然相信，如果我认为是基本的主要假设不是真实的假设，那么当停留在真实而健全的哲学的限度内，就没有一点能够找到它的希望。”①

47

在惠更斯向巴黎科学院传送他的《论重量原因》的文章的时期和他发表它的时期之间，牛顿的不朽著作《自然哲学的数学原理》出版了。这部著作变革了天体力学，开创了与笛卡儿和惠更斯的见解针锋相对的关于物理学理论之本性问题的见解。

在他的著作的几个段落中，牛顿明确地表达了他就物理学理论的结构思考的东西。

对现象及其规律的专心研究，容许物理学家利用适合于他的科学的归纳法发现一些十分普遍的原理，实验定律可以从这些原理演绎出来；于是，发觉所有天体现象的定律都浓缩在万有引力原理之内。

这样浓缩的表示并不是说明；天体力学设想在无论什么物质的任何两部分之间的相互吸引容许我们把所有天体运动交付计算，但是这种吸引的原因本身并未因此而暴露出来。我们必定在其中看到物质的原质和不可还原的质吗？我们必须像牛顿在他一生中的某些时期判断是可能的那样，认为它是某种以太产生的冲力的结果吗？这些疑问是困难的疑问，其解答只能在以后得到。在任何情况下，这种问题都是哲学家的任务，而不是物理学家的任务；无论答案可能是什么，物理学家构造的描述理论都将保持它的

---

① Christian Huygens, *Discours de la cause de la Pesanteur* (Leyden, 1690).

充分的价值。

这里是《自然哲学的数学原理》作为结束的"总释"中的几句话：

"现在我想就某种最微妙的精气(spirit)再说一下，这种精气渗透并潜藏在所有粗大的物体中。由于精气的力和作用，物体的粒子在近距离相互吸引，若接触则黏合；带电体施加作用到较远的距离，不仅排斥而且吸引邻近的微粒；光由于它才被发射、反射、折射、弯曲和加热物体。所有感觉被激起，动物身体的四肢按照意志的命令运动，也是由于这种精气的振动沿着神经的浓密纤维相互传播，从外部感觉器官传到大脑，从大脑传到肌肉的结果。但是，这些并不是用几句话就能说明的事情，我们也无法提供所要求的充分实验，以精确地决定和证明这种电的和弹性的精气起作用的规律。"

48 后来，在他的《光学》第二版的末尾(倒数第四段)的著名疑问XXXI中，牛顿以极大的精确性阐述他关于物理学理论的见解；他把现象的经济浓缩作为它们的目标而赋予它们：

"告诉我们赋予每一种类的事物以特定的隐秘的质，它以此产生明显的效应，这等于什么也没有告诉我们；但是，从现象导出两三个普遍原理，而后告诉我们所有有质事物的性质和作用如何来自那些明显的原理，这在哲学上便会迈出一大步，尽管那些原理还未被发现；因此，我毫无顾忌地提出上面提及的运动原理，它们具有十分大的范围，而把它们的原因留待以后去发现。"

那些分享笛卡儿主义者和原子论者的得意确信的人，不会容许强加在理论物理学要求上的这样的谦逊限制。把人们自己局限于给出现象的几何学描述，对他们的心智来说就等于未在自然知识方面进展。满意于这样的徒劳进步的人几乎只值得嘲笑。一位笛卡儿主义者说：

“在利用我刚刚确立的原理之前，我相信审查一下牛顿先生作为他的体系的基础而使用的那些东西并非是不恰当的。这位新颖的哲学家已经以他从几何学中引出的罕有的知识卓尔不群，不过他也遭受到难以忍受的痛苦，因为对他自己来说是外来的民族能够这样地利用该立场，以至于它不得不如此教导其他民族，并作为典范为他们服务。受到高贵的自尊的促动和他的卓越的天才的指导，他只考虑使他的国家摆脱掉它感到必须从我们这里借用阐明自然过程和在自然的运作中领悟她的技艺的必然性。对他来说这还不够。由于反对一切抑制，并感到物理学会不断地为难他，他把它从他的哲学中放逐出去；因为担心有时不得不请求它的帮助，他不辞劳苦地用原始定律构造每一个特定现象的密切原因；由此每一个困难都简化为一个水准。除了那些能够借助于他知道如何做计算而处理的问题以外，他的工作没有对准任何问题；对他来说，用几何学分析的问题变成被说明的现象。这样一来，笛卡儿的这位突出的对手仅仅由于他是一个伟大的数学家，而立即体验到他成为一个伟大哲学家的异常满足。”①

49

“……因此，我返回到我起初提出的东西，我得出结论说，我们能够仿效这位伟大的几何学家的方法，最容易地展开自然的机械

① E. S. de Gamaches, *Principes généraux de la Nature appliqués au mécanisme astronomique et comparés aux principes de la Philosophie de M. Newton*(Paris, 1740), p. 67.

论。你希望叙述复杂的现象吗？在几何学上陈述它，你将完成一切；无论什么依然使物理学家感到为难，你将最确定地或者依赖基本的定律，或者依赖某些特定的决定。”①

不管怎样，牛顿的门徒并未都固守他们的大师保持的慎重；几个人不愿依然停留在他的物理学方法给予他们的狭窄区域内。他们越过界限，像形而上学家一样断言，相互吸引是物质的实在的和原本的质，还原为这些吸引的现象确实已被说明。这是罗吉尔·科茨(Roger Cotes)在牛顿的《原理》第二版开头处所写的有名序言中表达的看法。这也是常常受到莱布尼兹形而上学激励的博斯科维奇发展的学说。

无论如何，几个并非最不卓越的牛顿的追随者依附他们杰出的前辈如此充分定义的方法。

拉普拉斯声称极为坚信引力原理的能力。不过，这种坚信不是盲目的坚信；在《论宇宙体系》的几个地方，拉普拉斯指出，以重力或分子吸引的形式把所有自然现象协调起来的这种万有引力，也许不是终极的说明，它本身可能依赖于较高的原因。的确，这个原因似乎被拉普拉斯放逐到未知的领域。在任何情况下，他和牛顿都认为，探寻这个原因即使完全可能，也构成与物理学和天文学理论解决的问题迥然不同的问题。他问道：“这个原理是基本的自然定律吗？它仅仅是未知原因的结果吗？在这里，我们由于对物质的内部性质无知而止步不前，我们丧失了满意地回答这些问题

50

① *Ibid.*, p. 81.

的任何希望。"[①]他再次说："万有引力原理是基本的自然定律呢，或者只不过是未知原因的普遍结果？我们不可能把吸引还原为这个原理吗？牛顿比他的几个门徒要小心谨慎，他没有就这些争端宣判，在这里我们对物质性质的无知不容许我们做出任何满意的回答。"[②]

安培(Ampère)是比拉普拉斯更深刻的哲学家，他以十足的明晰性看到把物理学理论视为独立于任何形而上学的说明的意义；事实上，这是不让各种宇宙论学派造成不和的争吵进入物理学的方法。同时，物理学依然是信奉不相容的哲学观点的心智可以接受的；可是，我们绝没有阻止那些愿意要求说明现象的人的探索，我们迅速地处理这个任务。我们把他们必须说明的不计其数的定律浓缩在少数十分普遍的命题中，从而使他们足以说明这几个命题，以便获得秘密地包含在庞大的定律集合中的任何东西：

"这样直接从某些一般事实得出的、若干足以使它们的确定性成为无可争辩的观察给出的公式，其主要的意义在于，它们依然独立于两种假设：它们的作者在探寻这些公式时所使用的假设和后来可以被替换的假设。由开普勒定律推断的万有引力的表达，并不依赖于几位作者就他们希望赋予它的力学原因冒险做的假设。热理论实际上建立在直接给予观察的一般事实的基础上；由于从这些事实演绎的方程被从该方程引出的结果与经验给出的结果相一致所确认，因此那些把热归因于热分子辐射的人以及求助于弥

51

① P. S. Laplace, Exposition du systéme du Monde, I, IV, Ch. XVⅡ.

② *Ibid.*, I, V, Ch. V.

漫空间的流体的振动说明同一现象的人，二者都应该把该方程看做是表达热传播的真实定律。但是，情况必然是，前者表明所述的方程如何出自他们考察事物的方式，后者则从普遍的振动公式推导它，不是为了把任何东西添加到这个方程的确定性中，而是为了维护他们自己各自的假设。在这方面没有站在两派无论哪一边的物理学家，接受这个方程是事实的精确描述，而并不为它可能出自上述说明中的哪一个而烦恼。”①

再者，傅里叶(Fourier)共同具有安培关于热理论的判断；在这里，请看他本人在为他的不朽著作所写的序即“引论”中实际上是如何表达的：

“基本的原因对我们来说是未知的，但是它们从属于可以由观察发现的简单而不变的定律，研究这些是自然哲学的目标。”

“热像引力一样也渗透到宇宙中的每一实物；它的射线充满空间的每一部分。我的著作的目的是阐明这种要素遵守的数学定律。这个理论今后将形成物理学的最重要分支之一。

“……这个理论的原理像力学原理一样，是从少数的基本事实演绎出来的，数学家不考虑这些事实的原因，他们把它们作为共同观察的结果接受下来，并用所有实验加以确认。”②

菲涅耳正像安培和傅里叶一样，也没有指定任何形而上学说

① A. M. Ampère, *Théorie mathématique des phénomènes electrodynamiques, uniquement déduit de l'expérience*, ed. Hebemann (Paris, 1824), p. 3.

② J. B. Fourier, *Théorie analytique de la chaleur*, ed. Darboux (Paris, 1822), pp. XV, xxi. (*Cf. The Analytical Theory of Heat*, tr. A. Freeman 〔Cambridge: Cambridge University Press, 1878〕.)

明是理论的目的。他在理论中看到强有力的发现工具,因为理论是实验知识的概要的和分类的描述:"在同一观点下通过把事实束缚到少数普遍原理上而使事实结合起来,并不是无用的。这是更容易地把握定律的手段,我认为这类努力可能与观察本身一样多地有助于科学的进展。"[①]

十九世纪中期热力学的急剧发展,恢复了对笛卡儿起初就热本性阐述的假设的偏爱;笛卡儿主义的和原子论的见解得以重新复活生命力;构造说明理论的希望在不止一位物理学家的思想中复苏了。 52

不管怎样,一些比较重要的物理学家,新学说的创立者,并未使自己被这种希望陶醉;在他们之中,一位第一流的人物是罗伯特·迈尔(Robert Mayer),引用一下他的话是适宜的。他在致格里辛格(Griesinger)时写道:"关于热或电等的内在本性,我一无所知,就像我不知道无论任何物质或任何其他事物的**内在本性**一样。"[②]

麦夸恩·兰金(Macquorn Rankine)对热的力学理论的进步的第一流贡献是尝试说明;他的观念不久便在他的一篇短论[③]中逐渐形成了,可是不大为人所知,他十分明确地追溯了把描述理论(他称之为"抽象理论")和说明理论(被赋予"假设性理论"的名称)区分开来的特征。

---

① *Oeuvres complètes d'Augustin Fresnel*, 3 vols. (Paris, 1866-1870), I, 480.

② Robert Mayer, *Kleinere Schriften und Briefe* (Stuttgart, 1893), p. 181.

③ J. Macquorn Rankine, *Outline of the Sciencc of Energetics*,一八五五年五月二日在格拉斯哥哲学学会宣读,在该学会的 *Proceedings* Vol. Ⅲ, No. 4 中发表。*Cf.* Rankine, *Miscellaneous Scientific Papers*, p. 209.

让我们从这篇论著中引用一些段落：

“在推进我们关于物理现象的定律的知识的过程中，在两个阶段之间存在本质的区别。第一个阶段在于观察现象——不管这样的现象是在通常的自然进程中发生的，还是在实验研究中人为地产生的——的关系，在于用称之为形式定律的命题表达如此观察到的关系。第二个阶段在于把整个一类现象的形式定律简约为科学的形式；这就是说，在于发现最简单的原理体系，该类现象的所有形式定律都能作为推论从这些原理演绎出来。

“这样的原理体系及其用演绎法得出的推论，构成该类现象的**物理学理论**……

“建造物理学理论的两种方法主要借助用以定义现象类的方式，可以加以区别，可以概括其特征。它们可以分别命名为**抽象**方法和**假设**方法。

53

“按照**抽象**方法，一类对象或现象可用描述来定义，或者相反地，通过使它变得可理解，并赋予它以名称或符号来定义，以至于对所有对象或现象是共同的性质的集合构成该类，这是用感官察觉到的，没有引入任何假设性的东西。

“按照**假设**方法，一类对象或现象是依据对它们的本性的猜测性概念来定义的，这是以对感官不明显的方式、通过修正其定律已知的某个其他类的对象或现象构造的。倘若发现这样的假设定义的推论符合观察和实验的结果，那么它就可以作为从另一类对象或现象的定律演绎出一类对象或现象的定律的工具。”正是以这种方式，我们将从力学定律推导出光或热的定律。

兰金认为，假设理论将逐渐地被抽象理论代替；不过，他相信

“假设理论作为第一步是必要的，以便在构造抽象理论的过程中可能做出任何进步之前，把简单性和秩序引入现象的表达中。”我们在前一段看到，这一断言几乎未被物理学理论的历史确认；我们将有机会在第四章第九节再次讨论它。

到十九世纪末，为现象提供或多或少可能的说明的假设理论异乎寻常地增加了。它们的战斗的呐喊和冲突的争吵使物理学家感到厌烦，从而导致他们逐渐返回到牛顿如此强有力地表达过的健全学说。为了复兴中断的传统，恩斯特·马赫把理论物理学定义为自然现象的抽象而浓缩的描述。[①] G. 基尔霍夫(Kirchhoff)提议把“尽可能完备、尽可能简单地描述在自然界中发生的运动”作为力学的目标。[②]

因此，即使十分伟大的物理学家也会为强有力的方法而骄傲，以至在达到夸大它的范围的程度上使用它，他们甚至相信他们的理论揭示了事物的形而上学本性，而许多激起我们赞美的发现者却比较谦逊、更有远见。他们认为，物理学理论不是说明，而是按照成长得越来越完备、越来越自然的分类，简单而有序地描述定律群。 54

---

① E. Mach, *Die Eestalten der Flüssigkeit* (Prague, 1872); *Die ökonomische Natur der physikalische Forschung* (Vienna, 1882); *Die Mechanik in ihrer Gntiwickelung, historisch-kritich dargestellt* (Leipzig, 1883). 最后这部著作由 M. Bertrand 译为法文，书名为 *La Mécanique; exposè historique et critique de son développement* (Paris, 1904). (T. J. McCormack 的英译本 *The Science of Mechanics, a Critic and Historical Account of Its Development* 〔Open Court, 1902〕.)

② G. Kirchhoff, *Vorlesungen über mathematische physik; Mechanik* (Leibzig, 1874), p. 1.

55

第四章　抽象理论和力学模型[①]

两种类型的心智:广博的和深刻的

任何物理学理论的构成都起源于抽象和概括的双重工作。

首先,心智分析为数众多具体的、不同的、复杂的、特殊的事实,并以定律即把抽象概念约束在一起的普遍命题概述对它们来说是共同的和本质的东西。

其次,心智沉思整个定律群;它用为数极少极其普遍的、涉及某些十分抽象的观念的判断代替这个群;它选择这些原始的性质,并以这样的方式系统阐述这些基本假设:所有属于所研究的群的定律都能够用演绎法——演绎也许是冗长的,但却是十分可靠的——推导出来。假设和可演绎的推论的这个体系即抽象、概括和演绎的成果,它在我们的定义中构成物理学理论;它确实值得兰金曾经赋予它的称号:抽象理论。

---

① 本章所阐述的观念是题为"物理学理论的流派分析"(L'École anglaise et les Théories physiques)的文章的发展,该文于一八九三年十月由《科学问题评论》(*Revue des Questions Scientifiques*)发表。

我们说过，[1]有助于构成理论的抽象和概括的双重工作导致双倍的思维经济；当它用定律代替众多事实时是经济的；当它用少数假设群代替庞大的定律集合时再次是经济的。

在把这一双倍经济的特征归功于抽象理论时，所有反省物理学方法的人将与我们一致吗？

直接把为数甚多的对象带到视觉想象面前，以便在它们的复杂功能方面可以同时把握它们而不是逐一领悟，任意地把它们与它们实际上隶属的整体分开——这对大多数人来说是不可能的，或者至少是十分费力的操作。许多定律都放在同一平面上，没有任何聚集它们的分类，没有任何整理或排列它们的体系，在这 56 样的心智看来，这些定律对想象来说似乎是混沌的和可怕的，仿佛是他们的理智在其中误入歧途的迷宫。另一方面，他们毫无困难地构想观念，这种观念剥去一切能够刺激感觉上的记忆的东西；他们明确而完备地领悟与这样的观念相关联的判断的意义；在不屈不挠和坚定不移地追踪它的最后的推论、讨论采纳这样的判断作为它的原理的理由方面，他们是熟练的。在这些人中间，构想抽象观念和由它们推理的官能比想象具体对象的官能更为发达。

对于这些**抽象心智**来说，把事实简约为定律和把定律简约为理论确实将构成智力经济；这两种操作中的每一个将在很大的程度上减少他们的心智为获得物理学知识而不得不承受的烦恼。

但是，并非所有强有力地发展的心智都是抽象心智。

---

① 参见上面的第二章第二节。

有一些心智具有在他们的想象中把握异种对象的复杂集成的惊人自然倾向；他们以单一的眼光正视它，而不需要眼光短浅地先注意一个对象，后注意另一个对象；然而，这种眼光并不是模糊的和混乱的，而是精确的和细致的，清楚地察知每一个细节在其中的地位和相对意义。

但是，这种理智能力服从一个条件：即它所指向的对象必须是落入感官范围内的对象，它们必须是可触知的或可看见的。这样的心智为了形成概念，需要感觉记忆的帮助；抽象观念若被剥去这种记忆能够使之成形的一切东西，它就像摸不着的薄雾一样消失了。普遍判断对他们来说就像空洞的公式一样而缺乏意义；冗长而严格的演绎在他们看来似乎是风车单调而沉闷的声音，风车的部件不停地转动，但只不过是喘息而已。这些心智尽管被赋予强大的想象官能，但却没有准备去抽象和演绎。

这样的**形象化的心智**将把抽象的物理学理论视为智力经济吗？确实没有。他们宁可把它视为一种事业，其费力的本性对他们来说似乎比它的有用性更确凿，他们无疑将在截然不同的模型类型上构造他们的物理学理论。

于是，除抽象心智之外，我们构想的那类物理学理论将不会被立即作为用来描述自然的真形式而接受。帕斯卡在他如此强有力地概述的我们刚才区分的两类心智的片断中，并非没有注意到这一点：

57

"两类正确的感觉：第一类在事物的某一秩序中，而不在另外的秩序中，它在那里看不见感觉。第一类从几个原理径直导出推论，那是一类正确的感觉。另一类从存在许多原理的事物中导出推论。例如，前者充分理解水的现象，而水的本性几乎没有几个原理，但是它的推论却如此微妙，以致只有极其严密的心智才能够把握它们；因此，这种心智不是伟大的几何学家，因为几何学包含为数众多的原理，这种能够彻底看穿少数几个原理的心智类型可能一点也无法看穿存在许多原理的事物。

"于是，有两种心智类型：一类能够迅速而深刻地看穿原理的推论，我们称其为精密心智；另一类能够领悟大量的原理而不混淆它们，我们称其为几何学心智。第一类具有强大而严格的心智锐利性，另一类具有广阔的心智范围。现在，一种可以在没有另一种的情况下存在，因为心智能够是强大而狭窄的，但也能够是广阔而脆弱的。"[1]

正如我们已经定义的，抽象的物理学理论确实将吸引强大而狭窄的心智；另一方面，它应该预期排斥广阔而脆弱的心智。而且，由于我们将不得不反对后一种类的心智，让我们首先着手充分了解它。

广博的心智的例子：拿破仑的心智

当一个动物学家计划研究某种器官时，如果他是幸运的，那么他发现有一个动物的这个器官具有异常的发展，因为他能够更容易地解剖它的不同部分，更清楚地看见它的结构，更充分地理解它的功能。以同样的方式，想要分析心智官能的心理学家也希望回答，他是否会遇到在显著的程度上具有这种官能的人。

现在，历史向我们展示了一个人，在这个人身上，帕斯卡概括

① B. Pascal, *Pensées*, ed. Havet, Art. Ⅶ, 2.

为范围广阔但却脆弱的特征的这种理智形式发展到几乎怪异的程度：此人是拿破仑(Napoleon)。

58　如果我们再次阅读一下泰纳[①]如此深刻描绘、如此根据纪实材料精细刻画的拿破仑的形象，那么我们将会立即辨认出如下两个突出的特征，最少颖悟的人也不能不注意到它们：第一，在心智中把握极其复杂的对象集合的异乎寻常的能力，倘若这些对象是感觉的对象，具有想象能够使之具体化的形状和颜色的话；第二，没有抽象和概括的能力，甚至对于这些理智操作深感厌恶。

纯粹观念若被剥去能使其变得可见和可触知的具体而特殊的细节的外衣，便无法进入拿破仑的心智："人们从布里安(Brienne)那儿得知，他对语言和纯文学毫不在意。"他不仅不可能委身于抽象观念，而且极端厌恶地排斥它们："德·斯塔尔夫人(Madame de Staël)说，他审查事物只看与它们的直接效用有关系的东西；普遍原理就像拙劣的笑话或敌人一样使他不快。"在他看来，那些使用抽象、概括和演绎作为他们的惯常思维工具的人是不可理解的、有缺陷的、不成熟的家伙；他以极度的蔑视对待那些他称之为"空想家"的人。他说："在那里你有十二个或十五个适宜于在热水中淹死的空想家，他们是我穿的衣服上的虱子。"

另一方面，如果他的理性拒绝委身于普遍原理，按照司汤达(Stendhal)的证言，如果"他对一百年前发现的伟大真理一无所知"，那么他以何等能力能够一瞥即见事物，明确囊括整体，不让大

---

① H. Taine, *Les Origines de la France comtemporaine. Le Régime Moderne*, Vol. I(Paris, 1891), Book I. Ch. 1, Secs. 2, 3, 4.

量复杂对象和具体事实的任何细节逃脱啊！

布里纳(Bourlenne)说："他对特有的名称、词语和日期记忆贫乏，但对**事实**和**地点**则记忆惊人。我回想起，在从巴黎到土伦的旅途中，他向我提起十处据以作战的好地方。……这来自他年轻时首次旅行的记忆，他向我描述地形的配置，标示在我们到达该地前他要占据的阵地。"而且，拿破仑本人注意到他的记忆的这种特色，即在事实方面如此强有力，而对不具体的一切东西则如此脆弱："我始终把我的阵地的环境铭记在心。我无法想起足以记住一行亚里山大诗体(Alexandrine)的诗句，但是我没有忘记我的战略位置报告中的话。我今晚将在我的房间找到它们，直到我读完之前我不会上床睡觉。"

59

正像他为抽象和概括而恐怖——因为这些操作在他那儿是以极大的困难和辛劳完成的——那样，他在相同的程度上发觉他自己在使他的惊人的想象起作用时是幸福的，犹如运动员在考验他的肌肉能力时得到欢乐一样。按照莫利昂(Mollien)的看法，他对于精确的和具体的事实的好奇心是"难以满足的"。他本人告诉我们："我的部队的良好状态来自这样的事实：我每天都要花一两个小时全神贯注于它，当他们每月向我寄来关于我的骑兵和船只状况的报告时，这些厚册子报告堆了一大堆，我停止我正在做的其他一切事情，以便详细地阅读它们，看一个月与下一个月之间有什么差别。在读这些材料时，我比女儿读小说还要高兴。"

拿破仑如此顺利而乐意运用的这种想象官能，就其灵和性、广阔的范围和精确性而言是引人注目的。许多例子都会有助于我们评价拿破仑这种官能的奇异之质，但是下述两个特征足以使我们省却冗长的枚举。

“负责访问北方海岸所有地方的德·塞居尔(de Ségur)先生传达他的报告。首席执政官对我说:‘我看完你的所有勘测报告,它们是精确的。不过,你忘记了奥斯坦德的两门火炮。’他指出地点:‘城镇对面的水坝。’——情况属实。我走出来,为这样的事实弄得目瞪口呆:在海滩背后固定的和可动的炮群内散布的数千门火炮中,两门火炮也没有逃脱他的记忆。”

“从布洛涅营地返回时,拿破仑遇见了一班失散的士兵,便问他们所在团的番号,推测他们离开的天数、他们行进的路线、他们应处的道路,然后对他们说:‘你们将在如此这般的停留点找到你们的营部。’——当时,部队由二十万人组成。”①

正是通过行动、姿势和样态,人被他的同伴所认识,他也展示出他的思想、天性、情感;在这样的显露中,最轻微的和最短暂的细节——难以察觉的羞愧,轮廓不明显的嘴唇的弯曲——往往是本质的标记,使隐蔽在心灵底部的欢愉或欺骗迅速而突然地显露出来。这种微小的细节逃不过拿破仑的好奇心,他的视觉记忆会把它作为瞬间的照片一劳永逸地固定下来。他对他所涉及的人的深刻认识由此而来:“这样的不可见的心理能力可以通过它的外部表现,通过明确细察这个或那个言辞、语调或姿势来判断和近似度量。他注意到这些言辞、姿势和语调;他通过它们的外在表达知觉内心深处的思想,他通过如此这般的外貌特征和谈吐方式,通过即时的和典型的小场景,通过如此妥善选择的且在这样的环境下它们概括类

60

① *Ibid.*

似例子的不确定界限的样本和按透视法缩短的视图，想象人的灵魂。以这种方式，模糊的和转瞬即逝的对象被突然领悟、把握和权衡。”[1]拿破仑的令人惊异的心理完全是他精确地、大规模地和详细地想象可见的和易感觉的对象、有血有肉的人的能力的结果。

这种官能也使他的私人谈话变得如此生动和迷人：他不使用抽象的术语或普遍的判断，而是使用立即给眼睛或耳朵以印象的图像。“我对管理阿尔卑斯海关并不感到心满意足；它未显示出生命的征兆；我们听不见源源输入国库的金币叮当作响。”

拿破仑心智中的一切——他对空想的厌恶，他的行政的和策略的眼光，他对社会集团和人的深刻认识，他往往琐细的谈话的活力——都是从这一相同的本质特点出发的：心智的宽广性和脆弱性。

广博的心智，易适应的心智和几何学的心智[2]

在研究拿破仑的心智时，我们能够观察到广博的心智的所有

① *Ibid.*，p. 35.

② 迪昂所采用的帕斯卡的 L'esprit géométrique（几何学精神）和 l'esprit de finesse（敏感精神）没有严格的英文和中文等价词与之对应，加之帕斯卡和迪昂也用其他法文词表述；因此，与 géometrique 混用的英文词和中译词有 geometric（几何学的）、mathematical（数学的）、strong and narrow（强而窄的，强大的和狭窄的）、strait（严密的）、logically rigorious（逻辑严格的）、abstract（抽象的）、exact（精密的）、accurate（精确的）、deep（深刻的）等等；与 finesse 混用的英文词和中译词有 sensitive（敏感的）、intuitive（直觉的）、ample but week（博而弱，广博的而脆弱的）、ample but shallow（博而浅，广博的而浅薄的）、sumple（易适应的）、broad（广阔的）、diplomatic（老练的）、imaginative（想象的）、visualizing（形象化的）等等。请读者在阅读本章时留心。——中译者注

特征，我们像用显微镜一样看见它们被惊人地放大了。无论我们在哪里遇到它们，无论被它们概括其特征的心智本身适用的各种对象如何多样化，今后也将容易辨认它们。

我们首先将辨认它们，我们究竟在哪里发现**广博的心智**，正如61 帕斯卡所描述的，这种心智本质上在于下述自然倾向：清楚地看见为数甚多的具体概念，同时把握整体和细节。"在易适应的心智中，原理是共同惯例和整个世人都接受的东西。人们仅仅慎重考虑，而不强暴对待他们自己。它恰恰是对事物具有透辟眼力的问题；但是，它必须是透辟的眼力，尽管原理是如此弥漫和众多，以至它们要逃脱察觉几乎是不可能的。现在，遗漏原理导致错误；因此，眼力必须十分明澈，以便看见所有原理。……它们几乎是看不见的，与其说看见它们，毋宁说感觉到它们；如果他们自己没有感觉到它们，那么要使其他人感觉到它们，就难于上青天了。感觉这样精细的和众多的事物，并按照这种感受正确地加以判断，的确需要十分精细的和十分清晰的感官，但是最经常地是不能用几何学类别的秩序论证事物，因为我们无法以那种方式获得原理，因为那样进行恐怕是一项没完没了的任务。必须放眼一瞥即刻就把全部事物一览无余，而不是通过达到任何次数的渐进推理。

"……这类心智如此习惯于一瞥即下判断，当给予他们一些他们不理解的、需要用诸如他们通常无法详细看见的定义和枯燥的原理系统阐明的命题时，他们便会惊讶不已，以致厌恶和憎恨它们……那些毫无例外地是敏感心智的人不会有耐心深入到想象思辨的事物的第一原理中，他们在世上从未看到这些原理，这些原理在事物的通常进程之外。”①

这样，正是心智的广博性产生外交家的技巧，这些外交家熟练地注意最细微的事实、他与之谈判的人的最轻微的姿势和态度，同时又希望看穿任何掩饰。塔列朗（Talleyrand）的技巧就是这样的，他收集数千条十分微小的点滴信息，这些信息将帮助他在维也纳会议上猜测所有使节的志向、虚荣心、妒忌、猜疑、敌意，并容许他与这些像活动木偶一样的人做游戏，他提着木偶的绳子。

我们可以在历史学家中找到这种心智广博性，历史学家在他的著作中保存着详尽的事实和人的态度；在圣-西门（Saint-Simon）那里，在他的《回忆录》中给我们留下“四百个流氓的画像，其中没有两个是相互类似的”。它也是最伟大的小说家的基本工具：它使巴尔扎克（Balzac）创造了众多会聚在《人间喜剧》中的角色；把他们中的每一个有血有肉地呈现在我们面前；他用这种血肉雕塑皱纹、肉赘、怪相，这使得灵魂的每一种激情、罪恶和滑稽方面变得栩栩如生；给这些躯体穿上衣服，给他们以生动的态度和姿势，并用将成为他们的氛围的事物环绕它们；一句话，使他们变成生活在忙忙碌碌的人世间的人。 62

正是这种精神的广博性，把多彩和生气赋予拉伯雷（Rabelais）的风格，使他充满了可见的、可感的、可触知的、具体的、达到漫画程度的图像，这些图像像喧闹的、流动的人群一样洋溢着生气。因此，广博的心智是与泰纳所描绘的古典心智针锋相对的，而古典心智则在于对抽象概念的热爱。它与在布丰（Buffon）风格中如此自

① B. Pascal, *ibid.*, Sec. 7.

然地表达的秩序和简单性背道而驰，布丰总是选择最普遍的术语来表述观念。

在那些能够在他们形象的想象中展现清楚的、精密的、详细的图景——在这里众多对象处于运作之中——的所有人当中，我们拥有广博的心智。广博的心智是金融投机家的心智，他们从一大堆电报中推断遍及全世界的小麦或羊毛市场的行情，放眼一瞥即下判断，当市场上涨或下跌时，他是否必须去冒风险。广博的心智是国家军事首脑的心智，他能够思考出动员计划，数百万人通过动员在一旦需要时将准时到达战斗地点，没有一点障碍和混乱。① 广博的心智也是棋手的心智，棋手甚至不看棋盘，便能同时与五位对手对弈。

再次是心智的广博性，构成许多几何学家和代数学家的特殊天才。不止一位帕斯卡的读者在看到他有时把数学家置于若干博而弱的心智之中时，也许将惊讶不已。这种跨类并不是他的洞察力的次要证据之一。

毋庸置疑，每一个数学分支都涉及高度抽象的概念。正是抽象，提供了数、线、面、角度、质量、力和压力的概念；正是抽象和哲学分析，解决基本的性质和公设并使之变得精确。正是最严格的演绎，保证这些公设是相容的和独立的，而且耐心地以无瑕疵的秩序展开包含在公设中的定律的长链。我们把最完美的杰作归功于这种数学方法，自从欧几里得（Euclid）的《原本》和阿基米德的杠

63

---

① 心智的广博性几乎也是恺撒（Caesar）的特点，就像它是拿破仑的特点一样。我们回想起，恺撒同时向四个秘书口述用四种语言写的信件。

杆和浮体的专题论文以来，这些杰作的逻辑精确性和理智深度就一直丰富着人类。

但是，恰恰因为这种方法要求几乎唯一地使用理智的逻辑官能，因为它在最高的程度上需要强大而精确的心智，所以对于具有博而弱的心智的人来说，这种方法似乎是极其费力和麻烦的。因此，数学家创造了用另一种方法代替这种纯粹抽象的和演绎的方法的程序，想象官能在其中起着比推理能力更大的作用。他们不直接研究他们涉及的抽象概念，不去独自考虑它们，取而代之的是，他们趁机利用这些概念的最简单的性质，以便用数表示它们；也就是说，以便**测量**它们。接着，他们不是把这些概念的性质本身联系起来，而是把测量提供的数交付按照固定的代数法则进行的处理；他们用**运算**代替演绎。现在，这种代数符号的处理（我们在该词的最广泛的意义上可以称其为运算）在创造者方面像在使用它的人的方面一样，都预设了比表达各种各样的复杂组合的自然倾向少得多的抽象能力和少得多的按秩序排列人的思想的技艺。为了当下看到容许人们从一个组合过渡到另一个组合的变换，这些组合可以由某些可见的和可摹写的记号形成。某些代数发现的作者，例如雅科比（Jacobi），在其身上对形而上学家毫不在意；他更像一个用车或马导致真正将死的棋手。在许多场合，数学心智将占据仅次于在博而弱心智之中的易适应心智（敏感的精神）的地位。

心智的广博性和英国人的心智

在每一个国家，我们都可以找到一些具有广博类型心智的人，但是在一种人中这种心智的广博性是地方特有的，这就是英国人。

首先，让我们在英国天才所写的作品中，寻找一下博而弱的心智的两个标志：其一是想象具体事实的十分复杂集合的异乎寻常的官能；其二是在构想抽象概念和详述普遍原理时极其困难。

64

当法国读者打开英国小说，像狄更斯(Dickens)或乔治·艾略特(George Eliot)这样伟大的小说家的杰作，或渴望文学声望的年轻女作家的首次尝试时，打动他的是什么呢？打动读者的是描绘的悠长的、细微的特征。起初，他感到每一个对象的生动形象所激起的好奇心，可是他不久便失去对整体的洞察。作者为他唤起的众多图像混乱地相互流入，同时源源而来的新图像只是增加这种无序；在你通过描述的四分之一路程之前，你已忘记它的开头，你翻过这些页不去读它们，逃脱这梦魔般的具体事物系列。这类深刻而狭窄的法国心智所需要的东西是洛蒂(Loti)的描绘，在三行中就抽象和浓缩出基本观念，即整个风景画的灵魂。英国人没有这样的要求。他的同胞把他细微地列举和描绘的所有可见的、可感的、可触知的事物，毫无任何困难地看做是一个整体：每一事物都各得其所，具有它的特征性的细节。英国读者看到富有魅力的图景，而我们法国人在此处知觉到的无非是纠缠我们的混沌。

法国人的心智强大到足以不惧怕抽象和概括，但是在任何复杂的事物以完美的秩序被分类之前，由于它太狭窄而无法想象它；这种法国人的心智和英国人的博而弱的心智的对立在我们比较这两种人耸起的文字纪念碑时，将不断地被我们理解。

我们希望在戏剧家的作品中证实这一点吗？以高乃依(Corneille)的男主角奥古斯特或罗德里居厄为例，前者在复仇和宽恕之间犹豫不决，后者在他的孝顺的虔敬和爱之间深思熟虑。两种情感都为他的心境进行争辩；但是在它们的辩论中，存在多么完美的秩序！每一个辩论都依次更上一层楼，犹如两个律师在法庭前以完美地提供的辩护状陈述他们为什么将打赢官司的理由一样；当双方的理由被清楚地陈述时，人的意志将通过精确的决定结束争端，类似于法院判决或几何学中的结论。

现在，与高乃依的奥古斯特或罗德里居厄相对立的是莎士比亚(Shakespeare)的麦克白夫人或哈姆莱特：搅得一团糟的混乱而有缺陷的思想以及模糊而不连贯的轮廓同时统治着和被统治着！ 65 我们的古典戏剧塑造的法国观众徒劳地企图**理解**这样的角色；也就是说，从确定设置的大量态度以及不精密的和矛盾的言辞中推演这样的角色。英国观众不承担这种任务；他不力图理解这些角色，不按秩序分类和排列他们的姿态；他满足于在他们生活的复杂性中观看他们。

当我们研究哲学著作时，我们将辨认出法国人和英国人心智之间的这种对立吗？让我们用笛卡儿和培根(Bacon)取代高乃依和莎士比亚。

笛卡儿用来展开他的著作的序言是什么？是《方法论》。这种强而窄的心智的方法是什么？它在于"从最简单的、最容易了解的对象开始，有序地处理人的思想，以便逐渐地、也可以说一步一步地上升到比较复合的对象的知识，甚至在于预设不相互跟随的那些对象中的秩序。"

这些"最容易了解"，"必须以此开始"的对象是什么呢？笛卡儿在几个场合反复回答说：这些对象是**最简单的**对象，他借助这些词语理解可感觉的偶然事件的最抽象的和最赤裸的概念，最普适的原理，关于存在和思维的最普遍的判断，几何学的第一真理。

从这些观念、从这些原理开始，演绎法将展开它的三段论，全部经过检验的三段论的冗长链条将牢固地把最细小的推论与该体系的基础联结起来。“这些冗长的推理链都是简单的和容易的，几何学家为了完成最困难的证明习惯于使用它们；它们促使我设想，可能落入人类知识范围内的事物都以相同的秩序相互跟随，而且只要假定我们避免接受任何是假的东西为真，以及我们总是保持相互推演它们所必要的秩序，还可以设想不能够存在任何遥远得无法达到或隐蔽得无法发现的东西。”

在使用这样的十分精确和严格的方法时，笛卡儿担心的错误的唯一原因是什么呢？它是遗漏，因为他意识到，他具有狭窄的几何学的心智，难以记住复杂的整体。仅就后者而论，他采取的预防措施是：准备核查或检验，打算“不时地全部枚举和普遍复审，从而他确保未错过任何东西”。

66

在《哲学原理》中正确应用的笛卡儿方法就是这样的，在该书中几何学家的强大而受限制的心智清楚地阐述了它借以操作的机制。

让我们现在打开《新工具》。在书中没有必要寻找培根的方法，因为那里根本没有。他的书的安排建立在幼稚而单纯的划分的基础上。在“破坏篇”中，他谩骂亚里士多德“用他的辩证法腐蚀自然哲学，用他的范畴构造世界”。在“建设篇”中，他称赞真正的哲学：这种哲学的目标不是构造从作为根据的原理逻辑地演绎出的清楚而充分有序的真理体系。它的目标是十分实际的，我甚至应该说是工业的："我们必须看到，为了用在已知物体中产生或创造某种新性质，并用简单的术语尽可能清楚地说明它，我们可能特别需要什么教育或指导。"

"例如，如果我们希望把金的颜色赋予银，或者把较大的重量(与物质的规律一致)或透明度赋予不透明的石头，或者把不可破性赋予玻璃，或者把植物赋予某种非植物体，那么我们说，我们必须看到，可能最需要接受什么教育或指导。"

这些教育将教导我们按照固定的法则进行和安排我们的实验吗？这些指导将教给我们分类我们的观察资料的方法吗？一点也没有。实验将在没有任何先入之见的情况下进行，观察将偶然地做出，结果将以粗糙的形式记录，正如它们碰巧在"肯定的事实"、"否定的事实"、"程度"或"对照"、"排除"或"拒斥"的项目表中所呈现的那样，法国人的心智在其中只能看到一大堆乱七八糟的无用报告。的确，培根同意确立某些有特权的或特许的事实的范畴，但是他没有分类、枚举这些范畴。为了把这些完全可以相互还原的范畴列入相同的标题之下，他没有分析它们。他列出它们之中的二十七个作为类别，至于他为什么在二十七个类别之后结束列举，他不让我们知道。他不寻求概述和定义每一个特权范畴的精密公式，而是满足于在一个使人联想到感觉图像的名称下化装它，例如孤立的事实，或者贴上迁徙的、直陈的、隐秘的、集束的、边界线的、敌对的、协商的、指路标的、离异的、明灯的、门户的、流动的等标签的事实。正是这种混沌，使某些从未读过培根的人认为培根方法与笛卡儿方法针锋相对。在著作中，英国人心智的广博性的确没 67

有更明朗地显示出它所隐蔽的脆弱性。

如果说笛卡儿的心智似乎萦绕着法国哲学,那么培根的官能,以及他对于具体的和实际的东西的品味、对于抽象和演绎的无知和厌烦,似乎成为英国哲学的生命线。“洛克(Locke)、休谟(Hume)、边沁(Bentham)和两个穆勒(Mill)都阐述了经验和观察的哲学。功利主义的伦理学、归纳逻辑、联想主义的心理学,这些都是英国哲学〔对全世界思想〕的伟大贡献。”[①]这些思想家与其说通过连贯的推理路线进行,还不如说是通过堆积例子进行。他们不是把三段论联结起来,而是积累事实。达尔文(Darwin)和斯宾塞(Spencer)并未以博学的论辩与他们的对手交战;他俩通过投掷石块压垮他们。

法国天才和英国天才的对立在每一项心智工作中都可观察到。它同样在每一种社会生活的表现中也可注意到。

例如,有什么东西能够比法国法律更为不同呢,法国法律用法典汇集起来,法律条款在其中有条理地排列在陈述了明确定义的抽象观念的标题下;而英国的立法、数量惊人的法律和习惯法是无联系的、往往是矛盾的、自大宪章(Magna Carta)以来就是一个接一个并置的,没有任何废除在它们之前的那些东西的新法律。英国法官并未因立法的这种混沌状态而感到为难;他们没有夸耀波蒂埃(Pothier)或包塔利斯(Portalis);他们不为他们使用的文本的无序状态而烦恼,对秩序的需要是心智狭窄性的标记,这种无法一

---

① André Chevrillon, *Sydney Smith et la renaissance des idées Libérales en Angleterre au XIXe siècle* (Paris, 1894), p. 90.

下子全部包容整体的心智需要向导，从而能够把它相继引入整体的每一个要素，而没有遗漏或重复。

英国人本质上是保守的；他维护每一种传统，而不管其来源。他看到克伦威尔(Cromwell)时代的遗风紧接着查理一世(Charles I)时代的遗风，并未受到震动；对他来说，他的国家的历史恰如它曾发生的那样：一系列各种对比明显的事实，其中每一个政党都可能遭受失败或获得成功，都依次犯下罪行或干出勋绩。这样的尊重整个过去的传统主义是与法国人心智的严格性不相容的。法国人希望有一个以有秩序的和有条理的方式发展的清晰而简明的历史，所有事件在历史中都以他所夸耀的政治原理出发严格地进行，恰如推论从定理演绎出来一样。如果现实没有向他提供这种历史，那么现实不过是更糟而已；他将改变事实，隐瞒事实，发明事实，必然偏爱处理新颖的、清楚的和有条理的历史，而不是处理真实的，但却混乱而复杂的历史。

68

正是心智的这种严密性，使法国人渴望明晰和方法，而且正是这种对明晰、秩序和方法的热爱，导致他在每一个领域扔掉过去馈赠给他的一切，或把一切夷为平地，以便按照完美协调的计划建构现在。笛卡儿也许是法国人心智的最典型的代表，他承担了系统阐明(在他的《方法论》中)那些如此经常打破我们传统束缚的所有人称道的原理。"我们由此看到，由一个设计师承担和完成的建筑物比几个人力图通过利用为其他意图建筑的旧墙而修理的建筑物更漂亮、更好安排。就旧遗址而言，情况也是如此：起初这些遗址仅有小村庄，随着时间的推移变成大城市，与工程师按照计划以他的想象画出的规则设置相比，它们通常如此糟糕地被团团围住。

当我们独自考虑这些建筑物中的每一个时,我们虽然往往在一个建筑物中发现与在任何其他建筑物中同样多的或更多的技艺,可是看看它们在全部尺寸上如何被手忙脚乱地安排,看看它们使街道变得弯曲和不对称,人们可能会说,机遇而不是几个运用理性的人如此安置它们。”在这段话里,这位伟大的哲学家预先颂扬在路易十四(Louis XIV)时代不得不铲平如此之多的过去纪念建筑物的大肆破坏行为(vandalism);他是即将到来的凡尔赛的预言家。

法国人设想社会生活和政治生活的发展仅仅是新开端的永恒循环,无限期的革命系列。英国人在其中看到连续的进化。泰纳表明,“古典精神”,也就是说在大多数法国人中盛行的强而窄的心智,对法国的历史具有何等的处于支配地位的影响。我们同样可以通过英国的历史进程正确地追溯英国人的博而弱的心智的作用。[①]

69

现在,我们已获悉由不适应抽象观念所伴随的、想象众多具体事实的能力的各种表现,因此得知心智的这种广博性和脆弱性提供了物理学理论的新类型,与强而窄的心智构想的类型相对照是新类型,我们将不会感到惊讶,而且在“伟大的英国数学物理学学派”的著作——“其著作是十九世纪的荣耀之一”[②]——中看到这

---

① 读者将在 André Chevrillon 的书中发现对英国人同时具有广博的和脆弱的心智的十分深刻、十分微妙和充分纪实的分析,在上述引文中。

② O. Lodge, *Les Théories modernes de l'Électricité, Essai d'une théorie nouvelle*, tr. E. Meylan(Paris, 1891), p. 3.(原著为 *Modern Theories of Electricity: Essay in New Theory*〔London, 1890〕.)

种新类型达到它的最高成长阶段,我们也不会感到惊讶。

英国物理学和力学模型

在英国发表的物理学专题论文中,总是存在使法国学生大为惊讶的一种要素;这种要素就是模型,它几乎不可避免地伴随着理论的阐明。没有什么东西比模型的这种使用有助于我更明确地理解,英国人心智在构造科学时所采用的方式与我们的方式多么大异其趣。

两个带电体在我们面前,问题是给出它们相互吸引或排斥的理论。法国或德国物理学家——假定他是泊松或高斯(Guass)——将通过思维假定,在这些物体之外的空间中,一种抽象称这些物体为质点,与之相关,另一种抽象称其为电荷。他接着力图计算第三种抽象:质点所受到的力。他给出公式,该公式容许人们针对这个质点的每一可能位置决定这个力的大小和方向。他从这些公式中演绎一系列推论:他清楚地表明,在空间的每一点,力的指向沿着某一所谓的力线的切线,所有的力线与他给出其方程的某些面即等势面正交(成直角)。他尤其表明,力线是两个带电导体的面的法线,而导体则被包围在若干等势面之中。他计算这些面的每一个面元所受的力。最后,他按照静力学法则积分所有这些基元力;他从而知道两个带电体相互作用的定律。 70

这个完整的静电学理论构成抽象观念和普遍命题之群,它们是用明晰而精确的几何学和代数语言系统阐明的,是用严格的逻辑的法则相互关联的。这个整体充分满足了法国物理学家的理性以及他对明晰性、简单性和秩序的品味。

英国人未坚持相同的东西。质点、力、力线和等势面这些抽象概念并不满足他想象具体的、物质的、可见的和可触知的事物的需要。一位英国物理学家说:"只要我们依附这种表示模式,我们就不能形成实际正在发生的现象的智力表达。"[1]他进而去创造模型,正是为了满足这种需要。

法国或德国物理学家在把两个导体分隔开的空间中构想抽象的力线,这些力线没有厚度或实在的存在;英国物理学家使这些线物质化,把它们加厚到管子的维度,他将用硫化橡胶充满管子。为了取代一簇仅仅通过理性可构想的虚构的力线,他将拥有可见的和可触知的一束弹性绳,该绳子牢固黏合在两个导体表面的两端,在伸展时力图收缩和膨胀。当两个导体相互趋近时,他看见弹性绳向一端拉得更近;接着他看见每一条绳子结成一束并逐渐变大。法拉第(Faraday)想象的静电作用的著名模型就是这样的,麦克斯韦和整个英国学派都称赞它是一项天才的成果。

使用类似的力学模型,通过某些或多或少粗糙的类比恢复所阐述理论的特定特征,是英国物理学专题论文的习惯性特征。这里有一本打算阐明现代电理论和阐明一种新理论的书(O. 洛奇〔Lodge〕,在已引用的著作中)。在其中,除了绳子、管子、齿轮外别无它物:绳子绕滑轮运动,滑轮绕鼓轮转动,鼓轮通过小珠子行进,小珠子荷载着重物;管子泵水而绳子膨胀和收缩;齿轮相互啮合并与挂钩结合。我们以为我们正在进入平静而整齐有序的理性

71

① O. Lodge, *Les Théories modernes*. . . , p. 16.

住所，但是我们发现我们自己却在工厂内。

使用这样的力学模型绝非有助于法国读者理解理论，这要求他在许多情况下做出认真的努力，以把握英国作者向他描绘的往往是十分复杂的机械的运转。为了辨认这种机械的性质和所阐述的理论的命题之间的类似，的确需要相当的努力。这种努力往往比法国人为在其纯粹性上理解抽象理论所需要做出的努力要大得多，而据说模型却是使抽象理论具体化的。

另一方面，英国人发现模型的使用对物理学研究是如此必要，以致对他的心智来说，最终竟把对模型的看法与对理论的真正理解混为一谈。有位人物是英国科学天才的最高表现，长期以威廉·汤姆孙（William Thomson）的名字闻名于世，后来以开耳芬勋爵（Lord Kelvin）的头衔升为贵族，他正式接受和公开宣布那种混淆，看到这一点是够令人奇怪的。他在《分子动力学讲演》中说：

"我们的目标就是要表明，如何构造力学模型，这种模型在我们正在考虑的无论可能是什么的物理现象中，都将满足所要求的条件。当我们正在考虑固体的弹性现象时，我需要出示那种模型。在另外的时候，当我们要考虑光振动时，我需要出示在这个现象中显示出来的作用模型。我想要理解关于它的整体；我们只理解一部分。在我看来似乎是，对'你理解还是不理解物理学中的特定问题'？的检验，就是'我们能够构造它的力学模型吗'？我对麦克斯韦的电磁感应的力学模型大加称赞。他构造了一个模型，该模型作出电在传导电流等中所做出的一切奇妙的事情，毫无疑问，这类力学模型是大有教益的，是通向确定的电磁理论的一个步骤。”①

在另一段，汤姆孙再次说：“在我能够为事物构造一个力学模型之前，我是永远不会满足的。如果我能够构造一个力学模型，我就理解它。只要我不能构造一个力学模型，我便自始至终不能理解，这就是我不能把握光的电磁理论的原因。我坚信一种光的电磁理论，当我们理解电、磁和光时，我们将看到它们同时是整体的一部分。但是，我想要理解光，我甚至也能够在不引入我们理解的事物的情况下较少理解它。这就是我为何接受明白易懂的动力学。尽管我能够在明白的动力学中获得模型，我在电磁学中却不能获得模型。”②

72

因此，对英国学派的物理学家来说，理解物理现象与设计模拟该现象的模型是一码事；通过想象一种其性能将表现和摹拟物体性质的机械，由此必然能理解物质事物的本性。英国学派把自己完全交托给物理现象的纯粹力学的说明。

牛顿高度尊重的、我们稳定研究的纯粹抽象的理论，对像汤姆孙这个学派的能手来说，将似乎是不可理解的：

“在某种程度上建立在实验基础上的另一类力学理论现在是有用的，甚至在某些情况下指向实验后来证实的新颖而重要的结果。热的动力学理论，光的波动说等，就是这类理论。前者是以热

---

① W. Thomson, *Lectures on Molecular Dynamics, and the Wave Theory of Light*(Baltimore: Johns Hopkins University, 1884), pp. 131-132. *Cf.* Sir W. Thomson (Lord Kelvin), “Conférences scientifiques et allocutions”, tr. L. Lugol, annotated by M. Brillouin, *Constitution de la matière*(Paris, 1893).

② W. Thomson, *Lectures on Molecular Dynamics*... p. 270.

是能量形式这一来自实验的结论为基础的，其中许多公式现在是模糊的和不可理喻的，因为我们不了解物体粒子运动或变形的机制。这些未被卷入其中的理论结果当然被实验证实了。同样的困难在光理论中也存在。在这种模糊性能够被完全消除之前，我们必须知道物体或者分子群的终极的或**分子的**构造，而现在我们仅在集合体上了解它们。”①

不用说，这种对说明的和力学的理论的偏爱并不是把英国学说与在其他国家兴旺的科学传统区分开来的充分基础。法国天才笛卡儿以其最完备的形式把力学理论乔装打扮了；荷兰人惠更斯和瑞士的伯努利(Bernouilli)家族的学派坚决主张在其全部不变性上保留原子论的原理。把英国学派凸现出来的不仅仅是它力图把物质还原为机械论，而且在于它的尝试在得到这种还原时所采取的特殊形式。

无疑地，力学理论无论在哪里规划和培育，它们都把它们的诞生和进步归因于抽象官能的下降，也就是说，归因于想象战胜理性。当笛卡儿及其哲学追随者拒绝把并非是纯粹几何学的或运动学的任何质赋予物质时，他们之所以如此拒绝，是因为这样的质是隐秘的，只有通过理性才可以知觉，从而是想象依然无法接近的。十八世纪的伟大思想家把物质还原为几何学清楚地指明，在那时对深奥的形而上学抽象——已被过量的正在腐朽的经院哲学耗尽了——的意识似在梦乡之中。

---

① W. Thomson and P. G. Tait, *Treatise of Natural Philosophy*, Vol. I, Part I, Sec. 385.（首次在一八六七年出版，这部著作在后来的版本中被修改了。）

但是，在法国、荷兰、瑞士和德国的伟大物理学家中间，对抽象的意识可能下降了，但是从来也没有完全入睡。确实，物质本性中的一切可以还原为几何学和运动学的假设，是想象胜过理性的凯旋。但是，在这一基本点上屈从之后，当理性开始演绎推论和构造描述物质的机械论时，理性又重新恢复了它的权利。这种机械论的性质应该在逻辑上出自被视之为宇宙论体系基础的假设。例如，笛卡儿和在他之后的马勒伯朗士就曾经承认广延是物质的本质的原理，他们费尽苦心从中演绎出，物质处处具有相同的本性，不能存在几种不同的物质的实物，只有形状和运动才能把物质的一部分与另一部分加以区别；而且，物质的相同的质总是占据相同的体积，由此可得物质是不可压缩的；他们的目的在于，仅仅容许两种要素——运动的部分的形状和它们被激励的运动——进入，以此逻辑地构造说明自然现象的体系。

不仅将用来说明物理学定律的力学建构物服从某些逻辑要求，必须重视某些原理，而且用来构造这些机械论的物体也绝不类似于我们每天观察和使用的可见的和具体的物体。这些物体是由物理学家偏爱的宇宙论原理定义的抽象而理想的物质形成的，是从未到达我们感官的物质，只有通过理性才能看见和达到它。笛卡儿的只有广延和运动的物质，以及仅有形状和坚硬性质的原子论的物质就是这样的情况。

74

当英国物理学家企图构造足以描述物理学定律群的合适的模型时，他不为任何宇宙论原理为难，也不受任何逻辑必然性的限制。他的目的不在于从哲学体系演绎他的模型，甚至也不在于使它与这样的体系符合。他只有一个目标：创造一个可见的和易感知的抽象定律的图像，因为他的心智不借助这个模型就无法把握抽象定律。倘若该机械论对于想象之眼来说是完全具体的可见的，那么不管原子论的宇宙论是否宣称满意它，或者笛卡儿主义的原理是否谴责它，对他来说都无关紧要。

因此，英国物理学家不要求任何形而上学提供他能够设计他的机械论的要素。他的目的不在于知道物质终极要素的不可还原的性质是什么。例如，W. 汤姆孙从来不问自己这样的哲学问题：物质是连续的还是由分立的要素形成的？物质的终极要素之一的体积是可变的还是不变的？原子作用的本性是什么：它们是超距有效的还是仅仅接触有效的？这些疑问甚至不进入他的心智，要不然当它们呈现在他面前时，他把它们作为对科学进步无效而有害的东西推开。例如，他说："原子观念如此经常地与无限的强度、绝对的刚性、神秘的超距作用和不可分性这些不可思议的假定结合在一起，以致对它失去全部耐心的近代化学家和许多其他明智的博物学家把它遣散到形而上学的王国，使它变得比'我们能够构想的任何东西'都小。但是，假如原子是不可想象地小，那么所有化学原子为什么不是无限地迅速呢？如果化学由于它的基本假定的僵化性而妨碍把原子视为占据一定空间的、形成任何易感知的物体并非不可测量地小的构成的话，它就无力处理这个问题和其他具有重要意义的问题。"①

英国物理学家用来构造他的模型的物体，不是形而上学精心

---

① W. Thomson, "The Size of Atoms", *Nature*, March 1870，在 Thomson 和 Tait 的所引用的著作中的附录 F 中重印。

75 制作的抽象概念。它们是具体的物体，类似于我们周围的物体；也就是说，这些物体是固体的或流体的，刚性的或柔韧的，流动的或粘滞的；就固体性、流体性、刚性、柔韧性和粘滞性而言，没有必要借助某种宇宙论去理解抽象性质。这些性质在任何地方都未定义，但能通过可观察的例子想象：刚性唤起一块铁的图像，柔韧性"唤起丝线的图像，粘滞性唤起甘油的图像。为了以比较可触知的方式表达他用以建造他的机械的物体的具体特点，W. 汤姆孙不怕赋予它们最普通的名称；他称它们为曲柄铃、细绳、果子冻。他未能更清楚地指明，他涉及的东西不是打算用理性构想的组合，而是打算用想象看见的机械装置。

他也未能更清楚地告诫我们，他提供的模型不应被看作是自然定律的说明；任何把这样的意义归之于它们的人都会面临不可思议的惊奇。

纳维埃(Navier)和泊松系统阐述了结晶物体的弹性理论；总的来说彼此不同的十八个模数概括了这些物体的每一个的特征。[①] 汤姆孙企图借助力学模型阐明这个理论。他说："除非我们看到我们的方法构造了具有十八个独立模数的模型，否则我们不会满意。"[②]八个刚性球被安置在平行六面体的八个顶点上，用足够数目的螺旋形弹簧彼此相连，这便构成所提出的模型。看一眼它也许足以使任何可能期望**说明**弹性定律的人大失所望；事实上，

---

① 至少在汤姆孙看来，纳维埃从未处理各向同性物体之外的任何物体。按照泊松的理论，物体的弹性仅仅依赖于十五个模数；适用于晶体的纳维埃理论的原理导致类似的结果。

② W. Thomson, *Lectures on Molecular Dgnamics*..., p. 131.

螺旋形弹簧的弹性如何能被说明呢？因此，这位伟大的英国物理学家并未提供这个模型作为说明。“虽然在这些陈述中假定的、在我们的模型中用力学阐明的物体的分子构成**不是作为自然界中的真实东西被接受**，但是这类力学模型的构造无疑是大有裨益的。”

英国学派和数学物理学

76

帕斯卡正确地认为，心智的广博性作为一种官能，在许多透彻的几何学研究中起作用；更明确地讲，它是纯粹代数学家的天才的有特色的品质。代数学家不涉及分析抽象的概念和讨论普遍原理的精密范围，而只涉及按照固定的法则娴熟地组合像他写东西那样能够描绘的记号。为了成为一位伟大的代数学家，几乎不需要任何理智力量；心智的巨大广博性就足够了，因为代数运算技巧不是理性的赠品，而是想象官能的增色。

因此，注意到代数技巧在英国数学家当中十分广泛地流传，是用不着大惊小怪的。这似乎不仅表现在十分伟大的代数学家在英国科学家中所占的数目上，而且也表现在英国人偏爱各种形式的符号运算上。

就这个问题再说明一下。

心智不具有广博类型的人能玩比国际象棋更好的西洋跳棋游戏。事实上，无论何时他想玩跳棋着数的组合，他在他的支配中具有的要素将只是两种：单一的棋子和王，二者都按照十分简单的规则走棋。相反地，国际象棋的战术组合了像棋子种类一样多的不同基本走法，其中一些走法——例如马的走棋方式——是复杂的，足以使脆弱的想象官能手足无措。

西洋跳棋和国际象棋游戏之间的差别，在全部法国科学家使用的古典代数和在十九世纪创造的各种符号代数之间的差异中再现出来。古典代数仅由几种基本的操作构成，每一个用特定的符号表示，每一个都是十分简单的操作；复杂的代数运算只是这些几乎不变的基本操作的漫长系列，或者只是这几个记号的冗长运作。符号代数的目标是缩短这些运算的长度。为达此目的，它使其他操作贴近古典代数的基本操作，它把前者作为基本的操作看待，用特殊的符号表示，其中每一个操作都是按照固定的法则由从旧代数借用的操作招致的组合和浓缩。在符号代数中，你能够几乎同时实现在旧代数中由冗长系列的中间运算构成的运算，不过你将不得不使用数量庞大的不同种类的记号，每一个记号都服从十分复杂的法则。你不是玩西洋跳棋，你将玩一种国际象棋，其中许多截然不同的棋子在走动，每一个都有它自己的路数。

77

很清楚，对符号代数的品味是心智的广博性的指标，我们可以预期它在英国人中是极其广泛流行的。

如果我们把自己局限于只是简短地评论创造出这样的运算系统的数学家的话，那么英国天才预先倾向于浓缩的代数运算也许被确定地公认是如此与众不同。英国学派会骄傲地引证哈密顿构想的四元数计算，但是法国却以柯西的关键论(theory of keys)与之匹敌，而德国人则用格拉斯曼(Grassmann)的外延论(Ausdehnungslehre)与之较量。我们不必为此而惊奇，因为广博的心智在每一个国家都可以找到。

但是，只是在英国人中，如此频繁地发现心智的广博性是地方特有的、传统的习惯；例如，只是在英国科学人(men of science)中，符号代数、四元数计算和"矢量分析"是习以为常的，大多数英国专题论文使用这些复杂的和速记的语言。法国和德国的数学家未准备学习这些语言；他们从未成功地流利讲它们，尤其是从未成功地用构成这些语言的形式直接思考。为了追踪以四元素或"矢量分析"的方法为基础的运算，他们不得不把它翻译为古典代数的版本。一位法国数学家保罗·莫兰(Paul Morin)在最彻底地研究了符号计算的不同类型后，曾经告诉我："在我用我们旧有的笛卡儿代数检验四元数方法之前，我从未确信用它得到的结果。"

因此，英国物理学家频繁使用不同种类的符号代数，成为他们的心智广博性的证据，但是即使这种使用把特殊的外衣给予他们的数学理论，它也没有把特定的相貌给予该理论本身的真正本体；脱去它的外衣，我们能够容易地给这个理论穿上古典代数风格的衣服。

现在，在许多情况下，衣着的这种变化几乎不足以掩饰数学物理学理论的英国起源，不足以把它错认为法国或德国的理论。相反地，这种变化容许人们辨认，在物理学理论的结构中，英国人并非总是像大陆科学家那样把相同的作用赋予数学。　78

对于法国人或德国人而言，物理学理论本质上是逻辑体系。十分严格的演绎把处于理论基础的假设和从它可以导出的、必须与实验定律比较的推论联合起来。如果代数运算介入，那只是为了使把推论与假设关联起来的三段论链条更精巧、更容易掌握；但是在健全地构成的理论中，永远也不应该忘记代数的这种纯粹辅助的作用。我们必须始终意识到用纯粹逻辑推理代替运算的可能性,而代数只是纯粹逻辑推理的速记表达而已;为了这种代替可以尽可能精确、尽可能确定的方式进行,就必须在用符号代数结合的符号或字母和物理学家度量的性质之间、在作为分析出发点的基本方程和处于理论基础的假设之间,建立十分精密的和十分严格的对应。

比如,法国或德国的数学物理学的奠基者拉普拉斯、傅里叶、柯西、安培、高斯、弗兰茨·诺伊曼(Franz Neumann)们,都极其谨慎地建造桥梁,打算把理论的出发点、它必须处理的量的定义、将承担它的演绎通向的道路——它的代数展开将沿着这条道路前进——之假设的辩护关联起来。那些绪论、明晰的模型和方法由此而来,他们的大部分专题论文是以这一点开始的。

要在英国作者的著作中寻找致力于**建立**物理学理论的**方程**的这些导言,几乎总是枉费心机。考虑一个引人注目的例子。

在安培创造的导体电动力学中,麦克斯韦添加了新的电动力学,即介电体的电动力学。这一物理学分支是考虑本质上全新的要素的结果,该要素被称之为位移电流——该名称在这里是不恰当的。

麦克斯韦引入这种位移电流,为的是完善在给定瞬时电介质性质的定义,这些性质并非由该瞬时已知的极性全部决定,正如把传导电流添加到电荷上,以便完善导体的可变化的条件的定义一样。位移电流与传导电流具有某些密切的类似,但同时也具有某些深刻的差异。由于插入这个新要素,电动力学陷入无序之中;甚至经验从未提示的、只是在二十年后才由赫兹发现的现象竟被宣告是存在的。我们看到电作用在非导体介质中传播的新理论的萌芽,这个理论导致光现象的未曾料到的诠释,即导致光的电磁理论。

79

我们当然期望，在麦克斯韦极度谨小慎微地定义和分析这样一个原来显示出这样多产的、惊异的和重要的推论的新颖而意料不到的要素之前，他不会把它引入他的方程。但是，打开麦克斯韦陈述他的电磁场新理论的学术论文，你将发现仅有两行文字为把位移电流引入电动力学方程而辩护：

“应该把电位移的变化添加到电流中，以便得到电的合运动。”

我们怎样才能说明这种几乎完全缺乏定义——即使当它是一个最新奇的和最重要的要素的问题——和这种对建立物理学理论的方程漠不关心呢？答案对我们来说似乎是不容置疑的：法国或德国的物理学家想用理论的代数部分正好代替为展开这个理论而使用的三段论系列，而英国物理学家则认为代数起**模型**的作用。它就是想象可以达到和服从代数法则的记号发挥功能的机械装置；它或多或少忠实地模拟所研究的现象的定律，就像按照力学定律运动的不同物体的机械装置模拟现象的定律一样。

因此，当法国或德国物理学家引入容许他用代数计算代替逻辑演绎的定义时，他必须极其小心地去做，否则就要受到丧失他在他的三段论中必须要求的严格性和准确性的惩罚。另一方面，当W. 汤姆孙为现象群提供力学模型时，他并没有把任何十分详尽的理性论据强加于他自己，以便在这种具体物体的机械和要求他描述的物理学定律之间建立关联；对想象来说，模型唯一关切的将是图样和被描绘的对象之间相似的独有的判断。这就是麦克斯韦所做的事情。对想象官能的直觉来说，他留下把物理学定律与必须模拟它们的代数模型加以比较的任务。他没有等待这一比较，他遵循这个模型的操作，并把电动力学方程组合起来，其目的往往

80

不在于物理学定律在他的每一个组合中的协调。

法国或德国物理学家十分经常地为这样的数学物理学概念仓皇失措。他没有认识到，他在他面前所拥有的一切是用来满足他的想象而非他的理性的模型。他坚持在代数变换中寻找从明确阐述的假设到经验可证实的推论的演绎系列。由于没有找到它们，他忧虑地疑惑，麦克斯韦理论实际上相当于什么。对此，一位理解英国数学物理学家心智的人回答，在麦克斯韦那里，没有类似于人们寻找的物理学理论的东西，而只有被组合和被变换的代数公式。赫兹说："对于'麦克斯韦的理论是什么'这个问题，我无法给出比下述回答更清楚、更简短的回答：'麦克斯韦的理论是麦克斯韦方程组。'"①

英国学派和理论的逻辑协调

伟大的大陆数学家，不管是法国的还是德国的、荷兰的还是瑞士的，他们创造的理论都可以分为两大范畴：说明理论和纯粹的描述理论。但是，这两类理论显示出共同的特征：它们被理解为按照严格的逻辑法则构成的体系。理性的产物不惧怕深奥的抽象或冗长的演绎，而主要渴望秩序和明晰；而它们的理论要求，无瑕疵的方法从头到尾、从基础假设到能够与事实比较的推论概括它们的命题系列的特征。

---

① H. Hertz, *Untersuchungen über die Ausbretung der electrischen Kraft, Einleitende Uebersicht*（Leibzig, 1892）, p. 23.

正是这种方法,产生了自然的宏伟体系,该体系宣称把欧几里得几何学的形式完美地给予物理学。这些体系把若干十分明白的公设作为它们的基础,并力图建立一个十分严格的和逻辑的结构,每一个实验定律都可以精确地容纳其中。从笛卡儿构造他的《哲 81 学原理》的年代到拉普拉斯和泊松在引力假设的基础上建筑他们的力学的宽敞大厦的时代,这样的大厦作为抽象理智的,尤其是法国天才的永恒理想巍然屹立。在追求这一理想中,它耸立起一座座纪念碑,其简单的外形和宏伟的特性依然是欣喜和赞美的对象,特别是在今天由于它们普遍被削弱的基础而使这些建筑物动摇之时。

理论的这种统一和一个理论各个部分之间的这种逻辑联系,是心智力量转嫁到物理学理论的观念的如此自然的和必然的结果,以至从它的观点来看,扰乱这种统一或割断这种联系就是违反逻辑原理或犯下谬误。

英国物理学家的博而弱的心智的情况根本不像这样。

对他来说,理论既不是物理学定律的说明,也不是物理学定律的合理性的分类,而是这些定律的模型,这种模型不是为满足理性,而是为想象的愉悦而建立的。因此,它逃脱了逻辑的控制。构造一个模型描述一个定律群,构造另一个截然不同的模型描述另一个定律群,正是英国物理学家的乐趣,尽管事实上某些定律对两个群来说可能是共同的。对于拉普拉斯或安培学派的数学家来说,给同一定律两个大相径庭的理论说明,并坚持这两个说明同等正当,这也许是荒谬的。对于汤姆孙或麦克斯韦学派的物理学家来说,用两个不同的模型能够描述相同的定律,在这个事实中不存在矛盾。而且,如此引入科学中的复杂混乱根本没有震撼英国人;

在他看来，它反倒增添了额外的多样性的魅力。他的想象比我们的想象更为强有力，一点也不知道我们对秩序和简单性的需要；他的想象很容易达到它的目的，而我们在那里却会迷路。

于是，在英国人的理论中，我们发现驱使我们严厉判断的那些不一致、那些不连贯、那些矛盾，因为我们寻求合理性的体系，而作者则企图只给我们想象的成果。

例如，这里有 W. 汤姆孙的一系列讲演，这些讲演致力于阐明

82 分子动力学和光的波动说。[①] 阅读这些讲稿的法国读者想，他将在其中找到一组简练阐述的关于以太和有质物质的构成的假设、一系列从这些假设开始的有条理进行的运算、这些运算的推论和经验事实之间的精密比较，但是他是多么大失所望，他的幻想是多么短暂！因为这样充分有序的理论并不是汤姆孙打算构造的东西。他只不过希望考虑各种类型的实验事实，为它们每一个构造力学模型。[②] 在那里有多少这些现象的范畴，就有那么多的描述物质分子在现象中的作用的各种不同的模型。

问题是描述晶体中的弹性的标记吗？物质分子是用占据平行六面体顶点的八个球质量描述的，这些质量是借助或多或少数目的螺旋形弹簧相互连接的。[③]

问题是必须使之对想象清楚的光的色散理论吗？此时，物质

---

① W. Thomson, *Notes of Lectures on Molecular Dynamics and the Wave Theory of Light* (Baltimore, 1884). 读者也应该查阅一下 Sir W. Thomson (Lord Kelvin), "Conférences scientifiques..."。

② *Notes of Lectures*..., p. 132.

③ *Ibid.*, p. 127.

分子被发现是由弹簧在那个位置支撑的刚性的、同心的、球形的壳构成的。[①] 众多这样的小机件嵌入在以太中。以太是均匀的、不可压缩的物体[②]，对十分急剧的振动而言是非弹性的，对某一持续时间的作用而言是完全柔软的。它类似于果子冻或甘油。[③]

需要适合于描述旋光偏振的模型吗？那么，大批量地散播在我们的"果子冻"中的物质分子将不再按照我们刚刚描绘的蓝图来建造；它们将要用刚性的小壳来构造，在每一个小壳中，回转轮将绕固定在壳上的轴急剧地旋转。[④]

但是，这对于我们的"粗糙的回转轮分子"[⑤]来说是太粗糙的工作，致使不久就要安置一个比较完善的机械代替它。[⑥] 刚性壳不再仅仅包含一个回转轮，其中两个在相反的方向上转动；球和窝连接，套把它们相互结合在一起，并与球形壳一侧联结，容许某一个相对于它们的转轴旋转自如。

要在《分子动力学讲演》内显示出来的那些形形色色的模型中间，选择一个描述物质分子的最佳模型，也许是困难的。但是，如果我们审视一下汤姆孙在他的另外的著作中想象的其他模型，我们的选择将是多么难上加难！ 83

在一处，我们发现不可压缩的、均匀的、没有粘滞性的、充满整个空间的流体。这种流体的某些部分受到持续的旋涡运动的激

① *Ibid.*，pp. 10，105，118.

② *Ibid.*，p. 9.

③ *Ibid.*，p. 118.

④ *Ibid.*，pp. 242，290.

⑤ *Ibid.*，p. 327.

⑥ *Ibid.*，p. 320.

励,这些部分相当于物质原子。①

在另一处,是用刚性球的集合描绘这种不可压缩的流体的,刚性球是用方便设置的杆相互联结的。②

在其他地方,他诉诸麦克斯韦和泰特(Tait)的运动论,以便想象固体、液体和气体的性质。③

确定汤姆孙赋予以太的构成将是比较容易的吗?

当汤姆孙提出他的旋涡原子理论时,以太形成这种流体——均匀的、不可压缩的、没有一切粘滞性的、充满空间的流体——的一部分。以太是用这种流体免除任何旋涡般的运动的那部分来描绘的。但是,为了描绘驱动物质分子相互接近的引力,这位伟大的物理学家立即就使以太的这种构成复杂化了;④他通过修正法蒂奥·德·迪伊利埃斯(Fatio de Duilliers)和勒萨日(Lesage)的旧假设,使整个一大群在所有方向以极高速度运动的固体小微粒横越均匀的流体。

在另外的著作中,以太再次变成均匀的和不可压缩的物体,但是这种物体现在类似于十分粘滞的流体或果子冻。⑤ 这个类比也

---

① W. Thomson, "On Vortex Atoms", *Edinburgh philosophical Society Proceeding*, Feb. 18, 1867.

② W. Thomson, *Scientific Papers*, Ⅲ, 486. 起初发表在 *Comptes rendus de l'Académie des Sciences*(Sept. 16, 1889).

③ W. Thomson, "Molecular constitution of Matter", *Proceedings of the Royal Society of Edingburgh*, July 1 and 15, 1889, Secs. 29-44; *Scientific Papers*, Ⅲ, *404*; *Lectures on Molecular Dynamics...*, p. 280.

④ W. Thomson, "On the Ultramundane Corpuscles of Lesage", *Philosophical Magazine*, XLV(1873), 321.

⑤ W. Thomson, *Lectures on Molecular Dynamics...*, pp. 9, 118.

被抛弃了；为了描绘以太的性质，汤姆孙承接归因于麦卡拉[①]（MacCullagh）的公式，[②]而且为了使它们变得可以想象，他用力学模型描绘它们：刚性盒子被用柔韧而无弹性的布条相互连接起来，每个盒子都包容一个回转轮，回转轮受到绕固定在侧壁的轴急速旋转运动的激励。[③]

84

汤姆孙用来描绘以太或可称量分子的各种性质的形形色色模型的阐述是不完备的，它依旧只能给我们以微弱的想法，去想象用"物质的构成"词语在我们心智中唤起的一大堆图像。为了我们仅仅理解他介绍的模型的效用，就必须把其他物理学家创造的所有模型结合起来，例如增添麦克斯韦建立的、[④]汤姆孙经常大加称赞的电作用模型。在那里我们会看到，以太和所有电的不良导体像甜蛋糕一样成形，蜂房状的侧壁不是由蜂蜡而是由弹性体形成，弹性体的变形表示静电作用，甜蛋糕由急剧的旋涡运动激励的理想流体代替，这是磁作用的图像。

---

① W. Thomson,"Equilibrium or Motion of an Ideal Substance Called for Brevity Ether",*Scientific Papers*,Ⅲ,445.

② J. MacCullagh,"An Essay Towards a Dynamical Theory of Crystallin Reflection and Refraction",*Transactions of Royal Irish Academy*,Vol. XXI(Dec. 9, 1889),在 *The Collected Works of James MacCullage*(1890),p. 145 中重印。

③ W. Thomson,"On a Gyrostatic Adynamic Constitution of the Ether",*Proceedings of the Edinburgh Rogal Society*,March 17,1890,在 *Scientific Papers*,Ⅲ,466 中重印。又"Ether,Electricity and Ponderable Matter",*Scientific Papers*,Ⅲ,505.

④ J. Clerk Maxwell,"On Physical lines of Force",Part,Ⅲ:"The Theory of Molecular Vortices Apllied to Statical Electricity",*Philosophical Magazine*,Jan. and Feb. 1882. *Cf. Scientific Papers*,ed. W. D. Niven(Cambridge; Cambridge University Press,1890),I,491.

这种器具和机械的集合使法国读者感到困窘，而他却正在寻找建立在物质构成和这一构成的假设性说明基础上的协调一致的假设序列。但是，汤姆孙绝没有打算提出这样的说明；不论何时，他使用的语言的真正特质防止读者对他的思想做这样的诠释。他提供的机械是"粗略描绘"[①]的"粗糙模型"，[②]它们是"在力学上不自然的"。[③]"在这些指标中假定的、用我们的模型在力学上阐明的固体的分子构成，不能作为在自然界中真实的东西来接受。……"[④]"……几乎一点也不需要评说我们想象的**以太**是纯粹理想的实物。"[⑤]在这些模型中，每一个的十分暂定的特征被以迂回曲折的方式注意到了，作者抛弃或再次采纳它们依据他正在研究的现象的需要。"请返回我们的具有中心球壳的球形分子，即粗略的力学阐明吧，请回忆一下。我认为它远非是事物的实际机制，但是它将给我们一个力学模型。"[⑥]他至多有时萌生这样的希望：这些巧妙想象的模型可以指明在遥远的未来将导向物质世界的物理说明的道路。[⑦] 汤姆孙为描述物质构成而提出的模型的杂多性和多样性并未使法国读者长时间感到惊讶，因为他很快辨认出，这位伟大的物理学家没有宣称提供理性可接受的说明，他只是希望生产想象的产品。然而，当法国读者再次发现，不仅在力学模型的

85

① *Lectures on Molecular Dynamics*. . . ,pp. 11,105.

② *Ibid*. ,p. 11.

③ *Ibid*. ,p. 105.

④ *Ibid*. ,p. 131.

⑤ W. Thomson,*Scientific Papers*,Ⅱ,464.

⑥ *Lectures*,*on Molecular Dynamics*. . . ,p. 280.

⑦ W. Thomson,*Scientific Papers*,Ⅲ,510.

集合中，而且在一系列代数理论中，同样缺少秩序和方法，同样对逻辑漠不关心时，他的惊异是深切的和持久的。他怎么能够设想非逻辑的数学发展的可能性呢？因此，当研究像麦克斯韦的《论电》这样的著作时，他经历了麻木状态：

彭加勒(Poincaré)写道："法国读者首次打开麦克斯韦的书时，便感到不自在，甚至感到不信任，这种感情起初还与他的赞美掺和在一起。……

"英国科学家没有力图建设一个单一的、确定的和秩序井然的建筑物；他似乎更愿意建起大量暂定的和独立的房屋，在其中交流是困难的，有时还是不可能的。

"以在电介质中普遍存在的压力和张力说明电引力的那章为例吧。这章可以删除，而不会使书的其余部分显得不大清楚和不大完备；另一方面，它包含自身充分的理论，我们即使不读在它之前或之后的一行也能够理解这个理论。但是，它不仅独立于该著作的其余部分；它也难以使它[①]与该书的基本观念一致，我们将在以后透彻地讨论这一点。麦克斯韦甚至没有尝试使它们一致。他只是限于说：'我未能迈出下一步，即未能借助力学考虑阐明电介质中的这些应力。' 86

"这个例子将足以使我们的思想焕然冰释。我可以提及许多

① 实际上，麦克斯韦的理论是从对弹性定律的全面误解出发的；在我们的 *Leçons sur l'Electricité et le Magnetisme*, Vol. Ⅱ, Ⅰ, Ⅻ(Paris, 1892)给出这一误解的证据，并提出正确的理论代替麦克斯韦的错误。在我们的运算中因错误而忽略了一项，Liénard (*La Lumière Èlectrique*, LII〔1894〕, 7, 67)补充了这一项，我们通过直接分析重新确立了他的结果(P. Duhem, *American Journal of Mathematics*, XVII〔1895〕, 117)。

其他例子；例如，在阅读专论旋转磁极化的版面时，谁会怀疑光现象和磁现象之间的等价呢？”①

麦克斯韦的《论电和磁》是徒劳地以数学形式打扮的。与汤姆孙的《分子动力学讲演》相比，它同样没有逻辑体系。像这些《讲演》一样，它由相继的模型组成，每一个模型都描述一个定律群，而不关心描述其他定律的，而且时常描述它们之中的那些十分相同的定律或若干定律的其他模型；此外，这些模型是代数记号的器具，以代替由回转轮、螺旋形弹簧和甘油构成它们。这些不同的局部理论与其说是恰当地针对我们的理性论述的，还不如说是针对我们的想象论述的，因为每一个局部理论都是孤立地展开的，与前一个无关，但时常又覆盖这个原有者覆盖的领域的一部分。它们是绘画，艺术家在创作它们中的每一个时，十分自由地选择他想描绘的对象和他想聚集它们的秩序。他的顾客之一是否已经以不同的姿势为另一幅画像摆好样子，则是无关紧要的。逻辑学家为此感到震撼也许是不恰当的；画廊不是三段论的链环。

英国人方法的传布

英国人心智的特征被明确地概述为：它富有想象力地对具体

① H. Poincaré, *Électricité et Optique*, Vol. I. *Les théories de Maxwell et la théorie électro-magnétique de la lumiére*, Introduction, p. viii. Poincaré 是从 J. C. Maxwell, Treatise on Electricity and Magnetism, I, 174 中引用的。读者若需要了解在麦克斯韦的心智中在多大程度上漠不关心一切逻辑甚至任何数学精确度，可在 P. Duhem, *Les Théories électriques de J. Clerk Maxwell: Etude historique et critique* (Paris, 1902)中找到许多例证。

的集成的广博利用以及它做抽象和概括的贫乏方法。这种特定的心智类型产生特定类型的物理学理论；同一现象群的定律不是协调在一个逻辑体系中，而是用模型描述的。而且，这个模型可以是由具体的物体建造的机械，或者是由代数记号建造的器具；无论如何，英国类型的理论在其发展中本身并不服从逻辑要求的秩序和统一的法则。 87

长期以来，这些特性是在英国制造的物理学理论的一类职业标志，在大陆没有运用它们。最近几年，情况有所变化，英国人处理物理学的方式极其迅速地传播到各个地方。今天，它通常也在法国以及德国被使用。我们将探索一下这一传布的原因。

首先，完全能够回想起，虽然帕斯卡称之为博而浅的心智类型在英国人中广为流传，但是无论如何，它既不是他们的支配权，也不是他们的独有特性。

的确，在以十足的明晰性提供十分抽象的观念和以高度的精确性提供十分普遍的原理的能力方面，以及在以完美无缺的秩序完成实验系列或演绎链环的技巧方面，牛顿既没有让位于笛卡儿，也未让位于任何伟大的古典思想家。他的理智力量是人类已知的最强大的理智力量之一。

正如我们能够在英国人——牛顿的案例向我们保证这一点——中发现强劲的和精确的心智一样，我们也同样能够在英国之外遇见广博的和浅薄的心智。

伽桑狄具有这样的心智。

在使伽桑狄和笛卡儿卷入辩论的著名讨论中，帕斯卡如此明确定义的两种理智类型之间的对照以十分有力的方式呈现出来。[①] 伽桑狄多么强烈地坚持"心智实际上与想象官能没有区别"的论据;他多么有力地断言:"想象与理智没有区别","在我们身上只存在一种官能,我们借以普遍地了解一切事物"![②] 笛卡儿多么傲慢地回答伽桑狄:"我就想象说过的话是足够清楚的,倘若人们希望警惕它的话,但是用不着奇怪,对于那些没有沉思他们想象的东西的人来说,我的观点似乎是含糊的!"[③]两位对手好像都理解,他们的争辩正在呈现不同于在哲学家中间如此频繁地进行的大多数论战的局面,它不是两个人或两种学说之间的争执,而是两个类型的心理即博而浅的心理对强而窄的心理之间的斗争。**嗬,心灵!** **嗬,心智!** 伽桑狄大声呐喊,向抽象的斗士发起挑战。**嗬,身体!** 笛卡儿高声回答,以傲慢的轻蔑压垮局限于具体对象的想象。

88

从此以后,我们将理解伽桑狄对伊壁鸠鲁(Epicurus)宇宙论的偏爱。为保全原子极小的尺度,他想象原子酷似他日常有机会看见和接触的物体。伽桑狄物理学的这一具体的特征和想象的易接近性在下述段落中比较充分地显示出来,这位哲学家在其中以他自己的方式说明经院哲学的"赞同"和"反感":"我们必须认识到,这些作用像以较为可观察的方式在物体之间起作用的那样产生;唯一的差异是在后一种情况中粗大而在前一种情况中细小的机制。无论在何处日常的洞察向我们表明吸引和联合,我们都看

① P. Gassendi, *Disquisition metaphysica, seu dubitationes et instantiae adversus Renati Cartesii Metaphysicam, et responsa*.

② P. Gassendi, *Dubitationes in Meditationem* Ⅱ am.

③ *Cartesii*, "*Responsum ad Dubitationem* Ⅴ *in Meditationem* Ⅱ am".

见钩子和绳子，某种勾住的东西和某种被勾住的东西；无论在何处它向我们表明排斥和分离，我们都看见尖钉和长矛，这类或那类促使裂开的物体，等等。为了以同样的方式说明在共同观察下未到来的作用，我们不得不想象没有钩子、绳子、尖钉、长矛以及其他不可察觉的和不可触知的同类器械，不过我们必须由此推断它们并不存在。”①

在科学发展的每一时期，我们在法国人中必定同样偶然碰到在理智上与伽桑狄同类的物理学家，他们要求说明想象能够把握的东西。在给我们时代以荣誉的理论家中间，最灵活、最多产的一位理论家J. 布森纳斯克(J. Boussinesq)以透彻的明晰性表达了某些心智为想象他们就其推理的对象而留下的这一需要：“人的心智在观察自然现象时，除了他无法澄清的许多混乱要素外，他在其中辨认出一个清楚的要素，即由于它的精确性应该是真正的科学知识的对象。这个要素是几何学的要素，它把对象定域于空间，从而容许人们以或多或少理想的方式描述它们、描绘它们或构造它们。它是由物体或物体系的维度和形状组成的，一句话，就是通常所说的它们在给定瞬时的**位形**(configuration)。这些形状或位形的可测量部分是距离或角度，它们一方面被维持着，至少在某一时间内几乎如此，甚至看来好像把它们保持在空间的同一区域，并构成我们所谓的**静止**；它们另一方面不断地和连续地变化着，它们的位置变化被称为**局部运动**或简单运动。”②

89

① P. Gassendi *Syntagma Philosophicum* (Lyons, 1658), Port Ⅱ, Ⅰ, VI, Ch. XIV.

② J. Boussinesq, *Lecons synthétiques de Mécanique générale* (Paris, 1889), p. 1.

物体的这些不同位形和它们从一个瞬时到另一个瞬时的变化是几何学家能够描绘的唯一要素，也是想象能够向它自己描述的唯一事情。因此，按照他的观点，它们是科学的唯一合适的对象。当物理学理论将把定律群的研究还原为这样的局部运动的描述时，它也就真正地构成了。“直到现在，科学就其已确立的部分，或就其能够成为它的结构的一部分考虑，它已从亚里士多德成长到笛卡儿和牛顿，从未被描绘的**质**或状态**变化**的观念成长为已被描绘或领会的**形式**或局部**运动**的观念。”①

布森纳斯克像伽桑狄一样不希望理论物理学是理性的产品，而将把想象从中放逐出去。在这方面，他以突出的程式表达他的思想，这在某种程度上使人回想起开耳芬勋爵的一些言论。

无论如何，让我们不要误解它；布森纳斯克不会追随这位伟大的英国人走到尽头。如果他希望想象在它们的所有部分能够把握理论物理学的结构的话，那么他便不会打算在不与逻辑协同的情况下勾勒他的结构的蓝图。他没有用任何手段容许它们如此缺乏所有秩序和统一，致使它们只不过是由独立的和不连贯的一片砖石建筑的迷宫组成，他在此事上也不会容忍伽桑狄。

法国或德国物理学家出于他们自己的自由意志，是绝不会独自把物理学理论仅仅还原为模型的集合的。那种见解在大陆科学中并不是自发地产生的；它是英国人的输入。

它尤其归因于由麦克斯韦的著作树立的，由这位伟大的物理学家的阐释者和追随者引入科学的时尚。这样一来，从一开始，它

---

① J. Boussinesq, *Théorie analytique de la Chaleur* (Paris, 1901), Vol. I, P. XV.

就明显地以它的最令人困惑的形式之一传布开来。在法国或德国物理学家开始采纳力学模型之前,他们之中的几个人就已经习惯于把数学物理学作为代数模型的集合来对待了。 90

在那些有助于促进这样处理数学物理的样式的最佳人选当中,卓越的海因里希·赫兹被恰当地包括在内。我们听到他宣布:“麦克斯韦理论就是麦克斯韦方程。”依照这个原则,赫兹甚至在系统阐述它之前,就以麦克斯韦方程作为基础提出电动力学理论。① 恰恰是在这些方程还处在没有任何种类的讨论,没有在对它们能够由以推导出的定义和假设做审查之时,它们就被接受了。它们在未把所得到的推论交付实验检验的情况下,就被看做是自足的。

在代数学家方面,如果他不得不研究从所有物理学家接受的和完全被实验确认的原理引出的方程,那么这样的行进方法也许是可以理解的;当发现他对方程的建立和实验证实漠不关心时,我们不应该感到奇怪,须知任何人对二者之一都不抱最少的怀疑。但是,对于赫兹研究的电动力学方程来说,情况并非如此。麦克斯韦在几个场合力图证实它们,但是他所用的推理和运算有许多矛盾、荒谬和明显的错误;实验可以对它们进行的确认只能是十分局部的和有限的。的确,我们不得不面对下述事实:一块被磁化的铁的简单存在与这样的电动力学不相容,这个巨大的矛盾对赫兹来

① H. Hertz, "Ueber die Grundgleichungen der Electrodynamik für ruhend Korper", *Göttinger Nachrichten*, March 19, 1890. *Wiedemann's Annalen der Physik und Chemie*, XL, 577, *Gesammelte Werke von H. Hertz*, Vol. Ⅱ: *Untersuchungen über die Ausbreitung der elektrischen Kraft* (2nd ed.), p. 208.

说是明白的。[①]

人们也许认为,接受这样一个可争论的理论,必定是由于缺乏任何其他能够拥有更为逻辑的基础和更为与事实精密的一致的学说造成的。情况并不是这么一回事。亥姆霍兹提出一种电动力学理论,该理论是从牢固确立的电科学的原理十分逻辑地演进的,这些原理在方程中的阐述免除了在麦克斯韦著作中频繁出现的悖论。他的阐述说明了赫兹和麦克斯韦方程考虑的所有事实,而没

91 有达到实在与该方程针锋相对的反驳。毋庸置疑,理性要求我们偏爱这个理论,但是想象却宁愿选择用赫兹以及亥维赛(Heaviside)和科恩(Cohn)同时形成的优美的代数模型做游戏。这种模型的使用十分迅速地在脆弱得害怕冗长演绎的心智中间传布开来。我们看到麦克斯韦方程在其中毫无争议地被接受的著作增加了,尽管它们是一个被揭露的教条,该教条的荒谬像神圣的宗教玄义一样受到敬畏。

彭加勒比赫兹更为正式地宣告,数学物理学有权利摆脱过于严格的逻辑的束缚,有权利打碎把他的各种理论相互结合在一起的关联。他写道:

"我们不应该自以为避免了一切矛盾。可是我们必须袒护。事实上,两个矛盾的理论都可以成为有用的研究工具,倘若我们不把它们混为一谈,不寻求事物的根底的话。如果麦克斯韦未开辟

---

① H. Hertz, *Gesammelte Werke von*... Vol, Ⅱ: *Untersuchungen über Ausbreitung der electrischen Kraft*(2nd ed.), p. 240.

许多如此新颖、如此歧异的路径，也许读他的书会少受启发呢。”①

这些鼓舞英国物理学的方法在法国实践的话，这些使开耳芬勋爵如此鲜明地倡导的观念自由发挥作用的话，并非没有反响，由于诸多理由反响确实是有力的和长期的。

我既没有提及讲这些话的人的崇高权威，也没有提及它们所表达的发现的重要性，我希望指出的理由是较少合理的，尽管是同样有力的。

在这些理由中，我首先必须提到对舶来品的品味，仿效外国人的愿望，用伦敦的式样装饰心身的需要。在那些宣称麦克斯韦和汤姆孙的物理学比直到现在在法国还是古典的物理学更为可取的人中间，多少人仅仅乞灵于一个基旨(theme)：它是英国的！

而且，对太多的人来说，对英国方法的大声赞扬是忘记他们用法国方法是多么不灵巧，即他们构想抽象观念和遵守严格的推理路线是多么困难的手段。由于丧失心智的力量，他们力图通过采纳广博的心智的向外道路，使人们相信他们具有理智的广博。

可是，如果没有把工业需要列入这些原因之中，那么它们也许还不足以保证英国物理学今日享有的时髦。 92

实业家时常具有广博的心智；组装机器、处理商业事务和管理人的需要，早就使他习惯于清楚而迅速地观看一大堆错综复杂的具体事实。另一方面，他的心智几乎总是十分浅薄的心智。他的日常职业使他远离抽象的观念和普遍的原理。逐渐地，构成理智

① H. Poincaré, *Èlectricité et Optique*, Vol. I: *Les théories de Maxwell et la théorie électro-magnétique de la lumière*, Introduction, p. ix.

力量的官能在他身上萎缩了，这就像感官不再起作用一样。因此，作为最适合于他的理智倾向的物理学理论的形式，英国人的模型不能不呈现在他面前。

自然而然，他期望拥有以那种形式向将要指挥车间和工厂的人阐述的物理学。此外，未来的工程师需要在短时间内培训；他急于用他的知识创造金钱，他不能耗费时间，因为在他看来时间就是金钱。现在，抽象的物理学不了解这样狂热的紧迫性，它尤其以绝对的牢固性预先占据它正在耸立起来的建筑物。它打算在基石上建设，为了达到这一点，它只要有必要就挖掘。它要求那些希望成为它的学生的人，具有用各种逻辑练习训练的、通过数学科学的课程变得易适应的心智；它将不欢迎任何中介或杂多替代它们。如何能够期望使只涉及实用而不涉及真理的人服从这种严格的纪律呢？他们为什么不愿选择后者而偏爱向想象献殷勤的比较迅捷的理论步骤呢？因此，受命教工程学的人渴望采取英国人的方法并教这类物理学——这类物理学甚至在数学公式中看到的也无非是模型。

对于这种压力，他们之中的大多数并未表示抵制，相反地，甚至表现出对英国物理学家承认的秩序的轻蔑和逻辑严格性的敌意。当他们在讲演或专题论文中接纳一个公式时，他们从不询问这个公式是否正确或精密，而仅仅询问它是否方便，是否诉诸想象。对于那些没有麻烦的责任仔细阅读许多专注于物理学应用的著作的人来说，实在无法相信这些著作在多大程度上包含着对一切理性方法和所有精密演绎的敌意。最显眼的不合逻辑的推论和最虚假的运算堆叠在光天化日之中；在工业培训的影响下，理论物

93

理学变成对精确心智的完整性的永恒挑战。

弊病不只是触及到为未来的工程师所准备的教科书和行动方针。由于众多把科学和工业混为一谈的人——这些人看见扬起灰尘、喷吐烟雾、散发臭味的汽车，以为它是人类精神的凯旋车——的敌意和偏见的传播，弊病弥漫到四面八方。高等教育已经被功利主义玷污了，中等教育成为时疫的牺牲品。以这种功利主义的名义，对迄今用来阐述物理科学的方法进行大扫除。抽象的和演绎的理论被排斥，以利于向学生提供具体的和归纳的观点。我们不再思量把观念和原理灌输给年青的心智，而是用数和事实取代它们。

我们不想花费时间长篇大论这些劣等的和被降级的想象理论。

我们将针对势利者评论说，如果模仿外国人的缺点是容易的话，那么要获得概括他们特征的祖传的品质则比较困难；势利者完全能够放弃法国心智的强度，但却无法放弃它的严密性；他们在心智的浅薄性方面易于比得上英国人，但在广博性方面却无法相比。因而，他们将责备他们自己具有脆弱的和狭窄的心智，也就是说，具有虚假的心智。

我们愿提醒不关心公式精确性、只要它方便就行的实业家，低级而虚假的方程由于逻辑的不可预料的报复作用，或迟或早会变成失败的事业、溃决的堤坝、坍塌的桥梁；即使它不是人类生活的导致灾难的报应，它也是财政的崩溃。

最后，我们愿向认为他们仅仅通过教具体事物而正在造就实际人的功利主义者声明，他们的学生或早或迟地将变成机械地应用他们并不理解的公式的例行操纵者;因为只有抽象而普遍的原理才能在未知的领域指导心智,启发心智解决未曾预见的困难。

使用力学模型对于发现来说是富有成效的吗?

为了公正地评价想象类型的物理学理论,让我们不要认为它恰恰就是那些主张使用它,但又不具有心智的广博性的人向我们描述的那样,而为了有价值地探讨它也许需要心智的广博性。让我们认为它恰恰像那些使它产生的具有强大想象力的人,尤其是伟大的英国物理学家描绘的一样。

94

关于英国人在处理物理学时使用的程序,存在一种流行的陈腐见解;按照这一见解,抛弃对旧理论来说是如此重要的逻辑统一的关心,用相互独立的模型代替先前使用的严格联系的演绎,就是把对发现来说显著富有成效的易适应性和自由给予物理学家的探究。

这一见解在我们看来似乎包含十分大的幻想份额。

那些坚持这一见解的人过分经常地把用截然不同的程序做出的发现归因于模型的使用了。

在为数甚多的情况中,模型是用已经形成的理论构造的,而构造模型的或者是该理论的作者本人,或者是其他一些物理学家;此后,模型逐渐使在它之前的抽象理论湮没无闻,而没有抽象理论便不会构想出模型。模型看来好像是发现的工具,而它只不过是阐释的手段。读者若未预先受到告诫,且缺乏闲暇作探流溯源的历史质询,便可能成为这一欺骗的上当者。

以(在1900年巴黎博览会上的)一篇关于科学的报告为例,埃米勒·皮卡(Emile Picard)在这篇报告中以广阔而适度的线条勾勒1900年科学状况的图景。① 请读一下专论当时物理学的两个重要理论——液体状态连续性理论和渗透压理论——的段落吧。情况仿佛是,关于分子及其运动和碰撞的力学模型和想象假设在这些理论的创立和发展中所起的作用是十分巨大的。在向我们提出这样的观点时,皮卡的报告十分准确地反映了每天在课堂和实验室听到的见解。但是,这些见解毫无根据。力学模型的使用在我们面前供研究的这两个理论的创立和发展中几乎未起什么作用。

在液体状态和气体状态之间的连续性的观念是通过实验归纳呈献给安德鲁斯(Andrews)的心智的。正是归纳和概括,也导致詹姆斯·汤姆孙(James Thomson)构想出理论等温线的观念。从作为抽象理论的范式②(paradigm)的学说出发,即从热力学出发, 95 吉布斯(Gibbs)演绎出这一物理学新分支的完美地连在一起的阐明,而同一热力学则为麦克斯韦提供了理论的和实际的等温线之间的基本关系。

当抽象的热力学如此显露出它的多产性时,在范德瓦尔斯(Van der Walls)一方则借助关于分子的本性和运动的假定研究

① *Exposition universelle de 1900 à Paris, Rapport du Jury international* (Paris, 1901), General Introduction, Part, Ⅱ: "Sciences", by Emile Picard, p. 53ff.

② 在法文原版书 P. Duhem, *La Théorie Physique Son Object, Sa Structure*, Paris, Marcel Rivière Èditeur, 1914, p. 139 中,用的是"type des theories abstraites"(抽象理论的类型),其中type一词的含义是"类型,型式,型号,典型,典范",可见它与英语词paradigm有同义之处。——中译者注

液体状态和气体状态之间的连续性。分子运动论假设对这一研究的贡献在于理论等温线方程，从该方程演绎出一个推论即对应态定律。但是，在与事实的接触中，人们不得不承认，在涉及能够保持它们的某种精确度时，对物理学来说，等温线方程太简单了，对应态定律太粗糙了。

渗透压的历史同样是清楚的。抽象的热力学从一开始就为吉布斯提供它的基本方程。热力学在 J. H. 范特霍夫(J. H. Van't Hoff)第一批工作的进程中也是他的唯一指导，而实验归纳给喇乌尔(Raoult)提供了新学说进步必要的定律。当力学模型和分子运动假设开始对后者带来帮助时，它已达到成熟和构成的严格了，事实上它未请求帮助，也未用这种帮助做什么，未把任何东西归功于这种帮助。

因此，在把理论的发现归功于今天拖累它的力学模型之前，必须充分查明，这些模型实际上主导或帮助它诞生，它们不像寄生生长那样出现，也没有缠绕在本已茁壮的和充满活力的树上。

如果我们希望准确地评价模型使用可能具有的富有成效性，也必须充分注意，不要把这种使用与类比的使用混淆起来。

物理学家力图把某一范畴的现象的定律用抽象理论统一和分类，他往往是让类比指导他自己的，他在这些现象和另一范畴的现象之间看到类似。如果后者在一个满意的理论中已经是有秩序的和有组织的，那么物理学家将试图把前者聚集在相同类型和形式的体系中。

物理学史向我们表明，对两个不同范畴的现象之间的类比，也许是在构成物理学理论时发挥作用的所有步骤中最可靠、最富有

96

成效的方法。

例如，正是在光产生的现象和构成声音的现象之间的类比，提供光波动的概念，惠更斯从中引出这样令人惊异的结果。正是这同一类比，后来导致马勒伯朗士、接着导致杨借助类似于描述单声的公式描述单色光。

关于热传播和电在导体内传播的类比洞察，容许欧姆(Ohm)把傅里叶为前者所写的方程彻底地传输到第二个现象范畴。

磁理论和电极化理论的历史只不过是类比的发展，物理学家长期以来就在磁铁和使电绝缘的物体之间观察到类似。多亏类比，这两个理论中的每一个都从另一个的进步中受益。

物理学类比的使用往往采取更为精确的形式。

被抽象理论还原的两个大相径庭的、毫无类似之处的现象范畴可能发生这样的情祝，用来详尽阐述理论之一的方程在代数上等价于表示另一个理论的方程。这样一来，虽然这两个理论由于它们协调的定律的本性而基本上是异质的，但是代数却在它们之间建立起精确的对应。理论之一的每一个命题都在另一个理论中有它的相应物；在第一个理论中被解决的每一个问题在第二个理论中提出并解决类似的问题。按照英国人常用的词语来讲，这两个理论中的每一个都能够用来**阐明**另一个。麦克斯韦说："所谓物理学类比，我意指一门科学的定律和另一门科学的定律之间的部分相似，从而使得两门科学之一可用来阐明另一个。"[1]

关于两个理论的这种相互阐明，这里有其他许多例子中的一

① J. Clerk Maxwell, *Scientific Papers*, I, 156.

个例子：

热的物体的观念和带静电的物体的观念是两个本质上异质的概念。支配在热的良导体群中稳定温度分布的定律和决定在电的良导体群中电平衡状态的定律，从属于绝然不同的物理学目标。97 不管怎样，其目标是分类这些定律的两个理论是用两个方程群表达的，而代数学家却无法把这两个方程群相互区分开来。于是，每当他解决关于稳定温度分布的问题时，他的确在实际上是解决静电学中的问题，反之亦然。

现在，这类在两个理论之间的代数对应，这种一个理论用另一个理论阐明，是价值无限的事情：它不仅带来显著的智力经济——由于它容许人们把为一个理论构造的所有代数工具直接转移到另一个理论，而且它也构成了发现的方法。事实上，可能发生的情况是，在同一代数图式覆盖的这两个领域之一中，实验直觉十分自然地提出问题并启示对它的解答，而在其他领域，物理学家也许不会如此容易地被导致系统阐述这个问题或给它以这样的回答。

因此，在两群物理学定律之间或在两个不同的理论之间，这些诉诸类比的各种方式对于发现来说是富有成效的，但是我们不应该把它们与模型的使用混为一谈。类比在于把两个抽象的体系汇集在一起；无论它们之中的哪一个已知，都有助于猜测迄今未知的另一个的形式，或者二者被系统阐述，它们可相互澄清。虽然在这里没有什么东西能使最严格的逻辑家感到惊讶，但是既没有什么东西恢复使博而浅的心智觉得亲切的步骤，也没有什么东西以想象的使用代替理性的使用，亦没有什么东西拒绝对抽象概念和普遍判断逻辑地进行的理解，为的是用具体集合的幻想代替它。

如果我们避免把实际归功于抽象理论的使用而做出的发现归因于模型的使用,如果我们也谨慎地不把这样的模型使用与类比使用混作一团,那么在物理学进步中想象的理论的准确作用将是什么呢?

在我们看来,这种作用也许将是十分贫乏的作用。

开耳芬勋爵这位物理学家最正式地把对理论的理解与想象模型等量齐观,他以令人钦佩的发现而卓尔不群,但是我们看不出,它们之中的任何一个可能是受到想象的物理学启发的。他的最漂亮的发现,诸如电的热传输,可变电流的性质,振荡放电定律以及许多其他长得无法叙述的发现,都是借助于热力学和经典电动力学的抽象体系做出的。无论何时他要求力学模型做他的助手,他都使他自己局限于阐释或描述已经获得的结果的任务,也就是说, 98
此时他没有正在做发现。

以同样的方式,看来好像是,静电作用和电磁作用模型也未帮助麦克斯韦创立光的电磁理论。无疑地,他力图从这个模型得到这个理论的两个基本公式;然而,他引导他的尝试的真正方式表明,他所得到的结果是他通过某些其他途径获悉的。由于他想以任何代价保留这些结果,他甚至窜改了一个基本的弹性公式。[1]除非统统放弃任何模型的使用,除非借助类比把电动力学的抽象理论推广到位移电流,否则他不能创造他设想的理论。

---

① P. Duhem, Les *Théories électriques de J. Clerk Maxwell*: *Ètudy historique et critique* (Paris, 1902), p. 212.

这样一来,无论在开耳芬勋爵的工作中,还是在麦克斯韦的工作中,都未显示出使用力学模型,而今天人们都却如此乐意地把多产性赋予力学模型的使用。

这意味着这种方法从未启发任何物理学家做出发现吗?这样的断言恐怕是可笑的夸张。发现不服从任何固定的法则。没有一种学说是如此愚蠢,以至于它不可以在某一天能够催生新颖而幸运的观念。决断命运的占星术在天体力学原理的发展中也起了它的作用。

此外,任何一个想否认使用力学模型的有效性的人,也许会发现与最近的一些例子有冲突。我们能够向他引证一下洛伦兹(Lorentz)的光电理论,该理论预期谱线在磁场中加倍,并诱使塞曼(Zeeman)寻找和观察这个现象。我们能够引用J.J.汤姆孙(J.J.Thomson)设想的机制,它们描述了电通过气体和与之相关的奇妙实验。

毫无疑问,这些相同的例子会适宜于讨论。

我们可以观察到,洛伦兹的光电理论虽然建立在力学假设的基础上,但它不再仅仅是模型,而是一个广泛的理论,该理论的各个部分是逻辑相关的和协调一致的。此外,塞曼现象绝没有确认启发该发现的理论,而是首先导致证明洛伦兹理论不能原封不动地坚持,表明它至少需要某些深刻的修正。

我们也能够指出,在J.J.汤姆孙向我们的想象提出的描述和充分观察到的气体离解的事实之间,其关联是松散的关联。也许,与其说力学模型使发现清楚明白地被做出,倒不如说把已经做出的不引人注目的发现与这些事实并置起来。

不过，让我们不要把时间花费在这些健全的观点上。让我们坦率地承认，使用力学模型能够在发现的道路上指引某些物理学家，它还能够导致其他研究结果。至少可以肯定，它没有把就它夸口的丰富贡献带给物理学的进步。当我们把它与抽象理论的丰饶的获得物比较时，它输送给我们知识货舱中的战利品的份额似乎是十分贫乏的。

使用力学模型会压制对于抽象的和逻辑有序的理论的探究吗？

我们看到，在那些推荐使用力学模型的物理学家当中，最杰出的物理学家使用这种理论形式很少作为发现的工具，而是作为阐明的方法。开耳芬勋爵本人没有宣布他构造的如此之多的机械论的非凡预测能力。他仅限于宣称，这样的具体描绘的帮助对于他的理解是不可或缺的，没有它们他就无法达到对一个理论的清楚了解。

强劲的心智为了构想观念，不需要用具体的图像使之具体化，但是却没有理由否认博而弱的心智有权利用它们的形象的想象勾画和描绘物理学理论的对象，须知它们无法方便地构想缺乏形状或色彩的事物。促进科学发展的最好途径是，容许每一种理智形式通过遵循它自己的规律并充分实现它的类型而发展它自己；也就是说，容许强劲的心智以抽象概念和普遍原理为食物，容许广博的心智吃可见的和可触知的事物。一句话，不强迫英国人以法国人的方式思考，或者不强迫法国人以英国人的风格思维。亥姆霍兹详尽阐述了这个十分罕见被理解和被实践的理智自由化原理，他如此强烈地把它赠与精密而强劲的心智：

100　当开耳芬勋爵详尽说明他的旋涡原子理论时，或者当麦克斯韦想象壳层体系假设（其内容是由旋转运动激励的，该假设作为他尝试对电磁作力学说明的基础）时，像这样的英国物理学家显然在这样的说明中更为感到心满意足，尽管他们自己也愿意用物理学的微分方程组十分普遍地描述事实及其定律。至于我，我必须坦言，我仍然依恋这后一种描述模式，我更为坚信它而不是另一个。但是，我原则上不能对这样伟大的物理学家追求的方法提出任何反对意见。①

此外，今天问题不再是了解强劲的心智是否将宽容想象的心智使用描绘和模型；问题宁可说是要了解它们是否将保留把统一和逻辑一致强加于物理学理论的权利。事实上，想象的心智并未把它们自己局限于主张，具体描绘的使用对于它们理解抽象理论是不可或缺的；它们断言，通过针对物理学的每一章创造一个与用来阐明前一章的模型无关的合适的力学模型或代数模型，它们正在满足所有合情合理的理解希望。它们断言，某些物理学家力图在数目尽可能少的独立假设的基础上构造逻辑连贯的理论，这种尝试是一种没有回答健全构成的心智的任何需要的劳动，因此那些其责任是指引学习和定向科学研究的人，应该使物理学家从这种无效的劳动转移开。

---

① H. von Helmholtz 为 H. Hertz 的著作 *Die Principien der Mechanik*（Leipzig，1894）写的序，p. 21.（英译本题为 *The Principles of Mechanics*〔London，1899〕.）

我们每天都反复听到脆弱的和功利主义的心智用一百种不同的形式发出的这些断言，为了使我们坚持逻辑协调的抽象理论的合法性、必要性和卓越的价值，我们将要针对这些断言说什么呢？我们将如何回答这样一个现在以如此紧迫的方式摆在我们面前的问题：借助于几个理论——其中每一个理论都依赖于与支撑其他理论的假设不相容的假设——把几个不同的实验定律群，甚或把单一的定律群符号化是可以容许的吗？

对于这个问题，我们毫不犹豫地回答：**如果我们把自己严格地限制在纯粹逻辑的考虑之内**，那么我们便不能阻止物理学家用几个不相容的理论描述不同的定律群，甚或单一的定律群；我们不能谴责物理学理论中的不融贯。 101

对于那些把物理学理论看作是无机界定律的说明的人而言，这样的声明似乎将是反感至极的。通过假定物质是由某种方式构成的来说明一个定律群，接着又通过假定物质是由大相径庭的方式构成的来说明另一个定律群，这的确是荒诞不经的。说明理论甚至必然应该避免矛盾的出现。

但是，如果我们承认，我们的目的在于确立物理学理论只是打算分类实验定律集合的体系，那么我们怎么能够从逻辑规则引出权利，去责备物理学家为使定律有序而使用不同的分类方法，或者去责备物理学家为了同一定律集合而提出起因于不同方法的各种分类呢？逻辑分类禁止博物学家按照神经系统的结构分类一群动物，按照循环系统的结构分类另一群动物了吗？当软体动物学家首先按照软体动物的神经纤维的排列详述把它们分群的布维埃(Bouvier)体系，然后在研究博雅尼斯(Bojanus)器官的基础上详述做比较的雷米·佩里埃(Rémy Perrier)体系之时,他陷入荒谬绝伦之中了吗?因而,物理学家将在逻辑上有权利首先认为物质是连续的,然后把它视为由分立的原子构成的,有权利用在静止粒子之间作用的引力说明毛细现象,接着赋予这些相同的粒子以急速运动,以便说明热现象。这些不一致没有一个将违背逻辑原理。

显而易见,逻辑只是把一个义务强加给物理学家:不要把他使用的各种各样的分类方法混淆或混合起来。也就是说,当他确立两个定律之间的某种关系时,他在逻辑上务必以精确的方式注意,所提议的方法中哪一个能为这种关系辩护。当彭加勒写下我们已经引用过的话时,他表达了这一点:"事实上,两个矛盾的理论都可以成为有用的研究工具,**倘若我们不把它们混为一谈**,不寻求事物的根底的话。"①

因此,对于任何主张我们必须把摆脱一切矛盾的秩序强加于102 物理学理论的人来说,逻辑并没有提供无可辩驳的论据。如果我们把科学趋向最大的智力经济视做一个原则,那么有强加这样的秩序的充分根据吗?我们不认为如此。

在本章开头,我们表明,各种各样的心智如何可能以不同的方式为出自理智操作的思维经济辩护。我们看到,在强而窄的心智感到它使理论变得更轻巧之处,另一类心智即博而弱的心智会感到及其疲劳。

很清楚,适合于抽象观念的概念、普遍判断的形成和严格演绎

① H. Poincaré, *Èlectricité et Optique*, Vol. Ⅰ: *Les théories de Maxwell et la théorie électro-magnétique de la lumiére*, Introduction, p. ix.

的结构，但却容易在某种程度上抓不住事物复杂集合的心智，将发现理论中的秩序越完美、越少因脱漏或矛盾而零散，则理论相应地越令人满意、越经济。

但是，广博得足以一瞥即把握全异事物的复杂集合的想象却未感到需要使这样的集合保持有序，它一般伴随着脆弱得足以害怕抽象、概括和演绎的理性。把这两种气质结合在其内的心智将发现，把理论的各个片断协调为单一体系的逻辑劳动是值得考虑的，这种劳动给他们带来比洞察那些支离破碎的片断还要多的麻烦。他们将绝不会断定从不融贯到统一的过渡是经济的智力操作。

无论是矛盾律还是思维经济规律，都未容许我们以无可辩驳的方式证明，物理学理论应该是逻辑协调的；那么，我们从什么来源引出有利于这一见解的论据呢？

这种见解是合情合理的见解，因为它来自我们天生的情感，我们无法用纯粹逻辑的思考为它辩护，但是我们却不能完全压抑它。正是那些物理学家只好勉强和懊悔地这样做，他们提出的理论，其各个部分不能配合在一起，其各个章节描绘了如此之多的孤立的力学模型或代数模型。为了看到麦克斯韦理论中的那些矛盾不是故意的或想要的，以及作者希望得到协调一致的电磁理论，只要读一下他在《论电和磁》开头所写的序言就足够了，其中充斥诸多不可解决的矛盾。开耳芬勋爵在构造他的不计其数的和大异其趣的模型时，一直希望有一天可能给出物质的力学**说明**。他乐于认为，他的模型有助于开辟导致这种说明发现的道路。

103

每一个物理学家自然而然地追求科学的统一。这就是全异的和不相容的模型的使用只是最近几年才提出的原因。理性要求理论的各部分都在逻辑上统一，想象期望使理论的这些不同部分用具体的描绘实体化，如果有可能达到对物理学定律做完备而详尽的力学说明的话，那么二者也许看到它们的倾向是结合在一起的。因此，理论家长期以来热情地致力于这样的说明。当这些努力的无效清楚地证明，这样的说明的希望是痴心妄想时，[①]物理学家才确信，倘若做选择，不可能同时满足理性的要求和想象的需要。尤其隶属于理性王国的强劲而精密的心智为了保护物理学理论的统一和严格，不再要求它说明自然定律；受到比理性更强有力的想象引导的博而弱的心智为了以可见的和可触知的形式提出他们的理论的片断，便放弃构造逻辑体系。但是，在后一类人中，至少是在其思想值得考虑的人中，放弃从来也不是全部的和最终的；除了作为暂定的隐蔽所，除了作为打算拆除的脚手架之外，他们从未提供孤立的和全异的建筑物。对于有一天能够看见天才的建筑师按照完美统一的蓝图建设各部分都会发挥功能的建筑物，他们没有绝望。只是那些老是憎恨理智力量的人在把脚手架当做完备的建筑物上犯了错误。

于是，那些能够沉思和认识他们自己思想的人都感到，在他们自身之内有一种不可压抑的对物理学理论的逻辑统一性的追求。而且，这种对理论各部分都在逻辑上相互一致的追求不可分割地伴随着另一种追求：我们在前面已经弄清它的不可抗拒的威力，[②]它就是对作为物理学定律的自然分类的理论的追求。我们确实感

---

① 关于这一点的更详尽的讨论，读者可参阅我的著作 *L'Èvolcction de la Mécanique*(Paris,1903)。

② 参见上面的第二章第四节。

到，如果事物的实在关系——不能用物理学家使用的方法去把握 104
它——在某种程度上在我们的物理学理论中反映出来，那么这种反映便不能没有秩序和统一。要用令人信服的论据证明这一感觉与真理一致，也许是一项超越物理学所提供的手段的任务；当作为这种反映的本源的对象无法看见时，我们把反映能够呈现出来的特征如何分配并归因于什么呢？可是，这种情感以不可遏止的力量在我们心中汹涌澎湃；无论谁在这里看到的只不过是陷阱和欺骗，矛盾律也不能把他驳得哑口无言；但是，常识却会把他逐出教会。

在这种状况中，正像在所有其他状况中一样，科学若不返回到常识，它就会无力确立勾勒它的方法和指导它的研究的原理本身的合法性。在我们最明确地阐述的和最严格地演绎的学说的根底，我们总是再次发现旨趣、志向和直觉的混合集合。分析并非透彻到足以把它们分开或把它们分解为较简单的要素。语言并非精确和灵活到足以定义和阐明它们；可是，这种常识揭示的真理却是如此明晰、如此确定，以致我们既不能弄错它们，也不能怀疑它们；而且，所有科学的明晰性和确定性都是这些常识真理的明晰性的反映和确定性的扩展。

因此，理性没有逻辑论据去中止会打碎逻辑严格链条的物理学理论；但是“自然在理性无力时支持它，但即使在此时也阻止它胡说八道”。[①]

---

① B. Pascal *Pensées*, ed. Havet, Art. 8.

第 二 编

物理学理论的结构

第一章　量和质

理论物理学是数学物理学

在本书第一编展开的讨论精确地告诉我们，当物理学家构造理论时应该具有的目的。

于是，物理学理论将是逻辑地联系起来的命题的体系，而不是力学模型或代数模型的不连贯的系列。这个体系就其目标而言不是提供说明，而是提供包含在一个群内的实验定律的描述和自然分类。

要求把大量的命题用完美的逻辑秩序联系起来，并不是一个微小的或容易满足的条件。数世纪的经验表明，谬误是多么容易溜进看来好像是最无瑕疵的三段论系列。

不管怎样，有一门科学逻辑在其中达到完美的程度，从而使它容易避免错误，而且当它犯错误时也容易辨认错误，这门科学就是数的科学，即算术及其在代数中的扩展。它把这种完美性归功于极其简略的符号语言，在这种语言中，每一个观念都用毫不含糊定义的记号来表示，每一个演绎推理的语句都用与严格固定的法则一致的、把记号组合起来的操作，用其正确性总是容易检验的运算来代替。这种迅速而精确的代数符号体系保证了进步，这种进步几乎完全无视竞争学派的对立学说。

对使十六世纪和十七世纪变得辉煌的天才的声望要求之一是认识到下述真理：物理学在免除不断的、无结果的争论——这些争论概括了直到那时的物理学的历史的特征——时也不会变成明晰的和精确的科学，而且只要它不会讲几何学语言，它也不能要求普遍赞同它的学说。他们按照他们的理解——理论物理学必须是数学物理学——创造了真正的理论物理学。

在十六世纪创造的数学物理学，通过它在自然研究中做出的惊人的、稳定的进步，证明它是物理学的健全方法。今天，在不动108摇最明白的卓识(good sense)[①]的情况下，要否认物理学理论应该用数学语言来表达，这也许是不可能的。

为了物理学理论能够以代数运算链条的形式呈现出来，在理论中使用的所有观念必须能够用数来表述。这导致我们问自己下述问题：在什么条件下，物理属性可以用数字符号指谓？

量和测量

对这个问题的第一个答案立即如下浮现在心智：为了在物理中发现的一个属性可以用数字符号来表示，其充要条件用亚里士多德的语言来讲就是，这个属性属于量的范畴而不属于质的范畴。

① good sense 含有“判断力强”、“机智”、“健全的判断力”、“洞见”等意。我在中译本中把它译为“卓识”，以与“常识，(common sense)对照。——中译者注

用比较容易接受的近代几何学的语言来讲，其充要条件是，这个属性是数量(magnitude)。

数量的基本特征是什么？我们根据什么标志辨认，例如线的长度是数量？

通过把不同的长度相互比较，我们偶然发现相等的和不相等的长度的概念，这些概念呈现出下述特征：

与同一长度相等的两个长度彼此相等。

若第一个长度比第二个大，第二个比第三个大，则第一个比第三个大。

这两个特征已经容许我们表达下述事实：两个长度彼此相等使用算术符号＝，写成 $A=B$。它们容许我们用 $A>B$ 或 $B<A$ 的写法表达 A 在长度上大于 B 的事实。实际上，包含在算术或代数中的相等或不相等的记号的唯一性质如下：

1. 两个等式 $A=B$ 和 $B=C$ 隐含等式 $A=C$。

2. 两个不等式 $A>B$ 和 $B>C$ 隐含不等式 $A>C$。

当我们在长度研究中使用这两个性质时，它们还属于相等和不相等的记号。

让我们把几个长度衔接起来，我们得到一个新长度 S，它大于每一个分量长度 A,B,C。即使我们改变使分量衔接的顺序，S 仍不变化；即使我们用使它们衔接的长度代替某些分量长度(例如 B 和 C)，它也不变化。 109

这几个特征授权我们使用算术的加法记号，以表示存在于把几个长度衔接起来的操作，并写为 $S=A+B+C+\cdots\cdots$

事实上，由我们刚才说过的话，我们能够写出：

$$A+B>A, A+B>B$$

$$A+B=B+A$$

$$A+(B+C)=(A+B)+C$$

现在,这些等式和不等式表示算术的唯一基本的公设。在算术中为结合数而构想的所有运算法则将被扩展到长度。

这些扩展的最直接的是乘法的扩展;把 n 个彼此相等且等于 A 的长度衔接起来而得到的长度可以用符号 $n\times A$ 来表示。这个扩展是长度测量的起点,它将容许我们用数表示每一个长度,而针对所有长度一旦选定的某个长度标准或单位的名称伴随着这个数。

让我们选定这样的长度标准,例如米,它是在十分特殊的条件下由放置在国际度量衡局某个金属杆给予我们的长度。

某些长度可以用 n 个等于一米的长度的衔接来复制;名称米紧随的数 n 将恰当地表示这样的长度;我们说它是 n 米长。

另外的长度不能用这种方式表示,但是当 q 个相同的截段一个接一个相继放置能重新产生一米的长度时,它们便能够用 p 个相等的截段衔接起来复制。当我们陈述用名称米紧随的分数 p/q 时,这样的长度将完全是已知的。

不可通约数也可以后随标准的名称,它也容许我们表示任何不属于我们刚才定义的两个范畴中无论哪一个的长度。简而言之,任何长度无论是什么,当我们说它是 x 米长时,它将完全已知,不管 x 是整数、分数还是不可通约数。

于是,我们借以表示把几个长度衔接起来的操作的 $A+B+C$ 的符号加法,将可以用真正的算术和代替。它将足以用相同的单

110

位例如米来测量每一个长度 $A,B,C,\cdots\cdots$；我们从而得到米数 a，$b,c,\cdots\cdots$。由 $A,B,C,\cdots\cdots$ 衔接而形成的长度 S 也可用米来测量，它将用与测量长度 $A,B,C,\cdots\cdots$ 的数 $a,b,c,\cdots\cdots$ 的算术和相等的数 s 来表示。我们用表示这些长度的米数的算术等式

$$a+b+c+\cdots\cdots=s$$

代替分量长度和总量长度之间的符号等式

$$A+B+C+\cdots\cdots=S。$$

这样，通过标准长度的选择和通过测量，我们把体现用长度完成操作的权力交给为表示用数进行的操作而形成的算术和代数记号。

就面积、体积、角度和时间而言，能够重复我们刚才就长度所说的话；所有是数量的物理属性都会显示出类似的特征。在每一个案例中，我们应该看到，不同的数量状态显示相等或不相等的关系，这些关系可容许用记号＝、＞和＜来表示；我们应该总是能够把这一数量交付下述操作：该操作具有交换和结合的双重性质，从而能够用算术的加法符号即记号＋来表示。通过这种操作，测量便被引入这一数量的研究，从而使人们能够借助于整数、分数或根式的并集以及测量单位充分地定义它；这样的并集以名数(concrete number)的名称为人所知。

量和质

因此，属于量的范畴的任何属性的基本特征如下：量的数量的每一个状态总可以借助同一量的其他较小状态通过加法形成；通

过比第一个量小但却与它是同一类型的量的交换和结合操作，每一个量都是这些较小量的并集，而它们则是它的部分。

111 亚里士多德的哲学用一个过分简明的公式表达了这一点，以致没有给出该思想的全部细节，他说量是具有相互外在的部分的东西。

每一个不是量的属性则是**质**。

亚里士多德说："质是在许多含义上被采用的那些词之一。"由其构成圆或三角形的几何图形的形状是质；诸如热或冷、亮或暗、红或蓝之类的物体的可观察的性质是质；处于良好的健康是质；有德行是质；是语法学家、数学家或音乐家都是质。

亚里士多德补充说："存在不或多或少受影响的质：圆不是或多或少圆的；三角形不是或多或少三角的。但是，大多数质是或多或少易受影响的；它们能够有强度；白的事物能够变得更白。"

乍一看，我们被诱使确立同一质的各种强度和同一质的数量的各种状态之间的相关，也就是说，比较强度的提高(intensio)或强度的降低(remissio)与长度、面积或体积的增加或减小。

$A,B,C,\cdots\cdots$是不同的数学家。A可能是像B一样好的数学家，或更好一些，或不是如此好的数学家。若A是像B一样好的数学家，B是像C一样好的数学家，则A是像C一样好的数学家。如果A是比B好的数学家，B是比C好的数学家，则A是比C好的数学家。

A,B,C是红材料，我们正在比较它们的色彩的浓淡。材料A可能像B一样鲜红，或较少鲜红，或比材料B更鲜红。若A的浓淡像B的浓淡一样鲜明，B的浓淡像C的浓淡一样鲜明，则A的浓淡像C的浓淡一样鲜明。若材料A比材料B更深红，后者比材

料 C 更深红，则材料 A 比材料 C 更深红。

这样，为了表达同一类型的两个质具有或不具有同一强度，我们能够使用记号＝，＞和＜，这些记号将保持它们在算术中拥有的相同的性质。

量和质之间的类比在此打住。

我们看到，大量总是通过同一类型的若干小量相加形成的。一袋小麦内的大量麦粒总可以通过小麦堆——每一堆包含着少量麦粒——的积累得到。世纪是年的接续；年是日、小时和分的接续。几英里的路是由徒步旅行者跨出的每一步的短截段首尾相接通过的。大面积的田野可以被分割为较小面积的田块。 112

像这样的事不能应用于质的范畴。把你能够发现的那么多的平庸数学家聚集在一个大会上，你将没有阿基米德或拉格朗日(Lagrange)的匹敌者。把暗红色的零头布缝合在一起，得到的布片将不是鲜红的。

某一类型和强度的质不能以任何方式来自同一种类但却强度较小的几个质。质的每一强度都具有它自己的个体特征，这种个体特征使它绝对不相似于较小的和较大的强度。某一强度的质不能把同一质作为它自己的组成部分包括进来而变得更强烈。沸水比沸酒精热，沸酒精比沸乙醚热，但是无论酒精的沸点还是乙醚的沸点都不是水的沸点的一部分。无论谁说沸水的热是沸酒精的热和沸乙醚的热之和，都是胡说八道。① 狄德罗(Diderot)曾经开玩

① 不用说，它被理解为，我们是在它的日常意义上谈论“热”一词，该词与物理学家赋予“热(的)量”的东西毫无共同之处。

笑地问道,加热炉灶需要多少雪球;该问题仅仅使把量和质混为一谈的人感到窘迫。

就这样,我们在质的范畴中没有发现类似于借助是其部分的小量形成大量的东西。我们没有发现值得"加法"的名称并可以用十号表示的交换和结合这两种操作。起源于加法观念的测量不能捕获质。

纯粹定量的物理学

每当属性能够被测量或者是量时,代数语言就变得易于表达这一属性的不同状态。代数表达的这种倾向对量来说是特有的吗,质完全被剥夺了吗?在十七世纪创造数学物理学的哲学家肯定是这么想的。因此,为了实现他们追求的数学物理学,他们必须 113 要求他们的理论毫无例外地只处理量,严格地排除任何定性的概念。

而且,上述这些哲学家都在物理学理论中看到的不是经验定律的描述,而是经验定律的说明。对他们来说,结合在物理学理论的命题中的观念不是可观察的性质的记号和符号,而是潜藏在外观之下的实在的真正表达。因此,我们的感官呈现给我们的物理宇宙是量的庞大集合,它作为量的体系提供给心智。

迎接十七世纪的伟大科学革新者的这些共同追求在笛卡儿哲学的创造中达到顶点。

从物质事物的研究中完全消除质是笛卡儿物理学的目的和实际定义的特点。

在科学中，只有算术及其向代数的扩展摆脱了从质的范畴借用的任何概念，唯有它符合为完备的自然科学提出的理想。

当心智进入几何学时，心智便碰到定性的要素，因为这门科学依旧“如此局限于图形的考虑，以致它在不使想象感到疲惫不堪的情况下便不能进行理解。”“古人反对在几何学中使用算术术语，这种顾忌只能来自他们没有清楚地看到它们的关系，从而在他们说明它们的方式方面造成了模糊和困难。”当我们除去几何形式和形状的定性概念，而只保留距离和把所研究的不同点的相互距离关联起来的方程的定量概念时，这种模糊和困难必定会消失。虽然各种各样的数学分支的对象具有不同的本性，但是它们在这些对象中不考虑“除各种关系或在关系中发现的比例以外的任何东西”，以致足以用代数方法一般地处理这些比例，而不涉及在其中遇到它们的对象或在其中使它们具体化的图形；从而，“数学家必须考虑每一件事化归为同一类型的问题，即确定某一方程的根的值。”全部数学被化归为数的科学，在其中仅处理量；质在其中不再有任何位置。

质从几何学中被消除了，现在必须从物理学中取缔它们。为了成功地做到这一点，把物理学化归为数学，即变成只有量的科学就足够了。这就是笛卡儿着手完成的任务：114

“我不承认物理学中的原理在数学中却不能被接受。”“因为我坦率地表白，不承认除能够具有一切种类的分度、位形和运动——几何学家称这些东西为量，他们把这些东西看做是它们证明的对象——的物质之外的物质事物中的其他实物；在这种物质中，我绝对只考虑分度、位形和运动。关于它们，我不承认不能从我们无法怀疑的公理演绎出的东西是真的，而演绎又是以如此明显的方式进行的，以至演绎相当于数学证明。正如我们在结果中将要看到的，因为一切自然现象都可以用那种方式说明，所以我认为，我们不应该承认物理学中的其他原理，也不应该对任何其他类别抱有希望。"[1]

那么，首先物质是什么？"它的本性不在于硬度，也不在于重量、热或其他这类质"，而仅仅在于"长度、宽度和深度方面的广延"，在于"几何学家称为量"[2]的东西或体积。因此，物质是量；物质某一部分的量是它占据的体积。容器包含像它的容积那么多的物质，不管它是用水银充满还是用空气充满。"那些主张把物质的实物与广延或量区分开来的人，或者没有归入名称实物之下的东西的观念，要不就是弄混了非物质的实物的观念。"[3]

运动是什么？也是量。使一个系统的每一个物体包含的物质的量乘以使它运动的速度，把所有乘积加在一起，你就有该系统的运动量。只要该系统不与任何外部物体碰撞——外部物体把运动转给它或者从它那里得到运动，它将保持不变的运动量。

这样一来，单一的、均匀的、不可压缩的和非弹性的物质遍及整个宇宙，对于物质我们只知道它是广延的。这种物质可以分为各种形状的部分，能够使这些部分相互之间进入不同的关系。构成物体的东西的唯一真正的性质是这样的，影响我们感官的所有表观的质都可以还原为这些性质。笛卡儿物理学的目标就是说明

115

① R. Descartes, *Principia philosophiae*, Part Ⅱ, Art LXIV.

② *Ibid.*, Part Ⅱ, Art. IV.

③ *Ibid.*, Part Ⅱ, Art. IX.

如何进行这种还原。

引力是什么？是以太物质的旋涡在物体上产生的效果。热的物体是什么？是"以十分突然的和剧烈的运动相互扰动的小部分组成的"物体。光是什么？是火热的物体的运动施加在以太上的、即时地传播到最远距离的压力。物体一切性质无一例外地用下述理论来说明：我们在这个理论中只考虑几何广延、能够用广延来描绘的不同的位形以及这些位形能够具有的不同的运动。"宇宙是一台机器，其中除了它的部分的形状和运动，根本无须考虑任何东西。"于是，整个物质自然的科学被化归为一种普适的算术，质的范畴从中被基本取缔了。

同一质的各种强度可以用数表达

正如我们设想的，理论物理学没有能力把握潜藏在可观察的外观之下的物体的实在的性质；因此，在不超越它的方法的合理范围的情况下，它无法决定这些性质是定性的还是定量的。笛卡儿主义由于坚持它能够做出有利于定量的决定，因而正在做出在我们看来似乎是站不住脚的主张。

理论物理学没有把握事物的实在；它限于用记号和符号描述可观察的外观。现在，我们希望我们的理论物理学是以作为代数符号或数的组合之符号开始的数学物理学。因此，只要数量能够用数表达，我们就应当不把不是数量的任何概念引入我们的理论。在没有断言万物从物质事物的真正根底上讲仅仅是量的情况下，我们可以承认，在我们用物理学定律的总体构成的图像中，事物只不过是定量的;质在我们的体系中不会有位置。

现在,没有充分的根据赞同这个结论;概念的纯粹定性的特征并不反对使用数使它的各种状态符号化。同一质可以以无限不同的强度显现。可以说,我们能够把一个标签或数附着在这些各种强度中的每一个上,在发现同一质具有同一强度的两种情况下记下同一个数,在第二个例子中所考虑的质比在第一个例子中强的地方,则通过第二个数大于第一个数来识别第二个例子。

116

以作为数学家的质为例。当若干年轻的数学家参加竞争考试时,判卷的主考人给他们中的每一个人打分数,他给在他看来好像是同样好的数学家的两个投考者给相同的分数,而给一个或另一个投考者打较好的分数,倘若在他看来一个也许是比另一个更好的数学家的话。

这些材料片在多种多样的强度上是红的;在货架上陈列它们的零售商用数标记它们;十分确定的红颜色对应于每一个数,红色的鲜明度越强则数越大。

这里有几个被加热的物体。这第一个物体像第二个一样热,比它热或比它冷;而那个物体在这一瞬时却比这一个物体热或冷。对我们来说,像我们设想的那么小的物体的每一部分似乎被赋予我们称之为热的质,当我们把物体的一部分与另一部分比较时,这种质的强度在给定的瞬时并不是相同的;在物体的同一点,它从一个瞬时到下一个瞬时变化着。

我们在我们的论证中可以讲这种热的质和它的各种强度,不过希望尽可能多地使用代数语言,我们进而用数的符号的语言即温度代替这种热的质。

于是,温度将是在每一瞬时赋予物体每一点的数;它将与在那一点和那一瞬时呈现的热关联起来。两个在数值上相等的温度将与两个相等强度的热关联在一起。如果它在一点比在另一点热,那么在第一点的温度将是比在第二点的温度较大的数。

因此,如果 M, M', M'' 是不同的点,如果 T, T', T'' 是表示这些点的温度的数,那么等式 $T=T'$ 与如下语句具有相同的意义:在点 M' 像在点 M 一样暖和。不等式 $T'>T''$ 等价于语句:在点 M' 比在点 M'' 暖和。

使用数、温度描述作为质的热的强度,完全依赖于下述两个命题:

若物体 A 与物体 B 一样热,物体 B 与物体 C 一样热,则物体 A 与物体 C 一样热。

若物体 A 比物体 B 热,物体 B 比物体 C 热,则物体 A 比物体 C 热。 117

事实上,这两个命题足以能够使记号=,>和<表示热的不同强度的可能关系,就像它们容许既表示数的相互关系,又表示同一质的数量的不同状态的相互关系一样。

如果我被告知,两个长度分别用数五和十度量而没有任何进一步的暗示,那么这正在给我关于这些长度的某种信息:我知道,第二个长度比第一个长,甚至它是第一个的两倍。不过,这种信息是十分不完备的;它将不容许我复制这些长度之一,甚或不容许我了解其长度是大还是小。如果我不满足在测量两个长度时只给出数五和十,而被告知这些长度是用米测量的,如果向我出示标准米或它的复制品,那么这种信息将是比较完备的。此时,我将能够复制和实现这两个长度，不管我何时希望这样做。

因而，只有当我们把代表单位的标准的具体知识与数量结合起来，测量同一类型的数量的数才能充分告诉我们这些数量的信息。

在竞争中考一些数学家；我被告知他们赢得分数五，十和十五，而且还向我提供了有关他们的某种信息，例如这种信息容许我把他们加以分类。但是，这种信息是不完备的，不容许我形成各自的才干的观念。我不知道给予他们的分数的绝对的值；我缺乏这些分数涉及的尺度的知识。

类似地，如果我只是被告知，不同物体的温度用数十，二十和一百来表示，那么我获悉第一个物体不像第二个那样热，第二个不像第三个那样热。但是，第一个物体热还是冷？它能够还是不能够融化冰？最后一个物体会烧伤我吗？它能煮熟鸡蛋吗？只要没有给我这些温度十，二十和一百所涉及的温度计的尺度，也就是说，只要没有给我一种程序容许我以具体的方式实现数十，二十和一百所指示的热的强度，我就不知道上述事情。如果给我一个内装水银的分度的玻璃管，如果告诉我，每当我看见温度计插入水中水银升到十，二十和一百时，水的质量的温度应被视为等于这些刻度，那么我的怀疑将一散而光。每当温度的数值指示给我，要是我希望的话，我都能够在实际上认识到，水的质量将具有那个温度，由于我拥有上面标明它的温度计。

118

正如数量不仅仅由抽象的数而且也由与有关标准的具体知识结合在一起的数定义一样，以相同的方式，质的强度也不完全是用数的符号表示的，而必须把适合于得到这些强度的尺度的具体程序与这种符号结合起来。只有这一尺度的知识容许我们给代数命题以物理意义，我们是就表示所研究的质的不同强度的数陈述这些代数命题的。

当然，用来作为标度一种质的不同强度的尺度，总是以这种质作为它的原因的某一定量的结果。我们以这样的方式选择这个结果，以至当促使它的质变得更强时，它的数量正好增加。例如，在用热物体围住的玻璃容器中，随着物体变得更热，水银经受的表观膨胀变得更大；这就是温度计提供的定量的现象，这容许我们构造适合于用数标度热的不同强度的温度尺度。

在质的领域，没有为加法留有余地；然而，当我们研究提供合适尺度——按此尺度标度质的不同强度——的定量的现象时，加法可以应用。热的各种强度是不可加的，但是在固体容器中的液体的表观膨胀是可加的；我们能够得到表示温度的几个数之和。

从而，尺度的选择容许我们用服从代数运算法则的数的考虑代替质的各种强度的研究。当以往的物理学家用假设性的量代替向感官暴露的定性的性质，并在测量那个量的数量时，他们寻找的有利条件屡屡能够在不使用那种假设性的量，而仅仅通过选择合适的尺度得到。

电荷将向我们提供这方面的例子。

在十分小的带电体中，实验起初向我们表明的是某种定性的东西。这个带电的质好像不再是单纯的了；它能够具有两种彼此相反和相互消灭的形式：树脂的（负的）和玻璃的（正的）。　119

不管小物体的带电状态是树脂的还是玻璃的，它都可能或多或少是强有力的；它能够具有不同的强度。

富兰克林、厄皮努斯、库仑、拉普拉斯、泊松，所有电科学的创造者都不会让质进入物理学理论的构成之中，只有量才有权利进入。由此，在向他们的感官显示的电荷这种质之下，他们的理性寻求量、"电量"。为了达到对这种量的理解，他们设想，两种电荷中的每一种都归因于在带电体内存在着某种"电场"；带电体显现电荷强度随电流体的质量而变化；这个质量的数量于是产生电量。

这种量的研究在该理论中享有中心的作用，这一作用出自这样两条定律：

只要不把物体群相互隔绝，散布到这个群上的电的量之代数和(在代数和中，玻璃电的量在前面加＋号，树脂电的量在前面加－号)不改变。

在给定的距离，两个小带电体相互排斥，排斥力与它们携带的电的量之积成正比。

现在好了，在不诉诸假设性的和十分不可能的电流体的情况下，在不剥夺我们的直接观察赋予电荷的定性的性质的情况下，这两个命题能够保持完好无损。我们必须做的一切就是选择合适的尺度，我们把电的质的强度归属于这个尺度。

让我们以总是相同的方式选取一个带玻璃(正)电的小物体；在固定的距离，我们使每一个小物体——我们希望研究它们的电状态——作用于它。它们中的每一个将把力施加在第一个物体上，我们将能够测量力的大小，并且当存在排斥时给力附加＋号，当存在吸引时给力附加－号。于是，每一个带玻璃电的小物体将对第一个物体施加正力，它的大小随它的电荷的强度的增大而增大；每一个带树脂电的将施加负力，它的绝对值将随其上的电荷的

120

更加强大而成比例地增加。

正是这种力，即可测量的和可相加的定量的要素，我们将选取它作为电测量的尺度，我们将应用不同的正数表示玻璃电的各种强度，应用不同的负数标示树脂电电荷的各种程度。如果我们希望的话，我们能够把"电量"这个名称给予用这种电测量方法提供的数或读数；此时，电流体学说系统阐述的两个基本命题将再次变成有意义的和真实的。

对我们来说，似乎没有更好的例子使下述真理变得明显了：为了使物理学成为普适的算术——这正是笛卡儿想要做的，根本没有必要仿效这位伟大的哲学家排除所有的质；因为代数的语言容许我们满意地就质的各种强度推理，就像就量的各种大小推理一样。

121

第二章　原始质[①]

论原始质的过多增加

从经验给予的物理世界当中，我们将分离出在我们看来好像应该被视为原始的质。我们将不试图说明这些质或把它们还原为其他更隐蔽的属性。我们将接受它们，完全像我们的观察手段使我们获得它们那样，而不管它们是以量的形式呈现给我们，还是作为可感知的质给予我们；无论在两种情况中的哪一个，我们将把它们看做是不可还原的概念，看做是必须构成我们理论的真正要素。但是，我们将把这些定性的或定量的性质与对应的数学符号关联起来，这将容许我们借用代数语言就它们推理。

这种进行方式将使我们干下滥用的蠢事吗？要知道，由于滥用，文艺复兴的科学的促进者苛刻地责骂经院物理学，他们还严格地和明确地把它交付审判。

无疑地，我们把近代科学归功于他们的科学家或学者，不应该宽恕经院哲学家反对用数学语言讨论自然定律。伽桑狄呐喊："如

---

① 原始质(primary quality)，也可译为"第一性的质"。——中译者注

果我们知道任何事物，那么我们是借助数学知道它的；但是，有些人却对事实的真实的和合理的科学漠不关心！他们依恋蝇头琐事！”[①]

但是，这还不是物理学的革新者对经院学者产生的最经常的和最尖锐的抱怨。尤其是，他们的控告在于，经院哲学家每当看见一个新现象，他们就发明一种新质，从而赋予他们既未研究又未分析的每一个效应以特殊的功能，并设想在他们只给出一个名称时，他们便给出说明。他们因而把科学转化为徒劳的和矫饰的行话隐语。

伽利略常说：“这种哲学化的方式使我想起与我的一位朋友在绘画时持有的方式十分类似；他用粉笔在油画布上写道：‘在这里，我想要一个喷泉，再加上狄安娜(Diana)女神和仙女以及数只猎狗；在那里，我想要一位猎人和牡鹿头；在远处，我想要小树林、田野和丘陵’；然后，他把画这一切东西的麻烦留给美术家便扬长而去，他相信他只要给出一些名字，美术家会画好 Acteon[②] 的变形。”[③]莱布尼兹则把两种方法加以比较：一种方法是在每一种场合引入新形式和新质的哲学家在物理学中所遵循的方法，另一种方法是“满足于说时钟具有从它的形式来源的类似时钟的质而不

122

① P. Gassendi, *Exercitationes paradoxicae adversus Aristotelicos* (Grenoble, 1624), Problem Ⅰ.

② Acteon 又拼写为 Actaeon。其意是：猎人转向牡鹿，让他自己的猎狗咬死牡鹿，为的是看月亮和狩猎女神阿尔特弥斯(Artemis)洗浴。这里的阿尔特弥斯是希腊神话中的女神，而前面的狄安娜则是罗马神话中的月亮和狩猎女神。——中译者注

③ Galileo, *Diologo sopra i due massimi sistemi del mundo* (Florence, 1632), “Giornata terza.”

考虑后者存在于什么之中"的哲学家在物理学中所遵循的方法。[①]

发现用言辞偿还是方便易行的心智的懒散，和发现用言辞支付他人是有利可图的理智的不诚实，都是在人类中广为流行的恶习。肯定地，经院物理学家往往深深地沾染这些恶习，他们如此迅速地赋予每一个物体的形式以他们的模糊的和肤浅的体系所宣布的全部功能。但是，承认定性的性质的哲学并没有这些缺点的令人悲哀的垄断权，因为我们发现他们也处在为把一切事物还原为量而自豪的学派的追随者之中。

例如，伽桑狄是一位心悦诚服的原子论者；对他来说，每一种可观察的质都仅仅是外观；在实在中存在的无非是原子，它们的形状、聚集和运动。但是，如果我们请他按照这些原则说明基本的物理的质，也就是说如果我们问他："味道是什么？气味是什么？声是什么？光是什么？"那么他会如何回答我们呢？

"正是在我们叫做有味道的事物中，味道似乎仅仅在于这样构造的微粒：借助敏锐的舌头或腭，它们影响这个感官的组织，并使它以引起我们称之为味道的感觉的方式运动。"

实际上，气味似乎无非是这样构造的一些微粒：当它们散发和弥漫到鼻孔时，它们如此适宜于这些器官的组织，以致产生我们称之为嗅觉或气味的感觉。"

"声似乎仅仅是这样一些微粒：它们是以某种式样构造的，从发声体急剧地传播到远处，进入耳朵，使它处于运动，并引起所谓

123

① G. W. Leibniz, *Die philosophischen Schriften*, 7vols., ed. C. I. Gerhardt (Berlin, 1875-1890). IV, 434.

听到的感觉。”

“在发光体中，光似乎无非是十分精细的微粒，它们以某种式样构造，由发光体以难以置信的速度发射出来；它们进入视觉器官，易于使它运动，并造成视感觉。”[1]

正是一位亚里士多德学派的博学的学者，当有人问：

鸦片使人麻醉，

其原因和理由是什么？

他回答说：

因为在鸦片中，

存在着麻醉的效能，

其本性促使感官变得昏昏欲睡。

假如这位科学的青年骑士放弃亚里士多德，并使他自己成为原子论者，那么莫里哀(Molière)无疑会在伽桑狄家里举行的哲学讲演中遇见他，这位伟大的喜剧作家常到伽桑狄家拜访。

而且，笛卡儿主义者在如此凯旋似的大肆共同嘲笑中也许犯了错误，他们任凭亚里士多德主义者和原子论者陷入奚落之中。当帕斯卡写下面的话时，他必定想起这些笛卡儿主义者之一：“有些人极其荒谬地用同一词说明一个词。我知道，他们中的一个人如下定义光：‘光是发光的物体的发光体的运动’，仿佛我们在不理解‘光’的情况下能够理解词‘发光体’和‘发光的’。”[2]

---

① P. Gassendi, *Syntagma philosophicum* (Florence, 1727), I, V, Chs. IX, X, XI.

② B. Pascal, *De l'esprit géométrique*.

事实上，暗指的是诺埃尔（Noēl）神父，他是笛卡儿在拉弗莱舍（La Flèche）书院的早先的老师，笛卡儿后来成为他的热情的门徒之一。笛卡儿在就真空致帕斯卡的信中写道："光，或者更恰当地讲光亮，是构成明亮物体的射线的发光运动，它们充满透明的物体，除非通过其他明亮的物体它们不发光地运动。"

当人们把光归因于发光的效能、发光的微粒或发光体的运动时，他分别是亚里士多德主义者、原子论者或笛卡儿主义者；但是，如果人们夸口以那种方式把极小量的东西增添到我们关于光的知识中，那么他便没有健全的心智。在全部学派中，我们都发现具有虚假的心智的人，当他们仅仅把空想的标签贴到酒瓶上时，还以为他们自己是把珍贵的美酒装满瓶子；但是，充分诠释的物理学学说一致谴责这种幻想。因此，我们应该集中全力避免它。

124

原始质是事实上不可还原的质，而不是用定律不可还原的质

而且，我们的原则使我们警惕思想的滑稽模仿，这种模仿在于把存在被说明的各种结果那么多或几乎那么多的不同质加于物体。我们打算给物理学定律群以尽可能简单、尽可能概要的描述；我们渴望达到可以实现的最完备的思维经济。因此，很清楚，为了构造我们的理论，我们将使用最少数的被视为原始的概念和被看做是简单的质。就此而论，我们将大力推行分析和还原的方法，这种方法分解复杂的性质，尤其是分解感官把握的复杂性质，并把它们还原为少数基本的性质。

我们将如何知道,我们的分解被推进到真正的终点,在我们分析的终点之处的质本身不能被分解为更简单的质呢?

企图构造说明理论的物理学家依据他们使自己服从的哲学箴言决定试金石和试剂,以便使他们辨认质的分析是否识破要素。例如,只要原子论者未把物理效应还原为原子的大小、位形、作用和碰撞定律,他了解他的任务没有完成;只要笛卡儿主义者在质中找到除"赤裸的广延及其变态"之外的某种东西,他便肯定没有达到它的真实的本性。

在我们方面,如果我们没有宣布说明物体的性质,而只是给它们以浓缩的代数描述;如果我们在构造我们的理论时不宣告任何形而上学原理,而仅打算使物理学成为自主的学说;那么我们将到哪里寻找标准,以容许我们宣称,如此这般的质是真正简单的和不可还原的,或者如此这般的复合注定可以更为透彻地分解呢?　125

当我们认为一种性质是原始的和基本的,我们无论如何将不断言,这种质就其本性而言是简单的和不能分解的;我们将宣称,我们把这种质还原为其他质的一切努力都失败了,我们分解它是办不到的。

因此,每当物理学家弄清一组迄今未观察到的现象或发现一群明显表现出新性质的定律时,他将首先研究,这种性质是不是先前未曾料到的、在流行理论中被接受的已知的性质的组合。只是在他做出各种各样的努力失败后,他才决定把这种性质看作是新的原始质,并把新的数学符号引入他的理论。

H. 圣-克莱尔·德维尔(H. Saint-Claire Deville)在描述当他

辨认第一个分离的现象，他的思想犹豫不决时写道："每当发现**例外的**事实，实际上强加在科学人身上的第一项工作——我将要说第一项责任——是竭尽全力，以便借助说明促使把该事实归入共同的法则之下，有时这需要比发现本身还要多的劳作和思考。当我们成功时，我们可以说在扩展物理学定律的范围和增加庞大分类的简单性和普遍性方面十分心满意足。……但是，当例外的事实逃脱每一个说明时，或者当它至少阻止有意识做出的使它服从共同定律的全部努力时，我们就必须寻找其他类似于它的事实；当找到它们时，必须借助已形成的理论**暂时地**分类它们。"①

当安培发现两条电线——每一个都与电池组的两极之一连接在一起——之间的力学作用时，电导体之间的吸引和排斥长时期是已知的。在这些吸引和排斥中显示出来的质已被分析；它是用合适的数学符号即每一物质要素的正电荷或负电荷来表示的。这一符号的使用导致泊松建立起数学理论，该理论最巧妙地描述了库仑确立的实验定律。

126　把质引入物理学是完成的事实，而新近发现的定律不能被还原为这种质吗？按照库仑和泊松理论凸现的基本论题，通过承认某些电荷适当地分布在这些金属线的表面或在它们之内，而且这些电荷与距离的平方成反比地相互吸引或排斥，人们不能够说明施加在闭合回路中的两条金属线之间的引力和斥力吗？物理学家询问和研究这个问题是合情合理的；如果他们之中的某一位成功

① H. Sainet-Claire Deville, "Recherches sur la déconposition des corps par la chaleur et la dissociation", *Archives des Sciences physique et naturelles* of the Bibliothéque Universelle, new period, IX(1860), 59.

地给它以肯定的回答，并把安培观察到的作用定律还原为库仑确立的静电学定律，那么他便会给我们以摆脱考虑除电荷之外的任何原始质的电理论。

把安培明确提出的力的定律还原为静电作用的尝试是所有增加的尝试中的头一批。但是，法拉第打断这些尝试，他表明这些力能够引起连续旋转的运动。事实上，只要安培获悉这位伟大的英国物理学家发现的现象，他就理解它的全部重要性。他说，这一现象"证明从这两个带电导体发出的作用，不可能像通常的电吸引和电排斥那样归因于某些处于静止的流体在这些导体中的特殊分布"。① "事实上，从作为运动定律的必然结局的活力守恒原理出发，必定可以得出，当基元力——在这里是与距离的平方成反比的引力和斥力——用它们在其间作用的点相互距离的单叶函数表达时，如果这些点中的一些持续地彼此相关，仅仅由于这些力运动，而另一些点依然是固定的，那么头一批点相对于第二批点而言，不能以大于当它们从那个位置开始时它们具有的速度返回同一位置。现在，在一个固定点施加在运动导体的连续运动中，前者的所有点以随每一旋转增加的速度返回同一位置，直到导体一端浸入的酸电堆的摩擦和阻力使这个导体的转动速度停止增加为止，此后不管摩擦和阻力，转动速度变为恒定的。 127

"因此，这完备地证明，我们通过假定以与距离成反比作用的电分子分布在导线上，不能阐明两个伏打(Volta)导体的作用产生

① A. M. Ampère, "Exposé sommaite des nouvelles expériences électrodynamiques", 一八二二年四月八日在科学院宣读，*Journal de Physique*, XCIV, 65.

的现象。”①

严格的必然性要求，把不能还原为静电的性质归因于伏打导体的各个部分；承认新的原始质是必不可少的，它的存在必须用“电流经过”导线的说法来表达。这种电流看来好像是被约束在某个方向，或受到某个方向向指(sense)的影响。情况表明，或小或大的强度能够通过尺度的选择与或小或大的数关联起来，我们赋予该数以名称“电流强度”。这个电流强度即原始质的数学符号，容许安培发展他的电动力学现象的理论，该理论省却了法国人羡慕英国人为牛顿的光荣而自豪的困窘。

向形而上学学说索要用以发展他的理论的原理的物理学家，从该学说获取标准，他将用这些标准分辨一种质是简单的还是复杂的，这两个词对他来说具有绝对的含义。力求使他的理论成为自主的和独立于任何哲学体系的物理学家，赋予词语“简单的质”或“原始的质”以完全相对的含义；在他看来，它们只不过指谓一种他不可能把它分解为其他质的性质。

化学家归之于词语“简单的物体”或“元素”的意义经历类似的转化。

对于亚里士多德主义者来说，仅有四种要素火、气、水和土值得简单的物体的名称；所有其他物体都是复合的，只要未把它们分解到能够进入它们的合成的四要素这一离析点，分析便未到达终点。类似地，炼金术士了解，在他把其结合构成所有混合物的盐、

① A. M. Ampère, *Thèorie mathèmatique des phènomènes èlectrodynamiques uniquement dèduite de l'expèrience*(Paris,1826)，重印在 Hermann(Paris,1883)，p. 96 的版本上。

硫黄和水银分离之前，他的炼金术的分解技艺便未达到他的操作的终极鹄的。炼金术士和亚里士多德主义者双方都宣称，他们了解以绝对方式概括真正简单的物体之特征的标准。 128

拉瓦锡(Lavoisier)及其学派引导化学家采纳迥然不同的关于简单的物体的观念；它不是某种哲学学说宣称不能分解的物体，而是我们不能分解的物体，即抵制在实验室中使用的一切分析手段的物体。[①]

当炼金术士和亚里士多德主义者讲要素一词时，他们正在骄傲地断言，他们自以为知道进入宇宙中每一个物体的结构之中的质料之真正本性。在近代化学家的口中，同一个词是谦逊的表示，是承认软弱无能；他正在坦白，物体胜利地阻止使它还原的各种努力。

化学以它的丰富多产补偿了这种谦逊。希望类似的谦逊将使理论物理学取得同样的收获是不合理的吗？

质除暂时是原始的之外，从来也不是原始的

拉瓦锡说："因此，我们从来也不能够确信，我们今天认为是简单的东西将来实际上是如此。我们能够说的一切就是，这样的实物是现在化学分析所达到的终点界标，该实物在我们知识的目前状态下不能进一步被分割。可以推测，土实物不久将不再计入简

① 需要了解简单物体的观念经由其掠过的这段话的读者，可以查阅我的著作 *Le Mixte et la Combinaison chimique, Essai sur l'évolution d'une idée*(Paris, 1902), Part Ⅱ, Ch. 1。

单的实物之中。……”①

确实，在一八〇七年，汉弗莱·戴维(Humphry Davy)把拉瓦锡的猜测变为已证明的真理，他证明钾碱和苏打是他称之为钾和钠的两种金属的氧化物。自那时以来，许多长期抗拒每一分析尝试的物体被分解了，现在被从要素的成员中排除出去。

某些物体具有的称号“要素”完全是暂时的称号；正是在比直到现在的分析更精巧、更强大的分析的支配下，分析工具也许将把被看做是简单的实物离解为几种不同的实物。

“原始质”的称号同样是暂时的。今天不能被还原为任何其他物理性质的质，明天将不再是独立的；也许在明天，物理学的进步将使我们在原始质中辨认出长期以来某些显然大相径庭的结果向我们显露出性质的组合。

129

对光现象的研究导致考虑原始质光。人们为这种质指出方向；它的强度绝非是不变的，而是极其迅速的周期变化，每秒钟几百万亿次地自我重复。其长度随这种异常的频率周期性地变化的谱线提供了适合于想象光的几何符号；该符号即光振动借助数学推理用来处理这个质。光振动将是基本的要素，光理论将借助它建立；它的分量将用于写某些偏微分方程和某些边界条件，从而以令人赞叹的秩序和简洁浓缩和分类所有的光传播定律、光的部分反射或全反射、光折射和光衍射。

在另一方面，对像硫黄、硫化橡胶和蜂蜡这样的绝缘实物在带电体存在时显示的现象的分析，导致物理学家把某种性质赋予这

① A. L. Lavoisier, *Traité élémentaire de Chimie*(3rd Cd.), I, 194.

些介电体。在徒劳地尝试把这种性质还原为电荷后，他们不得不决定以名称电极化把它做为原始质看待。电极化在绝缘实物的每一点以及每一时刻不仅具有某种强度，而且也具有某种方向和某种向指，从而线段提供了数学符号，容许人们用数学家的语言谈论电极化。

对安培详细的电动力学的大胆推广，为麦克斯韦提供电介质可变状态的理论。这个理论浓缩和理顺了在绝缘体内产生的所有现象的定律，电介质极化在绝缘体从一时刻到下一时刻变化着。所有这些定律用少数方程概括，其中一些方程在同一绝缘物体的每一点被满足，另一些方程在把两种不同的电介质分开的表面的每一点被满足。

支配光振动的方程都被确立起来，就好像电介质极化不存在一样；电介质极化依赖的方程是通过在其中甚至未提及光一词的理论发现的。

现在，看看这些方程之间的出乎意外的会聚是如何确立起来的。 130

周期地变化的电介质极化必然证实其一切都类似于支配光振动方程的方程。

这些方程不仅具有相同的形式，而且在它们之中出现的系数也具有相同的数值。这样，在真空中或在空气中，起初没有任何电作用使某一区域极化，而一旦开始的电极化便以某一速度传播；麦克斯韦方程容许人们用纯粹电学的程序决定这一速度，其间没有从光学借用任何东西；诸多测量一致同意，这一速度值大约是每秒三十万公里；这个数恰恰等于光在空气或在真空中的速度，这是四种彼此截然不同的光学方法告诉我们的速度。

这个未曾料到的会聚给予的结论是:光不是原始质;光振动无非是可周期变化的电介质极化;麦克斯韦创立的光的电磁理论解决了我们认为是不可还原的性质;它从多年来看来好像与之不相关的质中推出这一性质。

这样一来,理论的进步本身可以导致物理学家还原若干他们起初认为是原始的质,并证明视为截然不同的两种性质只不过是同一性质的两个不同的外表。

我们必须得出结论说,进入我们理论中的质的数目将一天一天地减少吗?作为我们理论化的主题的物质在基本属性方面将越来越不丰富吗,它将倾向于比原子论的或笛卡儿的物质的简单性更简单吗?我认为,这恐怕是急躁的结论。无疑地,理论的真正发展可以不时地产生两种不同的质的融合,类似于光的电磁理论建立的光和电介质极化的融合。但是,另一方面,实验物理学的不断进步屡屡带来新的现象范畴的发现,为了分类这些现象并聚集它们的定律,就必须赋予物质以新的性质。

这两种相反的运动——把质还原为其他质并倾向于简化物质的运动,或者发现新的性质并倾向于使物质复杂化的运动——哪 131 一个将占优势呢?就这个问题系统阐明任何长期的预言也许是轻率的。至少似乎可以肯定,在我们的时代,第二种趋势比第一种趋势强有力得多,并且正在把我们的理论导向越来越复杂的物质概念,在属性方面越来越丰富。

此外,物理学的原始质和化学的简单物体之间的类似,在这里再次是一个引人注目的类似。即使强有力的分析方法把我们今天称为简单的众多物体分解为少数要素的一天也许将要到来，但是还没有某种迹象或可能的预兆容许我们宣布那一天的破晓。在我们自己的时代，化学家在不断发现新的简单物体方面正在做出进步。在半个世纪内，稀有的土继续为已经很长的金属一览表提供新成员；镓、锗、钪等向我们表明，化学家骄傲地把他们国家的名字题写在这张表上。在空气中，我们呼吸氮和氧的混合物，这显然是从拉瓦锡以来就是众所周知的事，我们现在从中看到所揭示的整个新气体的家族：氩、氦、氙等等。最后，新辐射的研究确实将迫使物理学扩大它的原始质的范围，它为化学家提供迄今未知的物体：镭也许还有钋和锕。

的的确确，我们距离笛卡儿梦想的极其简单的物体还有相当长的路要走，这些物体可以被还原为"只是稀罕的广延及其变态"。化学积累起大约一百种物质的物体的集合，这些物体彼此不可还原，也不能还原为物理学联想起能够容纳众多不同性质的形式的各个物体。这两门科学各自都力图把它的要素的数目减少到它能够减少的那么多，可是与每一门科学做出的进步成比例，它看到这个数目在增加。

第三章　数学演绎和物理学理论

物理学的近似和数学的精确

当我们着手构造物理学理论时，我们首先必须在交付观察的那些性质中选择我们将看做是原始质的性质，并用代数的或几何的符号表示它们。

在完成我们在前两章致力于研究的这第一步操作之后，我们必须实现第二步：在描述原始性质的代数符号或几何符号之间，我们必须建立关系；这些关系将作为理论借以展开的演绎的原理。

因此，现在分析这第二步操作即假设的陈述，似乎是很自然的。但是，在画出支撑房子的基础的设计图之前，在选择用什么材料建筑它们之前，了解一下结构将是什么，以及它将把什么应力施加在它的地基之上，则是必不可少的。因而，只有在我们的研究结束时，我们才能够恰当地陈述，把什么条件强加于假设的选择。

接着，我们将立即处理构造任何理论的第三步操作即数学展开。

数学演绎是中间过程；它的目标是告诉我们，在理论的基本假设的实力的基础上，如此这般的境况的汇集将承担如此这般的推论；倘若如此这般的事实被产生，那么另外的事实将被产生。例如，它将告诉我们，在热力学假设的实力的基础上，当我们使一块冰处于某一压力，那么在温度达到某一数目时这块冰将融化。

我们是在具体的形式中观察境况的，并把这样的境况叫做事实，数学演绎直接把这些事实引入它的运算中吗？它从运算中引出我们称之为推论——我们是在具体的形式中弄清它们的——的事实吗？肯定没有。用来压缩的器械、一块冰和温度计，都是物理学家在实验室中操纵的东西；它们不是属于代数运算领域内的要素。因此，为了使数学家把具体的实验境况引进他的公式，就必须以测量为中介把这些境况翻译为数。例如，必须用某一大气压数取代词语“某一压力”，他还将在他的方程中用字母 P 替换大气压。类似地，数学家在他的运算结束时将得到的东西也是某个数。为了使这个数对应于具体的和可观察的事实，将必须回过头来求助于测量方法；例如，为了使在代数方程中用字母 T 记录的数值对应于某一温度计的读数，就必须如此做。 133

因而，在其起点和终点，除非翻译，否则物理学理论的数学展开便无法与可观察的事实连成一个整体。为了把实验的境况引入运算，我们必须完成用数的语言代替具体观察的语言的译文；为了证实理论就那个实验预言的结果，翻译的运用必须把数值转变为用实验语言阐明的读数。正如我们已经指出的，无论在两个方向的哪一个，测量方法都是使这两个翻译的表达成为可能的词典。

但是，翻译是暗藏危险的：翻译即背叛。当一种版本是另一种版本的译本时，在两个文本之间从来也没有完全的等价。在物理学家观察它们的具体事实和在理论家的运算中用来描述这些事实的数字符号之间，存在极大的差异。今后，我们将有机会分析和注意这种差异的主要特征。就在现在，只有这些特征之一将引起我们的关注。

首先，我们将考虑我们所谓的**理论**事实，也就是说，在理论家的推理和运算中用来代替具体事实的数学资料的集合。例如，让我们举这个事实：温度以某种方式分布在某个物体上。

在这样的理论事实中，不存在模糊的或不确定的东西。一切都以精确的方式被决定了：所研究的物体在几何学上被定义；它的边是无厚度的真正的线，它的点是无维度的真正的点；决定它的形状的不同长度和角度是严格已知的；对于这个物体的每一点都存在一个对应的温度，这个温度对于每一点而言是一个不与任何其他数相混的数。

134

让我们把用这个**理论**事实翻译的**实际**事实与它对置起来。在这里，我们不再看到我们刚刚弄清楚的任何精确的东西。物体不再是几何的固体；它是具体的块料。它的边缘无论多么尖锐，也不是两个面的几何交线；相反地，这些边缘是或大或小滚圆的和凹进的棱脊。它的点是或多或少被磨损的和被铿钝的。温度计不再给我们每一点的温度，而是一种相对于某一体积的平均温度，而该体积的范围无法过分严格地固定。我们不能断言，这个温度是某个数而排除任何其他数；例如，我们不能宣称，这个温度严格地等于十摄氏度；我们只能够断定，这个温度和十摄氏度之间的差不超过一度的某个分数，这依赖于我们的测温方法的精确度。

例如，绘图的轮廓是由极为精确的线固定的，而对象的轮廓则是模糊的、有毛边的和有阴影的。在没有用词“近似地”或“接近地"减弱的情况下，便不可能描绘实际事实，尽管无论什么都被每一个命题非常充分地决定；另一方面，所有构成理论事实的要素都以严格的精密性被定义。

我们由此得出这个结果：无限不同的理论事实可以看做是同一实际事实的译文。

例如，说在理论事实的一个命题中，某条线具有 1cm、或 0.999cm、或 0.993cm、或 1.002cm、或 1.003cm 的长度，这就是有系统地陈述对数学家来说基本上不同的命题；但是，如果我们的测量手段不容许我们估价小于 0.001cm 的长度，那么我们并未改变被理论事实翻译的实际事实的任何东西。说一个物体的温度是十摄氏度、或九点九九摄氏度、或十点零一，就是系统地陈述三个不相容的理论事实，但是当我们的温度计只精确到五分之一度时，这三个不相容的事实却对应于同一实际事实。

因此，实际事实并非被单一的理论事实翻译，而是被一种类型的包含无限不同的理论事实的一大堆东西翻译。为构成这些事实 135 之一而汇集在一起的每一个数学要素都可能随事实的不同而变化；但是，它易受其影响的变化不能超过某一限度，也就是这个要素的测量在其内被弄模糊的误差的限度。测量方法越完善，近似也越接近，限度也越狭窄，但是它们从来也没有变得如此狭窄，以至它们成为零。

数学演绎在物理上有用和无用

我们所做的这些评论是十分简单的，对物理学家来说是平凡的;无论如何,就理论的数学展开而言,它们隐含严肃的结果。

当运算的数值资料被以精确的方式确定时,不管这一运算多么冗长和多么复杂,它同样地产生结果的精密数值的知识。如果我们改变资料的值,我们一般地也就改变结果的值。因此,当我们用一个近似定义的理论事实描述实验的条件时,数学展开将用另一个近似定义的理论事实描述这个实验应该提供的结果;如果我们改变翻译实验条件的理论事实,那么翻译结果的理论事实将同样地改变。例如,在从热力学假设演绎把冰的熔点和压力关联起来的公式中,如果我们用某个数代替表示压力的字母 P,那么我们将知道必须用来替代字母 T 即熔点温度的符号的数;如果我们改变赋予压力的数值,那么我们也就改变熔点的数值。

现在,按照我们在本章第一节看到的东西,倘若具体地给出实验条件,那么我们将不能毫不含糊地用一个确定的理论事实翻译它们;我们不得不使它们与在数目上无限的、整个一束理论事实相关。从而,理论家的运算将不是以唯一的理论事实的形式,而是以无限不同的理论事实的形式预言实验结果。

例如,为了翻译我们有关冰的熔点的实验条件,我们将不能用单一的和唯一的数值,比如说十个大气压,代替压力的符号 P;如果我们使用的流体压力计的误差范围是 0.10 大气压,那么我们将不得不设想,P 可以取包括在 9.95 和 10.05 大气压之间的所有值。自然而然,冰的熔点的不同值将与这些压力值中的每一个相关联。

136

于是,以具体方式给出的实验条件被一束理论事实翻译;理论的数学展开使这第一束理论事实与打算代替实验结果的第二束理论事实关联起来。

后面的这些理论事实将不能以我们获得它们的同一形式为我们服务。我们必须翻译它们，并以实际事实的形式提出它们；只有此时，我们才真正了解我们的理论分配给我们的实验的结果。比如，我们将不必为从我们的热力学公式中推导出的字母 T 的各种不同的数值而踌躇，但是必须找出，所预示的值对应于我们温度计分度标上哪些实际可观察的读数。

现在，当我们完成一想要把理论事实转化为实际事实的新翻译时——与我们起初关心的翻译相反——，我们得到了什么呢？

结果原来是，数学演绎用来把应该产生的结果分配给我们实验的那束无限数目的理论事实，在翻译后将不向我们提供几个不同的实际事实，而仅仅提供单一的实际事实。例如，可能碰巧，针对字母 T 找出的两个数值甚至从未相差百分之一度，我们温度计的灵敏度的范围是百分之一度，以致所有这样 T 的不同理论值实际上都对应于温度计标尺上的同一读数。

在这样的例子中，数学演绎将达到它的目的：它将容许我们断定，依据我们的理论赖以建立的假设的实力，在某些实际给定的条件下所做的某一实验，应该产生某个具体的和可观察的结果；它将使理论的推论与事实的比较变得有可能进行。

但是，情况并非总是如此。作为数学演绎的结果，无限的理论事实以我们实验的可能结局呈现出来；通过把这些理论事实翻译为具体语言，也许碰巧我们得不到单一的实际事实，而是得到我们仪器的灵敏度将容许我们区分的几个实际事实。例如，可能碰巧， 137

我们的热力学公式针对冰的熔点给出的不同数值显示出十分之一度甚或一度的偏差，而我们的温度计容许我们估计百分之一度的值。在这种情况下，数学演绎将丧失它的有效性；在实验条件实际给定后，我们将不再能够以实际定义的方式陈述应该被观察到的结果。

因此，起源于理论依赖的假设的数学演绎，按照它是否容许我们导出实验——实验的条件被**实际给定**——的结果的**实际确定的**预言，可以是有用的或无效的。

数学演绎的有用性的这种评价并非总是绝对的；它取决于在观察实验结果时使用的仪器的灵敏程度。例如，让我们设想，实际给出的压力与冰的一束熔点相关，在两个熔点之间有时存在大于百分之一度的差异，但从未存在高于十分之一度的差别。其温度计只度量十分之一度的物理学家将认为产生这一公式的数学演绎是有用的，其仪器准确地检测百分之一度差异的物理学家将认为它是无用的。在这方面，我们看到，关于数学展开的有用性的判断，随时间、实验室和物理学家的不同，依据设计者的技艺、设备的完善程度和拟议的实验结果的应用，其变化是何等之大。

这种评估也依赖于为把实际给定的实验条件翻译为数而使用的测量工具的灵敏度。

让我们再次以热力学公式为例，它不断地作为例子为我们服务。我们持有准确地分辨百分之一度的温度计；为了我们的公式可以在没有实际的模棱两可的情况下陈述冰在给定压力下的熔点，该公式应该让我们产生对百分之一度而言是正确的字母 T 的数值，将是必要而充分的。

现在,如果我们使用粗糙的流体压力计,它在两个压力差小于十个大气压时无法区分它们,实际给定的压力可能碰巧对应于在公式中差别大于百分之一度的熔点;反之,如果我们用比较灵敏的、能准确地区分相差一个大气压的两个压力的流体压力计确定压力,那么该公式将使近似已知高于百分之一度的熔点与给定的压力相关。当我们使用第一个流体压力计时是无用的公式,在我们使用第二个流体压力计时变得有用了。 138

永远不能被使用的数学演绎的例子

在我们刚才所举的例子的情况内,我们增加了通常把实际给定的实验条件翻译为理论事实的测量方法的精确性;用这种方式,我们越来越抽紧这种翻译使其与单一的实际事实相关的理论事实束。同时,我们也抽紧我们的数学演绎用以描述就该实验所预言的结果的理论事实束;它变得足够狭窄,足以使我们的测量方法把它与单一的实际事实关联起来,此刻我们的数学演绎变得有用。

情况仿佛应该总是如此。如果我们把单一的理论事实看做数据,那么数学演绎把它与另一个理论事实关联起来;作为结果,我们自然被导致阐述下述结论:对于我们希望作为结果得到的理论事实束而言,无论需要什么样的狭窄性,数学演绎将总是能够使它保证这种狭窄性,倘若我们充分地抽紧描述给定数据的理论事实束的话。

如果这一直觉包含真理,那么起源于物理学理论依赖的假设的数学演绎除非是以相对的和暂时的方式，否则从来也不会是无用的；不管准备测量实验结果的方法多么精致，我们总是能够通过把实验条件翻译为数的手段变得足够精确和细微，设法使我们的演绎从实际确定的条件引出实际唯一的结果。在今天无用的演绎，也许在我们显著地提高用来测量实验条件的仪器的灵敏度的那一天，会变成有用的。

139 近代数学家十分警惕这些往往只是耍花招的骗局之证据的出现。我们刚刚诉诸的无非是骗人的东西。我们能够引用它与真理明显矛盾的案例。某个演绎把视为给定的单一理论事实与作为结果的单一理论事实关联起来。如果给定的东西是一束理论事实，那么结果是另一束理论事实。但是，我们徒劳地无限期地抽紧第一束，并使它尽可能地细；可是情况却不允许我们把第二束的偏离减少到我们所希望的那么多；虽然第一束是无限狭窄的，但是形成第二束的叶片分叉并分开了，我们不能把它们的相互偏离减小到某一限度之下。对物理学家来说，这样的数学演绎是无用的，并将依然总是无用的；不管将用来把实验条件翻译为数的仪器是多么精确和细微，这种演绎仍将把无限不同的实际结果与实际确定的实验条件关联起来，将不容许我们预言在给定的境况中应该发生什么。

阿达玛(J. Hadamard)的研究向我们提供了这样的演绎从来也不能够是有用的十分引人注目的例子。它是从一个最简单的问题借用的，物理学理论中的最少复杂性的理论即力学必须处理这个问题。

一个物质质量在面上滑动；没有重量和力作用于它；没有摩擦

干扰它的运动。如果它不得不逗留的面是平面，那么它便以匀速描绘出直线；若面是球面，则它也以匀速描绘出大圆的弧。不管我们的质点沿什么面运动，它都描绘出一条线，几何学家称这条线为所考虑的面的“短程线”。当我们的质点的初始位置和它的初始速度的方向已知时，它应该描绘的短程线就完全确定了。

阿达玛的研究特别处理了负曲率的面的短程线、多重相关和无限折叠。[①] 在这里，在不中止在几何学上定义这样的面的情况下，让我们仅限于阐明它们之一。

想象一下公牛的额部，角和耳从隆起处突出，中空的轭在这些隆起处之间；但是，没有限度地延长这些角和耳，以至它们延伸到无限；此时，你将有一个我们希望去研究的面。 140

在这样一个面上，短程线可以显示许多不同的样式。

首先，在它们之上存在闭合的短程线。也存在一些距它们的起点从来不是无限遥远的短程线，尽管它们从未再次精密地通过它；一些短程线连续地绕右角旋转，另一些绕左角旋转，或绕右耳，或绕左耳旋转；还有一些比较复杂的短程线按照某些法则使它们绕一个角描绘的旋转与它们绕另一个角描绘的旋转交替进行，或者与绕一个耳的交替进行。最后，在我们的具有无限制的角和耳的公牛的额部上，将存在达到无限的短程线，一些爬上右角，另一些爬上左角，还有其他一些跟随右耳或左耳。

不管这多么错综复杂，只要我们十分准确地了解质点在这头

① J. Hadamard, “Les surfaces à courbures opposées et leurs géodésiques”, *Journal de Mathématiques pures et appliquées*, 5th series, Vol. IV(1895), p. 27.

公牛额部的初始位置和初始速度的方向，这个质点在它的运动中遵循的短程线将毫不含糊地被决定。尤其是，我们将知道，运动的质点是否将总是在距它的起点一定距离上存在，或者它是否无限期地远离而去，永远也不返回。

倘使初始条件不是数学地给定的而是实际地给定的，情况将迥然不同：我们的质点的初始位置将不再是该面上的一个确定的点，而是包含在一个小斑点内的一些点；初始速度的方向将不再是毫不含糊地确定的直线，而是包括在由小斑的轮廓联结起来的窄束内的线中的某一条；对几何学家来说，我们在实际中确定的初始条件对应于不同初始条件的无限复合。

让我们想象对应于没有达到无限的短程线的这些几何数据中的某一个，例如一条连续地绕右角旋转的短程线。几何学容许我们如下断言：在不计其数的对应于同一实际数据的数学数据当中，存在某个决定无限期地离开它的起点而运动的短程线某个数学数据；在绕右角旋转若干次之后，这个短程线将在右角上达到无限，或者在左角上，或者在右耳或左耳上达到无限。比这更多的是：不管限制能够描述给定的实际数据的几何数据的狭窄范围，我们总是能够以这样的方式选取这些几何资料，以至短程线将在我们预先选择的无限的折叠之一上离去。

141

减小质点的初始位置所在之处的斑点，抽紧包括在速度的初始方向内的线束，将无助于增加用来决定实际数据的精确性，因为依然处在有限距离的短程线在连续地绕右角旋转时，将无法摆脱不可靠的伙伴，这些伙伴在像它那样绕右角旋转之后，将无限期地离去。在初始数据固定时这种较大精确性的唯一结果，将必然迫使这些短程线在产生它们的无限分支前，描绘较多数目的环绕右角的旋转；但是，这种无限的分支将从未被抑制。

因此，如果一个质点被抛在所研究的面上，以几何学上给定的速度从几何学上给定的位置开始运动，那么数学演绎能够决定这个质点的轨迹，并告诉这个路线是否达到无限。但是，对物理学家来说，这个演绎永远不能实现。事实上，当数据在几何学上不再已知，但是却由物理学程序像我们假定的那样精确地决定，所提出的问题依然是并将总是没有答案的。

近似的数学

对我们而言，我们刚才分析过的例子在我们所说的最简单的问题之一上获得成功，人们在力学即最少复杂性的物理学理论中必须处理这个问题。这种极端的简单性容许阿达玛透彻地深入研究充分暴露出某些数学演绎绝对不可挽回的物理无用性的问题。在许多比较复杂的问题中，如果有可能足够近似地分析解答，那么我们不会遇到那种诱惑人的结论吗？对这个问题的回答几乎是毋庸置疑的；数学科学的进步无疑将向我们证明，对数学家来说充分定义的众多问题，对物理学家而言却丧失它们的全部意义。

这里有一个问题，它与阿达玛讨论的问题的关系是显而易见的；它是十分有名的。[①]

为了研究组成太阳系的天体的运动，数学家用质点代替这些

---

① *Ibid.*, p. 71.

142 天体——太阳、行星、小行星、卫星;他们假定,这些质点对相互吸引,引力与质量之积成正比,与把两个要素分开的距离的平方成反比。对于像这样的体系的运动之研究,是比我们在前面的篇幅讨论的问题复杂得多的问题。它在科学史上以“n体问题”的标题而著名;即使当隶属于相互作用的数目减小到三,“三体问题”对数学家来说也是一个令人生畏的难题。

无论如何,如果我们以数学精确性知道形成太阳系的每一个天体在给定时刻的位置和速度,我们可以断定,每一个天体从此瞬时起遵循十分确定的轨道;有效地决定这个轨道,对数学家的努力来说可能要对抗远未消除的障碍,但是可以容许我们假定,它们在某一天将被克服。

因而,数学家可以问自己如下的问题:形成太阳系的天体的位置和速度是它们今天所是的这个样子,它们都将无限期地继续绕太阳旋转吗?相反地,这些天体之一最终将逃离它的一大群伙伴,而迷失在无垠的空间,这种情况将不可能出现吗?这个问题构成太阳系的稳定性问题,拉普拉斯以为他解决了这个问题,但是现代数学家尤其是昂利·彭加勒的努力格外表明,它是极其困难的。

太阳系的稳定性问题对数学家来说肯定有意义,因为天体的初始位置和速度在他看来是以数学精确性已知的要素。但是,对于天文学家来说,这些要素只能通过包含误差的物理程序来决定,而误差则由于仪器和测量方法的改进而逐渐减小,但将永远不会消除。因而,情况必然是,太阳系的稳定性问题对天文学家来说是一个完全没有意义的问题;他给数学家提供的实际数据对后者来说等价于彼此邻近,但却依然不同的无限的理论数据。也许在这些数据中间，存在一些会永久地维持所有天体相互处于一定距离的数据，而其他数据则会把这些天体中的某一个抛入广漠的空间。如果类似于阿达玛问题所提供的这样的境况应该在这里出现的话，那么与太阳系的稳定性有关的数学演绎也许对物理学家来说是他永远也不能够使用的演绎。 143

在不怀疑天体力学和数学物理学的众多而困难的演绎被宣判为永久无结果的情况下，人们不能够通过这些演绎。

确实，只要数学演绎被局限于断言，一个给定的**严格地**为真的命题就其推论而言具有此类其他命题的**严格的**准确性，那么它对物理学家来说就是无用的。要对物理学家有用，还必须证明，当第一个命题只是**近似地**为真时，第二个命题依然**近似地**精确。甚至这还不够。必须界定这两个近似的范围；当测量数据的方法的精确程度已知时，必须固定在结果中能够导致的误差的限度；当我们希望获悉在确定的近似度内的结果时，必须确定能够被认可的数据的概差(probable error)。

我们不得不强加于数学演绎的严格条件就是这样的，倘使我们希望这种绝对精确的语言能够在不背叛物理学家的习语的情况下翻译的话，因为物理学家的这种习语的词汇像它们所表达的感知一样，是并将总是模糊的和不精密的。基于这些条件，而且仅仅基于这些条件，我们将拥有**近似**的数学描述。

但是，让我们不要就它而受骗；这种"近似的数学"不是数学的更简单、更粗糙的形式。相反地，它是更透彻、更精致的数学形式，它要求问题的解时常是极其困难的，有时甚至超越今天代数处理的方法。

第四章　物理学中的实验[①]

物理学中的实验不仅仅是现象的观察；此外，它是这个现象的理论诠释

物理学理论的目的是实验定律的描述。词汇"真理"和"确定性"只是相对于这样的理论才有唯一的含义；它们表达理论的结论和观察确立的法则之间的符合。因此，如果我们不分析实验家陈

① 本章和接着它的两章主要致于力物理学家使用的实验方法的分析。在这方面，我们请求读者概允注意几个细节。我们认为，我们在题为"Quelques réflection au sujet de la Physique expérimentale"，*Revue des Questions scientifiques*，2nd Series，Vol. Ⅲ(1894)的文章中首次详述了这一分析。G. Milhaud 把讲解这些观念的一部分作为他的 1895-1896 年的课程的主题：他以"Lascience rationelle"，*Revue de Métaphusique et de Morale*，4th year(1896)，p. 290 为题，发表了他的讲稿的摘要(此外，他在其中引用了我们)；他在 *Le Rationnel*(Paris，1898)以书的形式出版了讲稿。相同的实验方法的分析被 Edouard Le Ruy 在它的文章"Science et Philosophie"，*Revue de Métaphysique et de Morale*，The year(1899)，p. 503 的第二部分，以及在题为"La Science positive et les philosophies de la liberté"，*Congrès international de Philosophie*(1900 年在巴黎举行)，Sec. I："Philosophie générale et Métaphysique"，p. 313 的另一篇文章中采纳了。E. Wilbois 也在他的文章"La Méthode des Soiences physiques"，*Revue de Métaphysique et de Morale*，Tth year(1899)，p. 579 中承认类似的学说。我们刚刚引用的几位作者往往从在物理学中使用的实施方法的这一分钟中引出超越于物理学界限的结论；我们将不追随他们走得那么远，而是始终停留在物理科学的限度内。

述的定律的精密本性,如果我们不恰当地注意它们能够产生什么种类的确定性,我们便无法把我们对物理学理论的批判性审查推进一步。而且,物理学定律只是已经完成的或将可能进行的无数实验的概要。因而,我们自然而然地被导致提出问题:物理学中的实验确切地讲是什么?

这个问题无疑将使不止一个读者惊讶不已。有任何需要提出它吗?答案不是自明的吗?对于任何人来说,"做物理学实验"意味着比在可以借助合适的仪器精密而细微地观察的条件下产生物理现象更多的东西吗? 145

请走进这个实验室吧;接近这张堆满如此之多器械的桌子:电池组、用丝包裹的铜导线、充满水银的容器、线圈、带有镜子的小铁杆。观察者把带有用橡胶制作的棒的金属柄插入小洞;铁杆摆动,并借助与它连在一起的镜子把一束光发送到赛璐珞标尺,观察者追踪光束在它上面的运动。无疑地,在这里你有一个实验;借助这个光斑的振动,这位物理学家精细地观察铁杆的摆动。现在问他,他正在干什么。他将回答:"我正在研究带有这面镜子的铁杆的振动"吗?不,他将告诉你,他正在测量线圈的电阻。如果你感到惊讶并问他,这些话具有什么意义,它们与他知觉的和你同时知觉的现象有什么关系,他将答复说,你的问题也许需要十分冗长的说明,他将建议你修一门电的课程。

情况确实是这样:你看到所做的实验像物理学中的任何实验一样,都包含两个部分。首先,它在于某些事实的观察;为了进行这种观察,你只要使你的感官充分注意和警觉就足够了。了解物理学是不必要的;实验室主任可能在这种观察事务上不如助手技艺娴熟。其次，它在于被观察的事实的诠释；为了进行诠释，仅有警觉的注意和实践的眼光是不够的；必须知道所接受的理论，必须了解如何应用它们，一句话，必须是一位物理学家。任何一个人，如果他看得清楚，都能够追踪光斑在透明标尺上的运动，看见它向右移动还是向左移动，或者停在如此这样一个点；为此，他的确不必是一位优秀的办事员。但是，如果他不通晓电动力学，那么他将无法完成这项实验，他将不能测量线圈的电阻。

让我们举另一个例子。勒尼奥(Regnault)正在研究气体的可压缩性；他取来一定量的气体，把它封入玻璃管内，使温度保持不变，测量气体经受的压力和它占有的体积。

在这里，一般将认为，你对某些现象和某些事实有细微而精密的观察。肯定地，在勒尼奥的手中和眼下，在他的助手的手中和眼下，产生了具体的事实；勒尼奥报告他对物理学进展的预期的贡献是这些事实的记录吗？非也。在观测装置中，勒尼奥看到，某个水银面的图像变得和某条线一样高；他在他的实验报告中记录的是这些东西吗？否，他记录气体占据的体积具有如此这般的值。助手升高和降低高差计的透镜，直到水银的另一高度的图像变得与透镜的十字线一样高；他接着观察刻度尺和高差计游标上的某些线的配置；在勒尼奥的专题论文中我们找到的是这些东西吗？不，我们在那里读到的是，气体经受的压力具有如此这般的值。另一位助手看到，高差计的流体在两个线标志之间摆动；他报告的是这些东西吗？没有，所记录的是，气体的温度在如此这般的程度之间变化。

现在，气体占据的体积是多少，它经受的压力的值是多少，它所处的温度是多少？它们是三个具体的客体吗？绝不是，它们是三个抽象的符号，只有物理学理论才能把这些符号与实际观察到的事实关联起来。

为了形成这些抽象中的第一个即封闭的气体体积之值，并使它与观察到的事实即水银变得与某一线标志一样高相对应，就必须分度玻璃管，也就是说，不仅要诉诸算术和几何学的抽象观念以及它们依赖的抽象原理，而且也要诉诸质量的抽象观念以及普通力学和天体力学的假设，由于它们证明使用比较质量的天平是合理的；还必须知道在进行分度时水银在该温度的比重，尽管它在0°时的比重是已知的，但是在不求助于流体静力学的情况下分度还是无法进行；要知道水银的膨胀定律，这是借助器械决定的，而在器械中则使用了透镜，接受了某些光学定律；结果，物理学许多合适的章节的知识必然先于抽象观念的形成即某种气体占据的体积的形成。

与最深刻的物理学理论非常密切地联系在一起的更复杂的东西，是另一个抽象观念即气体经受的压力值的产生。为了定义和测量它，必须利用压力和内聚力的观念，这些观念是如此微妙和如此难以获得；就气压计水准仪而言，必须请求拉普拉斯公式的帮助，这个公式是从流体静力学定律引出的；必须引入水银的压缩性定律，它的决定与弹性理论的最棘手的和有争议的问题有关。 147

于是，当勒尼奥做实验时，在他眼前他有事实，他观察现象，但是他就这个实验传达给我们的不是观察到的事实的叙述；他给予我们的是抽象的符号，被接受的理论容许他用这些符号代替他收集到的具体证据。

勒尼奥已做的事情是每一位实验物理学家必然做的事情；这就是我们能够陈述下面的原则——其结果将在本书的余下部分展开——的理由：

物理学中的实验是对现象的精确观察，同时伴随对这些现象的**诠释**；这种诠释借助观察者认可的理论，用与数据对应的抽象的和符号的描述，代替观察实际收集的具体数据。

物理学中的实验结果是抽象的和符号的判断

把物理学中的实验与日常经验如此明确地区分开来的特征，由于把作为基本要素的、从后者排除的理论诠释引进前者，也标志这两类经验达到的结果。

日常经验的结果是各种不同的具体事实之间关系的感知。这样一个事实是人为地产生的，某一另外的事实由它引起。例如，切掉蛙的头，用针刺左腿；右腿开始运动，并力图离开针；在此你有生理学实验的结果。它是具体而明显的事实的叙述，为了理解它，不需要知道生理学的词汇。

实验物理学家从事的操作的结果绝不是具体事实群的感知；它是把某些抽象的和符号的观念相互联系起来的判断的系统阐明，唯有理论才能使这些观念与实际观察到的事实相关。对于任何一个全面思考的人来说，这个真理是一目了然的。打开任何物理学实验报告，阅读一下它的结论吧；它们无论如何也不是某些现象的纯粹的和简单的展示；它们是抽象的命题，如果你不了解作者认可的物理学理论，你就无法把意义隶属于这些命题。譬如，当你

148

读到某个气体电池组在压力增加如此之多的大气压其电动势增加如此之多的伏特时，这个命题意味着什么呢？在不求助于最多变的和最先进的物理学理论的情况下，我们不能赋予它任何意义。我们已经说过，压力是理论力学引入的定量的符号，是科学必须处理的最精妙的概念之一。为了理解词汇“电动势”，我们必须诉诸欧姆和基尔霍夫建立的动电学理论。伏特是在实际的电磁单位制中的电动势的单位；这个单位的定义是由安培、F. E. 诺伊曼和W. 韦伯（Weber）确立的电磁和感应的方程中引出的。用来陈述这样的实验结果的词汇没有一个直接表示可见的和可触知的对象；它们中的每一个都具有抽象的和符号的意义，只有通过冗长而复杂的理论中介物，才能把这种意义与具体的实在联系起来。

在类似于我们刚才回想起的实验结果的陈述中，对物理学无知的、陈述对他来说依然是死字母的人，必定被诱使仅仅看见用专门语言展示实验者观察的事实，这样的专门语言对外行是不理解的，对入门者则是清楚明白的。这也许是一个错误。

我坐在帆船上。我听到值班大副大声发出命令：“全体船员，用滑车固定各处的扬帆索和帆角索！”作为对航海事务陌生的人，我不理解这些词语，但是我看见，船上的人跑向预先分配的岗位，急速抓住特种绳索，按照规则的顺序继续拉它们。大副表达的词语向他们指出特殊的和具体的目标，使他们想起已知的要执行的操作。对于入门者来说，技术语言的效果就是这样的。

物理学家的语言是大相径庭的。假定向物理学家宣告下述语句：“如果我们增加压力这么多的大气压，那么我们增加电池组的电动势这么多的伏特。”的的确确，了解物理学理论的已入门的人能够把这一陈述翻译为事实，并能够做其结果被如此表达的实验，149 但是值得注意之点是，他能够以无限不同的方式做实验。他可以通过把水银注入管子，通过提升充满液体的贮液池、通过操纵水压机或通过把螺旋泵的活塞放进水中施加压力。他可以用开臂流体压力计，用闭臂流体压力计，或用金属流体压力计测量这个压力。为了测定电动势的变化，他可以相继地使用所有已知类型的静电计、电流计、电功率计和伏特计。仪器的每一种新安排将向他提供新的观察事实；他将能够利用该实验的第一位作者不怀疑的仪器安排，看到这位作者从未看见的现象。不管怎样，所有这些各种操作实际上并非不同的实验，而未入门者是不会看出这些操作之间的类似的；它们仅仅是同一实验的不同形式；虽然实际产生的事实尽可能地不一样，可是却用单一命题表达对这些事实的感知：当压力增加这么多大气压时，某个电池组的电动势增加这么多伏特。

因此，很清楚，物理学家用来表达他的实验结果的语言不是类似于在各种不同的技艺和行业中使用的技术语言。它在已入门者能够把它翻译为事实这一点上类似于技术语言，但是在给定的技术语言的语句表达按十分特殊的目标执行特定的操作，而物理学家语言中的语句可以以无限不同的方式翻译为事实这一点上有差别。

昂利·彭加勒恰好提出我们现在正在争论的见解，[①]他反对像我们这样一些人，因为我们和爱德华·勒卢阿(Edouard Le

① H. Poincaré, "Sur la valeur objective des théorles physiques", *Revue de Métaphysique et de Morale*, 10th year(1902), p. 263.

Roy)一起坚持认为,理论诠释在实验事实的陈述中起显著的作用。按照彭加勒的观点,物理学理论仅应是容许人们把具体事实翻译为简单而方便的约定语言的词汇表。他说:"科学事实无非是用方便的语言陈述的未加工的事实。"①他还说:"科学家就事实创造的一切是他用来陈述事实的语言。"②

"当我观察电流计时,若我问一位无知的旁观者:'电流正在通过它吗?'他走过来并注视着金属线,为的是看某种东西通过它。150 但是,若我向理解我的语言的助手提出同一问题,他将认识到,这意味着'光斑③移动吗?'他将注视分度尺。

"未加工的事实的陈述和科学事实的陈述之间有何差别呢?其差别与未加工的事实用法语陈述和同一事实用德语陈述之间存在的差别相同。科学的陈述是把未加工的陈述翻译为一种与日常法语或日常德语有区别的语言,主要因为它是极少数的人讲的。"④

说"电流在流动"仅仅是表达电流计的被磁化的小杆偏转这一事实的约定的方式,这是不正确的。确实,对于"电流在流动吗"这个问题,我的助手完全可以回答:"电流在流动,可是磁铁未偏转;电流计显示出某种缺陷。"尽管电流计无读数,他为什么说电流在流动呢?因为他在与电流计一起置于同一回路的伏特计中观察

---

① *Ibid.*,p.272.

② *Ibid.*,p.273.

③ 这是我们所说的小光点,舔贴在电流计磁铁上的镜子把小光块点反射回透明的分度标尺。

④ *Ibid.*,p.270.

到，气泡正在冒出来；要不然，接入同一导线的白炽灯正在发光；要不然，这个导线环绕的线圈正在变热；要不然，导体断开伴随电火花；因为借助于所接受的理论，这些事实中的每一个以及电流计偏转都可以被词语"电流在流动"翻译。因此，这种词语群并不是用专门的和约定的语言表达某个具体事实；作为一种符号公式，它对不知道物理学理论的人来说毫无意义；但是，对于了解这些理论的人而言，它能够被以无限不同的方式翻译为具体事实，**因为所有这些根本不同的事实都承认同一理论诠释**。

昂利·彭加勒先生明白，对他坚持的学说能够引起这样的反对意见；[①]在这里，他如此阐明它和回答它：

151　"不过，让我们不要走得太快了。为了测量电流，我可以使用众多型号的电流计或电功率计。接着，当我说'在这个回路有这么多安培的电流'时，这将意味着'如果我把这样一个电功率计接入这个回路，我将看到光斑移到刻度 b。'这还将意味着许多其他事情，因为电流本身不仅可以用力学效应来显示，而且可以用化学的、热的、光的等效应显示。

"因此，你有一个与为数众多的绝对不同的未加工的事实一致的陈述。为什么呢？因为我接受一个定律，按照这个定律，每当某个力学效应产生时，某个化学效应也在它旁边产生。以前大量的实验从未向我表明这个定律有任何错误，从而我认识到，我能够用

① 在这里，如果我们注意到，自一八九四年以来，我们以实际上等价的术语发表了前述的学说，而彭加勒的文章在一九〇二年面世，那么无须大惊小怪。比较我们的两篇文章，人们将能够看到，在这段话中，彭加勒先生正在反对我们以及勒卢阿先生看待事物的方式。

相同的命题表达两个如此不变地相互联系的事实。"①

因此，彭加勒先生辨认出，词语"某导线运载这么多安培的电流"不是表达单一的事实，而是表达无限可能的事实，并且要借助各种不同的实验定律之间的恒定关系来表达。但是，每一个人所谓的"电流的理论"难道不正是这些关系吗？正因为假定这个理论，所构造的那个词语"在这个导线中有这么多安培的电流"才可以聚集如此之多的不同含义。科学家的作用不限于创造用以表达具体事实的明晰而精确的语言；宁可说，情况是这样的：这种语言的创造以物理学理论的创造为先决条件。

在抽象的符号和具体的事实之间可以存在对应(correspondance)，但不能够存在完备的等同；抽象的符号不能是具体事实的足够描述，具体事实不能是抽象符号的逼真实现；物理学家用来表达他在实验过程中观察到的具体事实的抽象的和符号的公式，不能是这些观察的精密等价物或忠实的叙述。

当用一个理论诠释的迥然不同的具体事实相互融合仅仅构成同一个实验，并且可用单一的符号命题——相同的理论事实可以对应于无限不同的实际事实——表达时，实际观察到的**实际**事实　152　和物理学家陈述的符号的、抽象的公式之间的这种不等同便向我们展现出来。

这种相同的不等同也可以清楚地翻译为另一个结果：同一实际事实可以对应于无限在逻辑上不相容的理论事实；可以使同一具体事实群一般地不与单一的符号判断对应，而与无限彼此不同

① 在引用的著作中，p. 270。

的、在逻辑上相互矛盾的判断对应。

实验者完成某些观察;他用下面的陈述翻译它们:增加的一百个大气压的压力使给定的气体电池组的电动势增加了 0.0845 伏特。他也完全可以说,这一压力的增加引起 0.0844 伏特电动势的增加,或它使它增加了 0.0846 伏特。对于物理学家来说,这些不同的命题怎么能够是等价的呢?对数学家而言,它们相互矛盾;若数是 845,则它不是且不能够是 844 或 846。

当物理学家宣布这三个判断在他的眼中是等价的时,他意指的是:在接受 0.0845 伏特的值作为电动势的电压降时,他借助已接受的理论推测,当他把电池组供应的电流通入电流计时仪器指针经受的偏转。事实上,这是他的感官正好将观察的现象,他发现这一偏转将呈现某个值。如果他通过给予电池组电动势的电压降以 0.0844 伏特的值或 0.0846 伏特的值而重复同样的推测,他将发现磁铁的另外的偏转值;但是,这样推测的三个偏转差别太小,致使在分度尺上无法明显地分辨。这就是物理学家把这三个赋值 0.0845 伏特、0.0844 伏特和 0.0846 伏特作为电动势的电压降一个测量而混在一起的缘由,而数学家却会认为它们是不相容的。

在精确的和严格的理论事实与具有模糊的和不确定的轮廓——像我们的操作规程在每一事情中揭示的那样——的实际事实之间,不能存在适切性。这就是同一实际事实能够对应于无限理论事实的原因。我们在前一章已经坚决主张这种不等同及其结果,足以没有必要在本章重返这一点了。

于是,单一的理论事实可以被翻译为无限极不相同的实际事实;单一的实际事实对应于无限不相容的理论事实。这种双重的

观察以十分引人注目的方式呈现出我们希望明显地提出的真理：153
在实验过程中实际观察到的现象和物理学家系统阐述的结果之间，插入一个十分复杂的理智精制品，这种精制品用抽象的和符号的判断代替具体事实的叙述。

唯有现象的理论诠释才使仪器的使用成为可能的

物理学家实际上借助这种智力操作观察现象，这一操作的重要性不仅在实验结果所采取的形式中被注意到了；它在实验家所使用的工具中也清楚地显示出来。

如果我们不用数学推理承接的抽象的和图式的描述代替构成仪器的具体客体，如果我们不把这种抽象组合交付隐含理论的同化的演绎和运算，那么实际上便不可能使用我们在物理学实验室中所拥有的这些仪器。

乍一看，这一断言也许将使读者感到惊讶。

许许多多的人都使用放大镜，这是一种物理学仪器。可是，为了使用它，他们无须用形成具有某一折射率介质的边界的一对球面代替用铜或角质物固定起来的凸面的、抛光的、明亮的和沉重的玻璃镜，尽管只有这种构形才接近屈光学中的数学推理；他们无须学习屈光学或了解放大镜理论。他们必须作的一切就是，首先用肉眼、然后用放大镜观看同一对象，以便发觉，这个对象在两种情况下保持同一样态，但是它在第二种情况下比在第一种情况下显得大一些；因此，如果放大镜使他们看到肉眼无法察觉的对象，那么从常识冒出的完全自发的概括容许他们断定，这个对象被放大镜放大到变得可见的程度，但它不是玻璃透镜创造的或变形的。常识的自发判断从而足以证明，人们在他们的观察过程中使用放大镜是有正当理由的；这些观察的结果将无论如何也不依赖屈光学理论。

所选择的例子是从最简单的和最粗制的物理学仪器中借用的；无论如何，我们在一点也不诉诸屈光学理论的情况下就可以使用这个仪器，这是真的吗？通过放大镜看到的对象好像被虹的颜色环绕着；这难道不是色散理论吗？须知该理论教导我们把这些颜色看做是由仪器产生的，而且当我们描绘被观察的对象时不理会它们。当这一觉察不再是简单的放大镜，而是强大的显微镜的事态时，它是何等重要啊！如果我们天真地把仪器揭示的外形和颜色归之于被观察的对象，或者如果从光学理论引出的讨论不容许我们把外观的角色与实在的角色区分开来，我们时常会面临多么奇怪的谬误啊！

可是，即使就打算纯粹定量地描述十分微小的具体对象的这一显微镜来说，我们还是距物理学家使用的仪器十分遥远；与这些仪器的帮助结合在一起的实验并非终结于实在的事实的叙述或具体的对象的描绘，而是终结于理论创造的某些符号的数值赋值。

例如，这里有所谓的正切电流计仪器。在圆形框架上绕着用丝绝缘覆盖的铜导线；在框架的中心，用一条丝线悬挂着磁化的十分细小的铁杆；这个小杆携带的铝指针在分度的圆圈上运动。这允许人们精确地报告小杆所取的方向。当把铜线的两端连接到电池组的电极时，磁铁发生偏转，人们能够在分度的圆圈上读到偏离;比如,偏离是30°。

仅仅知觉这一事实并未隐含对物理学理论的任何承诺,而且它也不足以构成物理学中的实验。实际上,物理学的目的不是了解磁铁经受的偏离,更确切地讲,而是测量通过铜线流动的电流的强度。

现在,为了计算与观察到的偏离值30°一致的这一电流强度的值,他必须把偏离值引入某一公式。这个公式是电磁学定律的结果;对于任何一个不承认拉普拉斯和安培的电磁理论是正确的人来说,使用这个使电流强度变成已知的公式和运算必定是十足的胡说八道。

这个公式适用于所有可能的正切电流计、所有的偏离和所有的电流强度。为了推导我们拟议测量的特定电流强度的值,我们 155 不仅必须通过把刚刚观察到的偏离的特定值30°引入它而限制该公式,而且也必须通过不把它应用于任何种类的正切电流计,而只是应用于所使用的特定正切电流计而限制它。该公式中的某些字母表示该仪器的特征常数:电流通过的圆形导线的半径,磁铁的磁矩,仪器所在之处的磁场的大小和方向。这些字母被适合于所使用的仪器和仪器所在的实验室的数值代替。

现在,这种表达我们在某个实验室使用某一仪器的事实的方式预设了什么呢?它假定,我们用被铜导线的半径完全确定的圆周或几何线代替我们通入电流的某一粗细的铜导线;我们用可以无摩擦地绕竖直轴运动的、具有某一磁矩的无限小的水平轴代替具有某一大小和形状的、用丝线悬挂的磁化的铁杆;我们用由具有某一方向和强度的磁场完全确定的某个空间代替在其中做实验的实验室。

这样一来，只要它仅仅是一个辨认磁铁偏离的问题，我们所做的事情是接触和察看放在某个实验室桌子上三个校准螺旋旁边的铜、铁、铝、玻璃和丝的集合，而这个实验室则处在波尔多理学院大楼的底层。但是，当通过诠释所得到的读数和应用正切电流计的公式终于完成实验时，我们把对物理学无知的参观者也能进入的这个实验室和对电磁学一无所知的人也能审视的这个仪器抛在脑后；我们用磁场、磁轴、磁矩、某一强度的圆电流的集合代替它们，也就是说，用仅仅由不懂电磁学的人就无法想象的物理学理论赋予意义的符号群代替它们。

因此，当物理学家做实验时，他正在赖以工作的仪器的两种大相径庭的表象充满他的心智：一个是他实际上操纵的具体仪器的图像；另一个是借助理论提供的符号构成的同一仪器的图式模型；正是在这种理想的和符号的仪器的基础上，他进行他的推理，他正是把物理学的定律和公式应用到这种仪器的。

156

这些原则容许我们确定，当我们说我们通过适当的矫正消除误差的原因而增加实验的精确性时，我们一致理解的是什么。事实上，我们将看到，这些矫正无非是用实验的理论诠释引入的改善。

随着物理学逐渐地进步，我们看到，物理学家把其与同一具体事实相关联的抽象判断群的不确定性变狭窄了；实验结果的近似程度不断变好，不仅因为制造者提供日益精确的仪器，而且也因为物理学理论产生越来越满意的法则，从而在事实与用来描述事实的图式观念之间建立起对应关系。确实，这种日益增加的精确性的赢得归因于日益增加的复杂性，归因于在我们观察主要事实的同时观察到一系列附属事实的职责，归因于使不成熟的经验资料经受越来越众多和精致的转化和组合的必要性；我们在直接的实验资料上进行的这些转化是矫正。

假如物理学中的实验仅仅是事实的观察，那么引入矫正就会是荒谬的，因为告诉全神贯注地、谨慎地和精细地观看的观察者下面的话就会是可笑的："你看见的东西不是你应该看到的东西；请允许我做一些运算，这些运算将教给你，你应该观察到什么。"

另一方面，当回想起物理学实验不仅仅是事实群的观察，而且也是借助于从物理学理论借用的法则把这些事实翻译为符号的语言之时，便十分充分地理解逻辑的矫正作用。的确，其结果是，物理学家不断地把两种仪器——他操纵的实在的仪器和他据以推理的理想的、符号的仪器——加以比较；例如，对勒尼奥来说，流体压力计一词指示两种本质上不同？但却不可分离的事物：一方面，一系列的玻璃管，牢固地相互连接在一起，在利塞厄·亨利四世(Lycée Henri IV)塔的墙壁上支承着，充满化学家称之为汞的十分沉重的金属液体；另一方面，理性的人在力学中称为理想流体的、在每一点具有由某一可压缩性和膨胀方程确定的某一密度和温度的汞柱。正是在这两个流体压力计的第一个的基础上，勒尼奥的实验室助手把他的高差计的目镜对准目标，但是这位伟大的物理学家应用流体静力学定律的，却是第二个。 157

图式的仪器不是且不能是实在的仪器的精密等价物，但是我们设想，它对他来说有可能给出实在仪器的或多或少完善的图像；我们设想，物理学家在过于简单和过于远离实在的图式仪器之上推理后，将力图用更为类似于实在的比较复杂的图式代替它。从某一图式仪器向另一更为类似于具体仪器的图式仪器的过渡，本质上是词汇矫正在物理学中指示的操作。

勒尼奥的助手给他以流体压力计中的汞柱高度；勒尼奥矫正它；他怀疑他的助手粗劣地察看并在他的读数中出错了吗？不，他充分相信所做的观察；如果他不相信，那么他就不会矫正实验，而只会重新开始实验。因此，倘若勒尼奥用另一个数代替他的助手决定的高度，那么这正是基于打算减小两种流体压力计之间不等同的理智操作的力量：一种是理想的、符号的流体压力计，它仅存在于他的理性中，他把他的运算应用于它；另一种是由玻璃和水银构成的流体压力计，它面对他的凝视，他的助手从它得到他的读数。勒尼奥能够用理想的流体压力计描述这种实在的流体压力计，前者是由处处具有相同温度的不可压缩的流体形成的，在它的自由面的每一点都经受与高度无关的大气压；在这种过分简化的图式和实在之间，会存在太大的差异，从而实验不会充分精确。于是，他构想新的理想的流体压力计，它比第一个复杂，但可以更好地描述实在的和具体的流体压力计；他用可压缩的流体形成这种新的流体压力计，容许温度从一点到另一点变化；他也允许当人们在大气中上升到较高处时大气压变化。原始图式的所有这些改进构成如此之多的矫正：关于汞的可压缩性的矫正，关于汞柱不等温的矫正，关于气压计高度的拉普拉斯矫正；所有这些矫正都有助于增加实验的精确性。

158

物理学家通过矫正使被观察事实的理论描述复杂化，以便允许这种描述更接近地抓住实在；他类似于艺术家，艺术家在完成图画的线条素描后添加阴影，以便更好地在平面上表达模特儿的外形。

无论谁在物理学实验中仅仅看到事实的观察，他都不会理解矫正在这些实验中所起的作用；而且他不会理解，在说实验可能包含的“系统误差”时意指什么。

允许系统误差的原因在实验中依旧存在，就是忽略使能够增加实验精确性的矫正成为可能；它意味着当我们用能够更好地描述实在的比较复杂的理论图像代替十分简单的理论图像时，我们却满足于后者；它意味着当我们能够做明暗图画时却满足于线条素描。

勒尼奥在他的关于气体压缩性的实验中听任系统误差的原因存在，他没有察觉到它，此后有人指出这一点：他遗漏了重力对处于压力之下的气体的作用。当我们批评勒尼奥没有考虑这种作用并略去这一矫正时，我们意味着什么呢？我们意味着，当他观察在他面前的现象时，他的感官欺骗了他吗？绝不是。我们正在批评他，是因为他通过把处于压力下的气体描述为均匀的流体；相反地，他要是把它视为其压力按照某个定律随高度而变化的流体，他会得到新的抽象图像的，新图像比第一个复杂，但却是真相更可靠的复制品。

关于物理学中的实验的批判；它在什么方面与普通证据的审查不同

与事实的纯粹观察相比，物理学中的实验完全是另一回事，因而可以毫无困难地设想，与纯粹用感官观察的事实的确定性相比，实验结果的确定性完全是另一种秩序。同样可以理解，这样的不同种类的确定性通过截然不同的方法应该变得为人所知。

一位真诚的目击者心智健全得足以不把他的想象的运用与知觉混淆，而且知道他使用的语言足以清楚地表达他的思想，当他说159他观察到一个事实，该事实是确定的：如果我向你宣布，在某某日，在某某时，我在某条街看见一匹白马，除非你有理由认为我是一个说谎的人或陷入幻觉，否则你应该确信，在彼日彼时，在那条街上，有一匹白马。

对物理学家作为实验结果陈述的命题应该给予确信，则是不同类型的事情；如果物理学家把自己局限于叙述他看见的事实，局限于用他自己的眼睛观看的严格含义，那么应当按照决定一个人的证据的可信度的通常法则研究他的证据；倘使辨认出物理学家值得信赖——我认为情况一般都会如此，那么就应该把他的证据作为真相的表达予以接受。

但是，物理学家作为实验结果重新陈述的东西，不是观察事实的叙述，而是这些事实的诠释以及把这些事实变换为由他认为是已确立的理论所创造的理想的、抽象的、符号的世界。

因此，在把物理学家的证据交付决定目击者叙述的可信性的法则后，我们将要做的只是决定他的实验价值的批判的一部分，在这里是最容易的部分。

首先，我们必须十分谨慎地探究物理学家认为已确立的、他在诠释他观察到的事实中使用的理论。不了解这些理论，我们就不可能理解他赋予他自己的陈述的意义；这位物理学家面对我们，就像目击者面对不理解目击者语言的法官一样。

如果这位物理学家认可的理论是我们接受的理论，如果我们一致同意遵守在诠释相同现象时的相同法则，那么我们讲同一语言，并能够相互理解。但是，情况并非总是如此。当我们讨论不属于我们的学派的物理学家的实验时，情况就不是这样了；当我们讨论与我们相隔五十年、一个世纪或两个世纪的物理学家的实验时，情况尤其不是这样。此时，我们必须力图在我们正在研究的作者的理论观念和我们的理论观念之间建立对应关系，并且借助我们使用的符号重新诠释他借助他使用的符号诠释的东西。如果我们成功地做到这一点，讨论他的实验将是可能的；这个实验将成为用对我们来说是外来的，但我们却拥有它的词汇表的语言给出的证据的一部分。 160

例如，牛顿曾做过一些关于环的颜色的实验；他用他创造的光学理论即发射说诠释这些观察；他把它们诠释为给予每一种颜色的光微粒以"易反射的发作"和"易透射的发作"之间的距离。当杨和菲涅耳后来引入波动说代替发射说时，他们有可能使新理论的某些要素对应于旧理论的某些要素。尤其是，他们发现，易反射的发作和易透射的发作之间的距离对应于他们所谓的波长的四分之一。多亏他们的这一注意，牛顿实验的结果能够被翻译为波的语言，牛顿得到的数乘以四给出各种颜色的波长。

以相似的方式，毕奥做了众多的关于光偏振的详尽实验，并用发射体系诠释它们；菲涅耳能够把它们翻译为波动说的语言，并利用它们作为这一理论的核验。

相反地，如果我们不能得到我们正在讨论其实验的物理学家的理论观念的充分信息,如果我们无法在他采纳的符号和我们接受的理论提供的符号之间建立对应关系,那么对我们来说,那位物理学家借以翻译他的实验结果的命题,既不为真也不为假;它们将无意义,是死的字母;在我们看来,它们将是伊特拉斯坎语的或利古里亚语的(Etruscan or Ligurian)铭文对碑铭研究者来说的东西:用译不出的语言写的文献。先前时代的物理学家积累的多少观察就这样永远地失去了!它们的作者忽略告诉我们关于他们用来诠释事实的方法,从而不可能把它们的诠释变换成我们的理论。他们用记号密封了他们的观念,而我们则缺少打开这些记号的钥匙。

这头一批原则看来也许将是朴素的,人们将为我们坚决主张维护它们而惊讶;然而,如果这些法则是平凡的,那么缺乏它们则更为平常。在多少科学讨论中,每一个竞争者都声称把他的对手161 压倒在势不可当的事实证据之下!矛盾并非存在于实在中,实在总是与它自身一致,矛盾而是存在于两个斗士中的每一个用来表达这一实在的理论中。在我们之前的那些人的著作中,有多少命题被看做是极其可笑的错误!如果我们实际上希望探究给予这些命题以其真实意义的理论,如果我们忍受麻烦把它们翻译为今日受称赞的理论的语言,那么我们也许应该把它们作为伟大的真理来纪念。

设想我们察觉到实验者承认的理论和我们认为是准确的理论之间的一致。在我们能够当下接受他用来陈述他的实验结果的判断之前,还缺少许多东西:我们现在必须研究,在他对所观察的事实的诠释中,他是否正确地应用了对我们来说是共同的理论勾勒的法则；我们将时常要注意，实验者未满足全部合情合理的要求；他在应用他的理论时，可能在推理或运算中犯错误；接着，推理应该继续进行，或运算应该重新做起；实验的结果将被修正，所得到的数将被另外的数代替。

所做的实验是两类仪器——研究者操纵的实在的仪器与他赖以进行他的推理的理想的和图式的仪器——的连续并置。我们必须继续进行这两组仪器的比较，为了做到这一点我们必须确切地了解二者。我们能够拥有第二类仪器的足够知识，因为它是用数学符号和公式定义的。但是，对于第一类仪器来说，情况并非如此；我们不得不从实验者给予我们的描绘中形成关于它的尽可能确切的观念。这是充分的描绘吗？它向我们提供了可能对我们有用的全部信息吗？所研究的物体的状态，它们的化学纯度，它们所处的环境，它们能够经受的扰动，能够对实验结果产生影响的一千零一种偶然事件——所有这些都以仔细的和精微的方式决定了，而没有遗忘所想望的事情吗？

一旦我们回答了这一切问题，我们将能够研究，图式的仪器在多大程度上提供类似于具体仪器的图像；我们将能够发现，我们通过使理想仪器的定义复杂化，是否可以获取更接近的类似；我们将能够询问，系统误差的所有重要原因是否都消除了，所期望的矫正是否都完成了。　162

即使设想，实验者为了诠释他的观察而使用了我们和他一起接受的理论，他在这一诠释的过程中正确地应用了这些理论描绘的法则，他精细地研究和描绘了他使用的仪器，他消除了系统误差的原因或矫正了它们的结果——这还不会是接受他的实验结果的充分理由吗？我们说过，理论将其与观察事实相关的抽象的和数学的命题并未完备地被决定；无限不同的命题可以与相同的事实对应，无限不同的数值赋值可以与相同的测量对应。我们把实验结果借以表达的抽象的数学命题的非决定性程度叫做这个实验的近似度。我们必须了解我们正在研究的实验的近似度；如果实验者指明它，我们必须核验他用以估计它的程序；如果他没有指明它，我们必须通过我们自己的分析决定它。多么复杂而无限微妙的操作！实验精密程度的估价首先要求，我们判断观察者感官的敏锐性。天文学家力图用个人方程的数学形式决定这一信息，但是这个方程一点也未分享几何学的平静的经久不变性，因为它听任头疼欲裂或痛苦的消化不良的摆布。这种估价其次要求，我们评估不能被矫正的系统误差；但是，在使这些误差的原因的列举尽可能完备之后，我们确信遗漏了比所列举的无限多的原因，因为具体实在的复杂性远非我们力所能及。在偶然误差表下，所有这些系统误差与决定它们的、意料之外的、环境的无知原因混堆在一起，不容许我们矫正它们。数学家趁机利用这种无知容许的自由拼凑关于这些误差的假设，从而允许他们用某些数学运算减弱它们的影响，但是概差理论并不比这些假设的可靠性更有价值；由于除了我们不了解这些误差的来源以外，我们也对他们处置的误差一无所知，我们将如何知道这些假设有什么价值呢？

163　因此，实验的近似程度的估价是一项极其错综复杂的任务。在这项任务中，往往难以坚持任何逻辑秩序；推理因而应该为那种稀罕的和微妙的品质让路，即一种本能或所谓的实验感的资质，由洞见的心智（敏感精神）而不是几何学的心智佩戴的三角锦旗。

仅仅对支配物理学实验的研究以及采纳或拒斥它的研究的准则做出描述，就足以明确地提出下述基本的真理：物理学中的实验结果与具有健全身心的人用非科学方法、仅仅通过观看或接触而断定的事实不具有相同的确定性等级；物理学实验的这种确定性由于较少自明且服从于日常证据从中逃脱的论据，因而依然长久地从属于整个理论群激起的信任。

物理学中的实验是较少确定的，但是比事实的非科学的确立要精确和详细

未入门者相信，科学实验的结果与日常观察的区别在于较高的确定性程度。他们错了，因为物理学中的实验的叙述没有日常的、非科学的证据所具有的相对容易核验的直接确定性。物理学实验尽管比后者较少确定性，但在细节的数目和精确性方面却在后者的前头，这促使我们懂得：它的真正的和本质的优势就在其中。

日常证据报告是由常识程序而不是由科学方法确立的事实，它只有在以不是详细的和精微的为代价，而且把事实视为粗糙的或在它的最突出的方面看待它的情况下，才能够是确定的。在城市的某条街上，在接近某时刻，我看见一匹白马：这就是我以确定性肯定的东西。也许，我将把引起我注意的某一特殊性添加到一般陈述中而不顾其他细节：这匹马的奇特姿式，马具的五颜六色的部件，此外再也没有迫使我接受更多的问题；我的记忆会被打乱，我的回答可能是模糊的：不久我就被迫告诉你："我不知道。"日常

证据以罕见的例外仅仅在它是较少精确和较少分析的程度上提供断言，并且墨守最粗糙的和最浅显的考虑。

物理学实验的叙述是大相径庭的：它不满足于让我们了解粗糙的现象；它宣称要分析它，告诉我们最微小的细节和最精微的特殊性，并精密地注意到每一个细节和特殊性的等级和相对重要性；它宣称以这样的方式给我们信息：无论何时我们乐意，我们都能够像报告的那样精密地重现该现象，或者至少重现在理论上等价的现象。这种宣称可能超过完成它的科学实验的能力，正如它超过日常观察的能力一样，尽管前者比后者更好地装备起来。如果物理学家没有强有力的分类和表达工具，令人赞美地明晰而简洁的符号描述手段即数学理论供他使用，如果他为了注意每一特殊性的相对重要性，却没有数值估价即测量提供精密而简明的判断方法，那么构成和环绕每一个现象的详情的数目和细节便会击溃想象，并因记忆不堪重负而使描述落空。如果某人今天打赌在排除所有理论语言的情况下着手描绘物理学实验，比如说，如果他在使他的叙述摆脱物理学理论引入的所有抽象的和符号的表达的情况下，也就是在摆脱词汇压力、温度、密度、重力强度、透镜的光轴等的情况下，企图阐述勒尼奥的气体压缩性实验，那么他便会察觉到，这些实验的叙述只能用可以想象的最混乱不堪的、最错综复杂的和最难以理解的叙述充斥整个卷册。

因此，理论诠释无论何时都从物理学实验的结果中消除日常观察资料所具有的直接确定性，另一方面，正是理论诠释，容许科学实验比常识更进一步深入现象的详细分析，并给它们的描述以远远超过流行语言准确性的精确性。

第五章　物理学定律

物理学定律是符号的关系

正如常识定律是借助对人来说是天然的工具以事实观察为基础一样，物理学定律也以物理学实验的结果为基础。不用说，把事实的非科学断言与物理学实验的结果区分的深刻差异也将把常识定律与物理学定律区分开来；因而，我们就物理学实验说的几乎一切将扩展到科学陈述的定律。

让我们考虑一个最简单、最确凿的常识定律：凡人皆有死。这个定律确实与两个抽象概念有关：一般的人的抽象观念而不是特殊的这个人或那个人的具体观念，死的抽象观念而不是这种或那种形式的死的具体观念；事实上，正是仅仅在这个条件即与抽象的东西有关的概念之上，该定律才能是全称命题。但是，这些抽象绝不是理论的符号，因为它们仅仅是从该定律适用的每一个特例中抽取出是全称命题的东西。因此，在我们应用该定律每一特例中，我们都将发现这些抽象观念在其中实现的具体对象；每当我们断言凡人皆有死时，我们将发现我们自已意识到，某个个别人体现人的一般观念，某一特殊的死隐含着死的一般观念。

让我们举另一个例子，当米约(Milhaud)阐述我们稍前表达过的这些观念[①]时，他引用它作为例子。它是关于从属于物理学领域的对象的定律，但是当这门知识分支还只是作为常识属地而存在，而没有获得理性科学的尊贵时，它就保持着物理学定律具有的形式。

该定律如下：我们在听到雷鸣前看见电闪。这个陈述联系在一起的电闪和雷鸣的观念是抽象的和一般的观念，但是这些抽象如此本能地和自然地从这样的特殊的资料中抽取出来：对于每一次电闪，我们都察觉到炫目的闪光和隆隆的响声，我们从中立即辨认出我们的电闪和雷鸣观念的具体形式。

166

然而，这对物理学定律并不适用。让我们以这些定律之一马略特(Mariotte)定律为例，并审查它的系统阐述而暂时不关心这个定律的精确性。在恒温下，恒定质量的气体占据的体积与它们承受的压力成反比；这就是马略特定律的表述。它引入的术语即质量、温度、压力的观念还是抽象的观念。但是，这些观念不仅仅是抽象的；此外，它们是符号的，这些符号只是由于物理学理论的恩赐才呈现出意义。让我们使自己转向我们希望应用马略特定律的实在的、具体的气体；我们将不处理体现一般的温度观念的某一具体温度，而是处理某种或多或少暖和的气体；我们将不面对体现一般的压力观念某一特殊的压力，而是面对以某种方式把重量施加于其上的某个气泵。无疑地，某一温度对应于这种或多或少暖

① G. Milhaud "La science rationnelle" *Revue de métaphysique et de Moral*, IV (1896), 280, 在 *Le Rationnel*(Paris, 1898), p. 144 中重印。

和的气体，某一压力对应于施加在泵上的这种作用力，但是这种对应是符号与被它表示和代替的事物的对应，或者是实在与描述它的符号的对应。这种对应绝不是直接给予的；它是借助仪器和测量建立的，这往往是十分漫长的和十分复杂的过程。为了把确定的温度分配给这种或多或少暖和的气体，我们必须求助于温度计；为了以压力的形式估计气泵施加的作用力，我们必须利用流体气压计，正如我们在前一章看到的，使用温度计和流体气压计就是运用物理学理论。

由于在常识定律中涉及的抽象术语无非在具体地观察的对象中都是一般的无论什么东西，因此由具体的东西到抽象的东西的转变是以这样必然的和自发的操作进行的，以至它依然是无意识的；在某人或某个死的案例存在时，我们立即把它们与人的一般观念和死的一般观念联系起来。这种本能的和非思考的操作产生非分析的一般观念，也可以说，是粗糙地采用的抽象。无疑地，思考者可以分析这些一般的和抽象的观念，他可能想知道人是什么，死是什么，试图识破这些词汇的深刻而充分的含义。这种探究将导致他更好地理解该定律的根据，但是为了理解该定律却没有必要这么做；要理解该定律，只要在这些术语的明显含义上把握它们就充分了，不管我们是不是哲学家，这对我们来说都是清楚明白的。

另一方面，用物理学定律关联起来的符号的术语不是那类从具体的实在中自发地冒出的抽象；它们是通过缓慢的、复杂的和有意识的工作，即通过精心构造物理学理论的长期劳动产生的抽象。如果我们没有做这项工作，或者如果我们不了解物理学理论，那么就不能理解定律或应用它。

按照我们是采纳这一个理论还是另一个理论，在物理学定律中出现的同一术语改变它们的意义，以致该定律可以被承认某一理论的这一个物理学家接受，并且可以被承认某个其他理论的另一个物理学家拒斥。

以农民和形而上学家为例，前者从未分析过人或死的概念，后者花费他的一生分析它们；再以两个哲学家为例，他们分析和采纳不同的、不一致的人和死的概念；对于大家而言，定律“凡人皆有死”将同样是清楚的和真实的。以同一方式，定律“我们在听到雷鸣前看见电闪”对于透彻了解击穿放电定律的物理学家来说，就像对于在闪电一击中看见朱庇特神殿的天使的罗马平民那样，具有相同的明晰性和确定性。

另一方面，让我们考虑下述物理学定律：“所有气体以相同的方式收缩和膨胀”；让我们询问不同的物理学家，碘蒸气是否违背这个定律。第一位物理学家宣称信奉碘蒸气是单一的气体的理论，并从先前的定律中引出结果说，碘蒸气的密度相对于空气是不变的。现在，实验表明，这一密度依赖于温度和压力；因此，我们的物理学家得出结论，碘蒸气不服从所陈述的定律。第二位物理学家坚持说，碘蒸气不是单一的气体，而是两种气体的混合物，这两种气体相互聚合并且能够彼此转化；因此，所提到的定律不要求碘蒸气的密度相对于空气是不变的，而宣称这一密度按照J.威拉德·吉布斯建立的某一公式随温度和压力而变化。事实上，这个公式描述实验决定的结果；我们的第二位物理学家得出结论说，对于所陈述的所有气体以相同的方式收缩和膨胀的法则而言，碘蒸

168

气不是例外。于是,我们的两位物理学家对两人以相同的形式阐明的定律具有大异其趣的看法:一位由于某一事实而发现它的错误,另一位发现它被同一事实确认了。这是因为,他们坚持的不同理论没有唯一地决定适合于词汇"单一的气体"的意义,以致虽然他们二人宣布相同的句子,但是他们却意指两个不同的命题;为了把他的命题与实在比较,每个人都进行不同的运算,致使有可能一个人证实这个定律,而另一个人却发现它与同一事实相矛盾。这明显地证明了下述真理:物理学定律是符号的关系,它应用于具体实在要求了解和接受整个定律群。

恰当地讲,物理学定律既不为真也不为假,而是近似的

常识定律只是普遍的判断;这种判断或为真或为假。例如,以日常观察揭示的定律为例:在巴黎,太阳每天在东方出来,上升到天空,然后下落并沉入西方。在这里,你拥有一个真实的定律,而无先决条件或限制。另一方面,再举这一陈述,月亮总是满月。这是一个假定律。如果询问常识定律的真理,我们能够用是或否回答这个问题。

对于达到充分成熟的物理科学以数学命题陈述的定律来说,情况并非如此;这样的定律总是符号的。现在,恰当地讲,符号既不为真也不为假;它宁可说是或多或少充分地选择用来代替它所描述的实在的某种东西,而且它确实以或多或少精确的、或多或少详尽的方式描绘那个实在。但是,在把词汇"真理"和"谬误"用于

符号时,则不再有任何意义了;关心词汇的严格意义的逻辑学家将如此回答任何询问物理学是真还是假的人:“我不理解你的问题。”让我们评论一下这一回答——它看来好像是自相矛盾的,但是对169 于任何自称了解物理学是什么的人来说,理解它则是必要的。

实验方法在物理学中实际运用时,并非产生与唯一一个符号判断对应的给定事实,而是产生与无数不同的符号判断对应的给定事实;符号不确定性的程度是所述实验的近似程度。让我们列举一连串的类似事实;发现这些事实的定律,对物理学家来说意味着发现包含这些事实中每一个的符号描述的公式。与每一个事实对应的符号的非决定性承担把这些符号结合起来的公式的非决定性;我们能够使无限不同的公式或相异的物理学定律对应于相同的事实群。为了使这些定律中的每一个被接受,应该对应于每一个事实的不是这个事实的**该**(the)符号,而是在数目上无限的、能够描述这个事实的符号中的某一个;这就是当物理学定律被说成仅仅是近似的时所意指的东西。

例如,让我们想象,我们不愿满足于常识定律提供的信息:太阳每天在巴黎从东方出来,爬上天空,下降,沉入西方;为了有一个从巴黎看到的太阳运动的精确定律,一个向巴黎的观察者指明太阳在每一时刻在天空所处位置的定律,我们才致力于物理科学。为了解决这个问题,物理学家将不利用感觉到的实在,说太阳像我们看到的那样正在天空照耀,而是将使用理论借以描述这些实在的符号:实在的太阳不管其表面不规则,不管它有许多隆起,它都将在他们的理论中用几何上完美的圆球代替,它将处在这个理想球体的中心位置,这一点才是这些理论将力求决定的;或者恰当地讲，如果天文学折射不使光线偏离，如果周年光行差不更改天体的表观位置，那么它们将力求决定这个点所占据的位置。因此，正是符号，被用来代替向我们观察提供的唯一可感觉的实在，代替我们的透镜可以观测的闪耀的圆盘。为了使符号对应于实在，我们必须得到复杂的仪器，我们必须使太阳的边缘与用测微计装备的透镜的十字线重合，我们必须在圆度盘上刻画许多读数，并使这些读数经受各种矫正；我们还必须展开冗长的和复杂的运算，而运算的合法性依赖于所承认的理论，依赖于光行差理论和大气折射理论。 170

在符号上称为太阳的中心的点，还不是由我们的公式获取的；公式只告诉我们这个点的坐标，例如黄经和黄纬，在不了解宇宙结构学定律的情况下不能理解坐标的意义。除非借助一组预备的决定——位置子午线、它的地面坐标等的决定，否则就无法赋予你用你的手指指出的或望远镜能够观测的天空中的一点以坐标值。

现在，假定已经做出对光行差和折射的矫正，我们不能够使太阳中心的单一的黄经值和单一的黄纬值对应于太阳圆盘的确定的位置吗？确实不能。用来观测太阳的仪器的光学功能是有限的；要求我们仪器的各种操作和读数具有有限的灵敏度。设太阳圆盘处在这样一个位置，它距下一个位置的距离足够小，我们将不能察觉其偏离。在承认我们不能以大于 $1'$ 的精确性知道天球上一个固定点的坐标的情况下，为了决定太阳在给定时刻的位置，知道近似于 $1'$ 的太阳中心的黄经和黄纬将足够了。因此，为了描述太阳的路径，不管它在每一时刻仅占据一个位置的事实，我们将能够针对每一时刻给予黄经不只一个值，而给予黄纬仅仅一个值，但是针对每一时刻却给予无数值，除非对于给定时刻而言，两个可接受的黄经值或两个可接受的黄纬值之差将不大于1′。

我们现在着手寻找太阳运动的定律，也就是说，寻找容许我们分别计算在一个周期的每一时刻太阳中心的黄经和黄纬各自的值的两个公式。为了把黄经的路径描述为时间的函数，我们将能够不采用单一的公式，而采用无限不同的公式，倘若对于给定的时刻所有这些公式给予我们的黄经值之差小于1′，这难道不是显而易见的吗？对于黄纬来说，相同的情况难道不是显而易见的吗？于是，我们将能够用无限不同的定律同样充分地描述我们关于太阳路径的观察；这些不同的定律将用代数认为是不相容的方程来表达，若这样的方程之一被证实，则其他的不能被证实。它们每一个 171 将在天球上勾勒不同的曲线，说同一点在同一时间描述这样两个曲线会是荒谬的；然而，对于物理学家来说，所有这些定律同样都是可以接受的，因为这一切定律以比能够用仪器观察到的更准确的近似决定太阳的位置。物理学家没有权利说，这些定律的一些为真而排斥其他的。

毋庸置疑，物理学家有权利在这些定律之间做出选择，他一般地将选择；但是，指导他的选择的动机将不具有相同的类型，或者将不像迫使他宁要真理而不要谬误的迫切需要那样被强加。

他将选择某一公式，因为它比其他公式更简单；我们心智的脆弱强使我们把巨大的重要性放在这类考虑上。有一个时期，物理学家设想造物主的理智也染上同样的衰弱，这些自然定律的简单性作为一种无可争辩的教条被强加，以这个教条的名义任何表达太复杂的代数方程的实验定律都受到排斥，简单性似乎把超越于提供定律的实验方法的那些确定性和范围授予定律。这正是拉普拉斯在谈到惠更斯发现的双折射定律时所说的："直到现在，这个定律只是观察的结果，是在最精密的实验隶属的误差限度内的近似的真理。现在，它依赖的作用的规律的简单性应该使我们认为它是严格的定律。"[①]那个时代不再存在了。我们不再受简单的公式施加在我们身上的魔力的愚弄了；我们不再把那种魔力看做是较大确定性的证据了。

当一个定律来自物理学家认可的理论时，他就特别偏爱它而不是另外的定律；例如，他将需要万有引力理论，以决定他在所有能够描述太阳运动的公式中应该偏爱哪一些公式。但是，物理学理论仅仅是分类和汇集实验所隶属的近似定律的工具；因此，理论不能更改这些实验定律的本性，不能授予它们以绝对真理。

于是，每一个物理学定律都是近似的定律。因而，对于严格的逻辑学家来说，它既不为真也不为假；任何以相同的近似描述相同实验的其他定律，也可以像第一个定律那样，有权要求真定律的头衔，或者更精确地讲，有权要求可接受的定律的头衔。 172

每一个物理学定律都是暂定的和相对的，因为它是近似的

定律的特征就在于它是固定的和绝对的。一个命题是定律，

① P. S. Laplace, *Exposition du système du monde*, I, IV Ch. XVⅢ, "De l'attraction moléculaire."

仅仅因为它一旦为真，便总是为真；若对此人为真，则对彼人亦为真。说定律是暂定的，说它可以被一个人接受而被另一个拒斥，这不是自相矛盾吗？是又不是。是，确实，如果我们所谓的“定律”意指常识揭示的定律，那么我们能够在该词的恰当含义上称其为真；这样的定律不能今天为真而明天为假，不能对你为真而对我为假。不是，倘若我们所谓的“定律”意指物理学以数学形式陈述的定律的话。这样的定律总是暂定的；并非我们必须理解这意味着物理学定律某时期为真尔后为假，而是它从不为真或为假。它之所以是暂定的，因为它描述它近似地应用的事实，物理学家今天判断这一近似是充分的，但是他将在某一天不再判断它是令人满意的了。这样的定律总是相对的；不是因为它对一个物理学家来说为真而对另一个物理学家来说为假，而是因为它包含的近似对于第一个希望使用它的物理学家而言是足够的，反之对第二个希望使用它的物理学家而言就不是足够的了。

我们已经注意到，近似程度不是某种固定不变的东西；它随着仪器的改进，误差原因更严格的避免，或更精确的矫正容许我们更好地估计它们而逐渐增加。当实验方法逐步改善时，我们减少了物理学实验导致与具体事实对应的抽象符号的非决定性；许多符号判断在一个时期被认为恰当地描述了确定的、具体的事实，但在另一个时期将不再作为以充分的精确性表示这个事实而被接受了。例如，为了描述太阳在给定时刻的位置，一个世纪的天文学家接受彼此相差不大于 $1'$ 的所有黄经值以及限制在同一间隔内的所有黄纬值。下一个世纪的天文学家将拥有更大光学功能的望远镜，更完善的圆度盘，更细微的和更精确的观察方法；届时他们将要求，分别确定太阳中心在给定时刻的各种不同的黄经和黄纬一致在大约 10″之内；他们也许会拒绝他们的前辈乐于允许的决定的无限性。 173

随着实验结果的非决定性变得越狭窄，用来浓缩这些结果的公式的非决定性也变得越受限制。一个世纪会把针对每一时刻给予太阳中心的坐标近似在 1′之内的任何公式群作为这个星球运动的定律来接受；下一个世纪将把太阳中心的坐标已知近似在 10″之内的条件强加于太阳运动的任何定律；第一个世纪接受的无限的定律将被第二个世纪拒斥。

每当我们阅读物理学的历史时，这门科学的定律的暂定的特征都变得很明显。在杜隆(Dulong)和阿喇戈看来，马略特定律是气体压缩性定律的可接受的形式，因为它描述了实验事实，其离差依然小于他们使用的观察方法的可能误差。当勒尼奥改进仪器和实验方法，这个定律便受到排斥；马略特定律与观察结果的离差比影响新仪器的不确定性大得多。

现在，举出两位当代物理学家，第一位可能处在勒尼奥所处的环境中，而第二位可能还在杜隆和阿喇戈工作的条件下工作。第一位具有十分精密的仪器，计划作十分精确的观察；第二位只具有简陋的仪器，此外他正在从事的研究不要求严密的近似。马略特定律将被后者接受而被前者拒斥。

不仅如此，我们还能够看到，同一物理学定律被同一物理学家在同一工作的进程中同时采纳和拒斥。假如物理学定律可以被说成是真或是假，那么这就会是一个奇怪的悖论；同一命题同时能够被肯定和否定，这便会构成形式的矛盾。

例如，勒尼奥正在探索气体的可压缩性，其目的是发现代替马略特定律的更近似的公式。在他的实验的过程中，他需要知道在他的流体压力计中的水银达到某一水准时的大气压；他利用拉普拉斯公式得到这个压力，而拉普拉斯公式又依赖于马略特定律的运用。在这里没有悖论或矛盾。勒尼奥了解，马略特定律的这一特定利用比他正在使用的实验方法的不确定性要小得多。

174

任何是近似的物理学定律都处于进步的支配之中，由于实验精确性的增加，这种进步将使物理学定律的近似程度变得不充分：定律本质上是暂定的。对它的价值的评估从一个物理学家到任何别的物理学家而变化，这取决于在他们配置中的观察工具和他们的研究要求的准确性：定律本质上是相对的。

每一个物理学定律都是暂定的，因为它是符号的

物理学定律是暂定的，不仅因为它是近似的，而且也因为它是符号的：总是存在用定律联系起来的符号不再能够以满意的方式描述实在的情况。

为了研究某一气体，比如氧气，物理学家创造它的图式描述，从而能够以数学推理和代数运算把握它。他把这种气体描绘为力学研究的理想流体之一：它具有某一密度，处于某一温度并经受某一压力。在密度、温度和压力这三要素中间，他建立某个方程表达的某种关系：这就是氧气的可压缩性和膨胀的定律。这个定律是确切的吗？

设物理学家把一些氧气置于强烈带电的电容器的极板之间；

设他决定该气体的密度、温度和压力；这三个要素的值将不再证实氧气的可压缩性和膨胀的定律。物理学家惊讶地发现他的定律有错误吗？根本没有。他认识到，错误的关系仅仅是符号的关系，它不是他所操纵的实在的、具体的气体具有的，而是某种逻辑的创造物，某种用它的密度、温度和压力为特征的某种图式的气体具有的，这种图式化无疑太简单了和太不完备了，致使无法描述处于现在给定条件下的实在的气体的性质。他接着力求完善这种图式化，使它能够更好地代表实在：他不再满足于借助氧气的密度、它的温度和它所承受的压力来描述它；他把该气体所在之处的电场强度引入新图式化的结构；他使这种比较完备的符号服从新的研究，得到被赋予电介质极化的氧气的可压缩性定律。这是一个较为复杂的定律；它把前者作为一个特例包括进来，但是它更为综合，并将在原来定律会失败的案例中被证实。　175

这个新定律是确切的吗？

取它适用的气体，并使气体置于电磁铁的极之间；你将看到，新定律本身却被实验证伪了。请不要认为这一新证伪使物理学家心烦意乱；他知道，虽然他创造的符号在某些案例中是实在的忠实图像，但并非在所有情况中都类似实在。因此，他不灰心丧气，他再次着手研究他借以描绘他正在实验的气体的图式。为了用这种略图描述事实，他把新的特征加于气体：这种气体具有某一密度、某一温度和某一介电能力，承受某一压力并置于给定强度的电场中还是不够的；此外，他还分配给它某一磁化系数；他考虑到气体所在之处的磁场，在把所有这些要素用公式群关联起来时，他得到被极化和被磁化的气体的可压缩性和膨胀的定律，一个比他起初得到的定律更为复杂和更为综合的定律，一个在先前的定律会被证伪的无数案例中将被证实的定律；然而，它还是暂定的定律。物理学家期望有一天发现这个定律本身将是错误的条件；在那一天，他将不得不再次处理所研究的气体的符号描述，把新的要素添加其中，并宣告更为综合的定律。由理论锻造的数学符号应用于实在，就像铁盔甲穿到骑士身上：盔甲越复杂，坚硬的金属似乎变得越柔顺；在上面覆盖的像荚壳一样的甲片的增多，保证钢铁和它防护的肢体之间更完好的接触；但是，不管构成盔甲的部件多么多，盔甲从来也没有精确地适合作为模特儿的人的身体。

我知道，在反对这一点时将说什么。我将被告知，最初系统阐述的可压缩性和膨胀定律无论如何未被后来的实验推翻；当所有的电作用和磁作用被消除时，它依然是氧气据以被压缩和膨胀的定律；物理学家后来的探究只是告诉我们，把这个其可靠性未受影响的定律与电离气体的可压缩性定律和磁化气体的可压缩性定律结合起来是合适的。

176

上述这些如此转弯抹角地看待事物的人应当认清，如果不谨慎行事的话，原来的定律也会导致严重的错误，因为它支配的领域不得不由下述双重约束划定边界：使所研究的气体脱离所有的电作用和磁作用。现在，这一约束的必要性起初好像没有出现，但是却被我们提到的实验强加。这样的约束是应该强加在定律陈述上的唯一约束吗？未来所做的实验将不指出像先前的约束一样基本的其他约束吗？什么样的物理学家将敢于就此宣判并敢于断言目前的陈述不是暂定的而是最终的？

因此，物理学定律是暂时的，在于它们关联的符号太简单了，以致不能完备地描述实在。总是存在着符号不再能够描绘具体事物和精确地预告现象的境况；于是定律的陈述必须伴随容许人们消除这些境况的约束。正是物理学的进步，产生了对这些约束的认识；断言我们完备地列举它们，或断言拟定的一览表将不经历某种添加或修正，这从来也是不许可的。

通过不断的修正，物理学定律越来越满意地避免实验提出的反驳，这项任务在科学的发展中起着如此基本的作用，以至可以容许我们在某种程度上进一步坚持它的重要性，并且在第二个例子中研究它的过程。

在这里有一个容器盛着水。万有引力定律告诉我们，什么力作用在每一个水粒子上：这个力是粒子的重量。力学告诉我们，水应该呈现什么形状：无论容器的本性和形状如何，水应该形成水平面边界。请仔细观看水的界面：在距容器边缘一定距离处是水平的，在玻璃壁邻近它不再如此，并且沿玻璃壁上升；在狭细的管子，水上升得很高，完全变成凹面。在这里，你明白万有引力定律失效了。为了防止毛细现象驳倒引力定律，将必须修正它：我们将不再必须认为距离平方之反比的公式是精密的公式，而认为它是近似 177 的公式；我们将不得不假定，这个公式以充分的精确性表明两个远隔的物质粒子的引力，但是当问题是表达两个彼此十分接近的要素的相互吸引时，它就变得很不正确了；我们将不得不把补充项引入方程，虽然补充项使方程变得复杂，但将使它们能够描述广泛的现象类，将容许它们把天体运动和毛细效应包括在同一定律之下。

这个定律将比牛顿定律更综合，尽管如此，它将无法避免一切矛盾。让我们在液体质量的两个不同之点插入金属线，金属线接在电池组的两极：在这里你发现毛细现象定律与观察不一致。为了消除这种不一致，我们必须再次处理毛细作用公式，通过考虑流体粒子携带的电荷和在这些电离粒子之间作用的力来修正和完善它。因而，实在和物理学定律之间的这种斗争将无限期地进行下去：实在将或早或晚地以事实的严厉反驳对准物理学阐述的任何定律，而不屈不挠的物理学将润色、修正和复杂化被反驳的定律，以便用更综合的定律代替它，在这个综合的定律中，实验引起的例外本身将找到它的法则。

通过这种永不息止的斗争和不断地增补定律以容纳例外的工作，物理学便取得进步。正是因为重力定律与用毛皮摩擦的一块琥珀矛盾，物理学才创造静电学定律；正因为磁石不管这些相同的重力定律而吸起铁块，物理学才阐明磁学定律；正因为奥斯特(Oersted)发现静电学和磁学定律的例外，安培才发明电动力学和电磁学定律。物理学进步不像几何学进步那样，把新的最终的和不容置辩的命题添加到它已经具有的最终的和不容置辩的命题中；物理学之所以取得进步，是因为实验不断地引起定律和事实之间突然爆发的不一致，是因为物理学家为了可以更忠实地描述事实而不断地润色和修正它们。

178

物理学定律比常识定律更详细

日常的非科学经验容许我们阐明的定律是普遍的判断，它的意义是直接的。在这些判断之一存在时，我们可以问："它为真吗?”答案往往是容易的;在任何情况下,答案是确切的是或否。被辨认为真的定律对所有时间和对一切人来说都是如此;它是固定的和绝对的。

以物理学实验为基础的科学定律是符号的关系,对于任何一个不了解物理学理论的人来说,它们的意义依然是不可理解的。自从它们是符号的以来,它们从未为真或为假,它们像它们依赖的实验一样是近似的。虽然定律的近似程度在今天是充分的,但是在未来由于实验方法的进步将会变得不充分;虽然它对这位物理学家来说是充分的,但它却不会使另外一些人满意,以至物理学定律总是暂定的和相对的。它之所以是暂定的,也在于它不是把实在而是把符号关联起来,并且因为总是存在符号不再对应于实在的情况;除非不断地润色和修正,否则物理学定律便不能维持下去。

物理学定律的可靠性问题本身从而以大相径庭的方式提出比常识定律的确定性问题更复杂、更微妙的问题。人们也许被诱使得出奇怪的结论,物理学定律的知识构成低于常识定律的单纯知识的知识等级。要回答这些从先前的考虑中推出这个自相矛盾的结论的人,我们只要就物理学定律重复一下我们就科学实验所说的话就满足了:与常识定律相比,物理学定律具有少得多的直接的确定性和多得多的估价困难,但是它在它的预言的细微而详细的精确性方面却超过前者。

以常识定律“在巴黎,太阳每天从东方出来,爬上天空,然后下降并沉入西方”为例,把它与告诉我们太阳中心在每一时刻在约一秒内的坐标比较一下,你将确信这个命题的准确性。

物理学定律只有通过牺牲常识定律某些固定的和绝对的确定性的东西,才能够获得细节的细致性。在精确性和确定性之间存在着一种平衡:除非损害一个,否则便不能增加另一个。让我看一块矿石的矿工能够毫不犹豫或毫无保留地告诉我,它含有金子;但是,向我展示一个闪亮铸锭的化学家在告诉我“它是纯金”时,却不得不增添保留说:“或者几乎是纯的”;他不能肯定,铸块未包含微量杂质。

179

人们可以发誓讲述真理,但是他没有能力讲述全部真理并且只讲述真理。“真理是如此微妙的一个点,我们的仪器太迟钝以致无法精确地触及它。当它们达到它时,它们压碎该点,在它周围与其说冲向为真的东西,还不如说冲向为假的东西。”①

① B. Pascal, *Pensées*, ed. Havet, Art Ⅳ, No 3.

第六章　物理学理论和实验

180

理论的实验检验在物理学中并不像在生理学中那样具有相同的逻辑简单性

物理学理论的唯一意图是提供实验定律的描述和分类；容许我们判断物理学理论并宣布它或好或坏的唯一检验，是这个理论的推论和它必须描述和分类的实验定律之间的比较。既然我们已经精细地分析了物理学实验和物理学定律的特征，我们便能够确立应该支配实验和理论之间的比较的原则；我们能够讲述，我们将如何分辨一个理论被事实确认还是被事实削弱。

当许多哲学家谈论实验科学时，他们仅仅想到与它们的起源很接近的科学，比如生理学或化学的某些分支，在这些科学中实验者直接依据事实推理，所用方法只不过是引起较大注意的常识，但是在那里数学理论还没有引入它的符号描述。在这样的科学中，理论演绎和实验事实之间的比较服从十分简单的法则。克劳德·贝尔纳(Claude Bernard)以特别有力的方式阐述了这些法则，他愿意把它们浓缩为如下单一的原则：

“实验者应该怀疑并坚持远离固定的观念，并始终保持他的心智自由。

“致力于自然现象研究的科学家必须满足的第一个条件,就是基于哲学怀疑保持完全的心智自由。”[①]

如果一个理论启发所做的实验,这样就更好了:“……我们能够跟随我们的判断和思想,自由地驾驭我们的想象,只要我们的所有观念仅仅是进行新实验的托辞,而新实验可以为我们提供检验的事实或未曾料到的和富有成果的事实。”[②]一旦做完实验并明确地确立了结果,如果一个理论接纳这些结果,以便概括它们、协调它们、从它们引出新的实验课题,这样便锦上添花了:“……如果一个人受到实验方法的原则的鼓舞,那么就会无所畏惧;因为只要观念是正确的观念,它就会继续发展;当它是错误的观念时,实验在这里便会矫正它。”[③]但是,只要实验持续着,理论就应该继续等待,在严格的秩序下待在实验室的大门之外;当科学家直接面对事实时,理论应该保持缄默,远离科学家而不去打扰他;必须毫无先入之见地观察事实,以同样审慎的公正收集事实,不管它们确认还是反驳理论的预言。观察者就他的实验提交给我们的报告应该是现象的忠实的和极为精密的描述,而不应该让我们甚至去猜测科学家相信或怀疑什么体系。

“对他们的理论或观念怀有过分信念的人,不仅倾向于贫乏地

181

---

① Claude Bernard, *Introduction à la Médecine expérimentale* (Paris 1865), p. 63 (由 H. C. Greene 译为英语 *An Introduction to Experiment Medicine*〔New York: Henry Schuman, 1949.〕)

② Claude Bernard, *Introduction à la Médecine expérimentale* (Paris, 1865) p. 64.

③ *Ibid.*, p. 70.

做发现，而且也十分拙劣地做观察。他们必然带有先入之见进行观察，当他们开始实验时，他们总想在实验结果中仅仅看到他们的理论被确认。因而，他们歪曲观察，往往忽略十分重要的事实，因为这些事实与他们的鹄的针锋相对。这促使我们在另外的地方说过，我们从来也不应当为确认我们的观念做实验，而仅仅是为检验它们做实验。……但是，十分自然地发生的情况却是，人们都过多地相信他们自己的理论，而不充分信任其他人的理论。于是，这些谴责他人的人的占优势的想法是，寻找他人理论中的错误，并力图反驳它们。对科学的挫折依然是相同的。他们正在做实验仅仅是为了摧毁一个理论，他们正在做实验而不是为了寻求真理。他们也做拙劣的观察，因为他们通过忽略与他们的意图无关系的东西，通过十分谨慎地避免可能进入他们希望反对的观念的方向的无论什么东西，仅仅把适合他们意图的东西吸收到他们的实验结果之中。这样，人们经由两条平行的路线被导向同一结果，也就是说，导向证伪科学和事实。

“从所有这一切得出的结论是，当一个人面对实验的决定时，必须忘却他的观点以及其他人的观点；……我们必须按照实验结果的本来面目接受它们，尽管在它们之中有未曾预见到的和偶然的东西。”[1]　182

例如，这里有一位生理学家，他承认脊髓神经的前末梢包含运动神经纤维，后末梢包含感觉神经纤维。他接受的理论导致他设想一个实验：如果他切断某个前末梢，那么他应当抑制身体某一部

---

① *Ibid.*，p. 67.

分的可动性，而不破坏它的感受性；在切下这个末梢后，当他观察他的手术的结果时，当他就结果做报告时，他必须放弃他的关于脊髓神经生理学的所有观念；他的报告必须是事实的未加工的描绘；不允许他忽略或不提及与他的预言相反的运动或抖动，或者不容许他把它归因于某种次要的原因，除非某一特别的实验证明这一原因；如果他不希望被指责具有坏科学信念的话，那么他就必须在他的理论演绎的推论和他的实验表明的事实的确立之间建立绝对的分离或严密的分隔空间。

这样的法则无论如何是不容易遵循的；它要求科学家绝对抛开他自己的思想，并在面对其他人的见解时没有丝毫敌意；他不应当纵容虚荣心或妒忌心。正如培根(Bacon)提出的，他从来也不应该让眼睛显露出人的激情的光彩。按照克劳德·贝尔纳的看法，构成实验方法的唯一原则的心智自由不仅依赖于理智条件，而且也依赖于使他的实践更为珍贵、更为值得称赞的道德条件。

但是，如果刚刚描绘的实验方法难以实践的话，那么对它的逻辑分析则是十分简单的。当经受事实检验的理论不是生理学理论而是物理学理论时，情况就不再是这样的了。事实上，在后一种情况下，不可能把我们希望检验的理论留在实验室大门之外，因为没有理论，就不可能调节一个仪器或诠释一个读数。我们已经看到，在物理学家的心智中，不断地呈现出两类仪器：一类是他操纵的具体的玻璃和金属仪器，另一类是理论用来代替具体仪器的、物理学家据以进行他的推理的、图式的和抽象的仪器。因为这两类观念在他的心智中不可分割地关联在一起，每一个必然要求另一个；因而物理学家在没有把图式仪器的观念与具体仪器联系起来的情况

183

下就无法设想后者，就像法国人在没有把一个观念与表达它的法语词汇联系起来就不能设想该观念一样。这种阻止人们把物理学理论与适合于检验这些理论的实验程序割裂开来的根本不可能性，以独特的方式使这种检验复杂化了，并迫使我们仔细地审查它的逻辑意义。

当然，每当物理学家正在做实验或报告他的实验结果时，他并不是唯一诉诸理论的人。当化学家和生理学家使用诸如温度计、流体压力计、量热计、电流计和糖量计这样的物理仪器时，他们也隐含地认可证明这些仪器部件的使用是正当的理论的准确性，以及给予温度、压力、热量、电流强度和偏振光这样的抽象观念——这些仪器的具体指示正是借助它们翻译的——以意义的理论的准确性。但是，所利用的理论以及所使用的仪器都属于物理学的领域；由于和这些仪器一起接受理论——没有该理论仪器的读数就不可能有意义，化学家和生理学家表明他们信任物理学家，他们设想物理学家准确无误。另一方面，物理学家也被迫信赖他自己的理论观念或他的同行物理学家的理论观念。从逻辑的观点来看，差异是微不足道的；对于生理学家和化学家以及对于物理学家来说，实验结果的陈述一般地都隐含对整个理论群的一种信念。

物理学中的实验从来也不能够宣判一个孤立的假设不适用，而只能宣判整个理论群不适用

进行一个实验或给出实验报告的物理学家都默认整个理论群

的准确性。让我们接受这个原则，看一看当我们试图评估物理学实验的作用和逻辑含义时，我们可以从它推导出什么推论。

为了避免任何混乱，我们将区分两类实验：**应用**实验和**检验**实验；我们将首先仅仅提及一下前者，而后者将是我们的主要关注之点。

184 你面对一个要实际解决的物理学问题；为了产生某一效果，你希望利用物理学家获得的知识；你想要点亮一只白炽灯泡；被接受的理论向你指出解决该问题的手段；但是，为了运用这些手段，你必须获取某些信息；我假定，你应该决定供你支配的发生器的电池组的电动势；你测量这个电动势：这就是我所谓的应用实验。这种实验的目的并不在于发现被接受的理论是否是正确的：它仅仅是打算利用这些理论。为了完成它，你使用这些相同的理论使其合法的仪器；在这个步骤中没有使逻辑震惊的东西。

但是，应用实验并不是物理学家必须实行的唯一实验；只是借助它们，科学才能有助于实践，但是科学并非通过它们创造和发展自身；除了应用实验，我们还有检验实验。

物理学家对某个定律提出质疑；他怀疑某个理论的观点。他将如何证明这些怀疑是合法的？他将如何论证定律不正确？他将从被起诉的命题中导出实验事实的预言；他将实现使这个事实应该产生的条件；如果所预言的事实不产生，用来作为预言的基础的命题将无可挽回地被宣判为不适用。

F.E. 诺伊曼假定，在偏振光的光线中，振动平行于偏振面，可是许多物理学家怀疑这个命题。O. 维内尔(O. Wiener)如何着手肯定这个疑问，以便宣判诺伊曼命题不适用呢？他从这个命题导出下述推论：如果我们使一束以 45°从玻璃面反射的光与垂直于入射面偏振的入射光束发生干涉，那么就应该出现平行于反射面的明暗交替的干涉光带；他创造应该产生这些光带的条件，并证明所预言的现象没有出现，他从中得出结论说，诺伊曼的命题是假的，也就是说，在偏振的光线中振动并不平行于偏振面。

这样的论证模式像在数学家中间习以为常的归谬法证明一样，似乎是令人信服的和无法反驳的；而且，这种论证是从归谬法复制过来的，由于实验矛盾在一个中与逻辑矛盾在另一个中起相同的作用。 185

实际上，实验方法的论证价值远非如此严格或绝对，它起作用的条件比在我们刚刚说过的东西中所设想的要复杂得多；结果的评估也棘手得多，必须小心谨慎。

物理学家决定论证命题的不正确性；为了从这个命题演绎出现象的预言并进行表明这个现象是否产生的实验，为了诠释实验的结果并确定所预言的现象没有产生，他并未使自己限于使用所讨论的命题；他也利用了他作为无可争辩的东西而接受的整个理论群。未产生现象的预言中断争论，但是该预言并不是从受挑战的命题——即使它独自接受了挑战——演绎出来的，而是从与整个理论群结合在一起的待裁决的命题演绎出来的；如果预言的现象没有产生，那么不仅被质疑的命题有毛病，而且物理学家使用的整个理论的脚手架都是如此。实验告诉我们的唯一事情是，在用来预测现象并确定它是否会被产生的命题中，至少有一个错误；但是这个错误在何处，实验恰恰没有告诉我们。物理学家可能宣布，这个错误正好包含在他希望反驳的命题中，但是他能确保它不在另一个命题里吗？如果他能确保这一点，那么他就隐含地接受他所使用的其他一切命题的正确性，他的结论的可靠性与他的信念的可靠性一样大。

让我们以岑克尔(Zenker)设想的、O.维内尔完成的实验为例。为了预测在某些境况下光带的形成，并表明这些光带没有出现，维内尔并非仅仅使用F.E.诺伊曼的著名命题，即他希望驳倒的命题；他并非仅仅承认，在偏振光线中振动平行于偏振面；除此之外，他还利用构成共同接受的光学的命题、定律和假设：他承认，光由简单的周期振动构成，这些振动垂直于光线，在每一点振动的平均动能是光强度的量度，照相底片上的明胶涂层或多或少受到的侵蚀指示光强度的不同程度。由于把这些命题以及许多会变得过于冗长而难以列举的其他命题与诺伊曼的命题结合在一起，维内尔能够系统提出预测，并确定实验与预测不符。如果他把这只是归因于诺伊曼的命题，如果唯有该命题为这个否定结果明显表明的错误承担责任，那么维内尔便把他卷入的所有其他命题视为毋庸置疑的。但是，这种保证并不是以逻辑必然性的方式强加的；没有什么东西阻止我们把诺伊曼命题视为正确的，并把实验矛盾的重压转嫁到共同接受的光学的某个另外的命题；正如H.彭加勒表明的，我们能够十分容易地从维内尔实验的钳制中挽救诺伊曼假设，只要反过来抛弃把平均动能视为光强度的度量的假设；我们可以在不与实验矛盾的情况下让振动平行于偏振面，倘若我们用使振动变形的媒质的平均势能度量光强度的话。

186

这些原则如此重要，把它们用于另一个例子将是有益的；我们再次选择一个实验，它被看做是光学中的最具有决定性的实验之一。

我们知道，牛顿构想出关于光现象的发射说。发射说假定，光是由极其细微的抛射体形成的，它们以极大的速度从太阳和其他光源发出；这些抛射体穿过一切透明物体；因为它们运动通过媒质的各个部分，它们受到吸引和排斥；当作用粒子的距离十分小时，这些作用十分强大，而当它们在其间作用的质量可以感到彼此远离时，则作用消失。与我们略而不提的几个其他假设结合在一起的这些假设，导致我们系统阐述光的反射和折射的完整理论；尤其是，它们隐含如下的命题：从一种媒质进入另一种媒质的光的折射率，等于光的抛射体在它穿越的媒质中的速度除以同样的抛射体在它越过的媒质中的速度。

这是阿喇戈为了表明发射说与事实矛盾而选择的命题。从这个命题可得第二个命题：光在水中比在空气中传播得快。现在，阿喇戈指出了把光在空气中的速度与光在水中的速度比较的适当程序；确实，该程序是无法应用的，但是傅科(Foucault)修正了实验，从而使它能够进行；他发现，光在水中比在空气中传播得慢。我们可以和傅科一起由此得出结论，发射体系与事实不相容。 187

我说发射**体系**而不说发射**假设**；事实上，该实验宣布被错误玷污的东西，是被牛顿以及在他之后被拉普拉斯和毕奥接受的整个命题群，也就是我们从中演绎出折射率和光在各种媒质中的速度之间的关系的整个理论。但是，实验在宣判这个体系作为一个整体不适用时，就其宣布体系被错误污染而言，并未告诉我们错误在哪里。错误在光是由从发光体以高速发出的抛射体组成的这一基本假设吗？错误在与光微粒由于它们运动通过的媒质而经受的作用有关的某个另外的假定吗？对此我们一无所知。正如阿喇戈似乎认识到的，相信傅科实验一劳永逸地正好宣布发射假设即光线类似于一大群抛射体不适用，也许是轻率的。如果物理学家把某种价值赋予这项工作，那么他们无疑会成功地在这个假定上建立能与傅科实验一致的光学体系。

总之，物理学家从来也不能使一个孤立的假设经受实验检验，而只能使整个假设群经受实验检验；当实验与他的预言不一致时，他获悉的是，至少构成这个群的假设之一是不可接受的，应该加以修正；但是，实验并没有指明应该改变哪一个假设。

距离一些不熟悉实验方法的实际功能的人武断地坚持的实验方法概念，我们已经走得相当远了。人们普遍认为，在物理学中使用的每一个假设都能够孤立地被看待，都能够被实验检验，于是当许多形形色色的检验确立它的可靠性时，便给它在物理学体系中一个确切的位置。实际上，情况并非如此。物理学不是一台听任它自己被拆散的机器；我们不能孤立地试验每一个部件，我们不能等到它的牢固性被仔细地检验后才去调整它。物理科学是必须作为一个整体看待的体系；它是一个有机体，在这个有机体中一个部位不能发挥功能，除非当使最远离它的各部位起作用时，某些部位188比其他部位更是如此，但一切部位都在相同的程度上如此。如果某个东西出了错，如果在有机体的功能中感到某种不适，物理学家将不得不通过它对整个体系的影响来检查，哪个器官需要治疗或修补，而不可能把这个器官孤立起来，分开审查它。你把一块停走的钟表给修表匠，他把所有的转动装置拆开，逐一检查它们，直到他找出有毛病的或损坏的零件为止。而面对病人的医生却不能为确定他的诊断而解剖病人；他不得不仅仅通过检查影响整个身体的失调来推测发病的部位和原因。现在，关心补救有缺陷的理论的物理学家类似医生，而不类似修表匠。

“判决实验”在物理学中是不可能的

让我们进一步抓住这一点，因为我们正在论及实验方法在物理学中使用时的基本特征。

归谬法似乎仅仅是反驳的手段，但它可以变成论证的手段：为了论证一个命题为真，只要迫使任何一个愿意承认已知命题的矛盾命题的人不得不承认荒谬的推论就够了。我们知道，希腊几何学家在多大程度上深沉地凭靠这种论证模式。

那些把实验矛盾比作归谬法的人设想，在物理学中，我们可以使用类似于欧几里得在几何学如此频繁地利用的论证路线。你希望从现象群得到理论上确定的和无可置辩的说明吗？列举能够阐明这个现象群的所有假设；然后用实验矛盾消除除一个假设之外的一切假设；这一个假设将不再是假设，而将变成确定的。

例如，假定我们面对的只是两个假设。寻求这样的实验条件，使一个假设预测一个现象的产生，另一个假设预测截然不同的效果的产生；实现这些条件，观察发生什么；依据你观察到第一个还是第二个被预言的现象，你将宣判第二个还是第一个假设不适用；未被宣判为不适用的假设因而将是毋庸置疑的；争论将停止，科学将获得新真理。这就是《新工具》的作者称为**“指路牌事实”**的实验检验，该称呼是“从在交叉路口指示各条道路的十字形标牌借用的表达”。

我们面临两个关于光的本性的假设；对于牛顿、拉普拉斯或毕奥而言，光是由以极高速度猛掷出去的抛射体组成的，但是对于惠更斯、杨或菲涅耳来说，光是由其波在以太中传播的振动组成的。这是迄今人们能够看到的仅有的两个可能的假设：或者运动是由它激发并且依然依附于它的物体带走，或者运动从一个物体传递到另一个物体。让我们追随第一个假设；它宣称光在水中比在空气中传播得快；但是若果我们遵循第二个假设，它宣布光在空气中比在水中传播得快。让我们设置傅科的仪器；我们使旋转镜运动；我们看到在我们面前形成了两个光斑，一个无色，另一个是绿色的。如果绿色光带在无色光带左边，那么它意味着光在水中比在空气中传播得快，振动波的假设为假。相反地，如果绿色光带在无色光带右边，那么便意味着光在空气中比在水中传播得快，发射假设被宣判为不适合的。我们透过用来审查两个光斑的放大镜观察，我们注意到绿色光斑在无色光斑右边；争论结束了；光不是物体，而是通过以太传播的振动的波动；发射假设曾经盛极一时；波动假设被处于毋庸置疑的地位，判决实验使它成为科学信条中的一个新条款。

我们在前一段说过的话表明，我们若把如此简单的意义和如此决定性的重要性归功于傅科实验，会犯多么大的错误；因为傅科实验并不是在两个假设即发射假设和波动假设之间敏锐地宣判的；宁可说它是在两组理论——其中每一个都被看做是一个整体——之间，也就是说，在两个完整的体系即牛顿光学和惠更斯光学之间决断的。

不过，让我们暂且承认，在这些体系的每一个中，除了一个假设之外，其余一切都受到严格的逻辑的强制而成为必然的；从而，让我们承认，事实在宣判两个体系之一不适用时，也一劳永逸地宣判它所包含的一个可疑的假设不适用。由此可以得出我们能够在"判决实验"中发现把在我们面前的两个假设之一转变为已证明的真理的无可辩驳的程序吗？在两个矛盾的几何学定理之间，没有为第三个判断留有余地；若一个为假，则另一个必然为真。物理学中的两个假设永远能够构成这样严格的两刀论法吗？我们将总是 190 敢于断言不可能设想其他假设吗？光可能是一大群抛射体，或者它可能是其波在媒质中传播的振动；它完全不许是任何其他东西吗？阿喇戈在阐述这种尖锐的二者择一时无疑是这么想的：光在水中比在空气中运动得快吗？"光是物体。若情况相反，则光是波。"但是，对我们来说，要采取这样的果断立场也许是困难的；事实上，麦克斯韦表明，我们完全可以充分地把光归之于在电介质中传播的周期性的电扰动。

与几何学家使用的归谬法不同，实验矛盾没有能力把物理学假设转变为毋庸置辩的真理；为了授予它这种能力，就必须完备地列举可以覆盖确定的现象群的各种各样的假设；但是，物理学家从未肯定，他穷竭所有可以设想的假定。物理学理论的真理从未像掷硬币打赌那样由正面或反面来裁决。

牛顿方法批判。第一个例子：天体力学

试图借助实验矛盾构造一种类似归谬法的论证路线是幻想；

但是,几何学家习得了归谬法之外的其他获取确定性的方法;对他来说,直接证明似乎是最完善的论证,在直接证明中,命题的真理是靠其自身而不是靠反驳矛盾命题确立的。如果物理学理论模仿直接证明,那么它也许在它的尝试中会变得更幸运。它由以开始并展开它的结论的假设从而会逐一被检验;直到它呈现出实验方法能够授予抽象的和普遍的命题以所有的确定性,否则一个假设也不会被接受;也就是说,每一个假设必然地或者是通过运用所谓的归纳和概括这样两种智力操作从观察引出的定律,或者是从这样的定律数学地演绎出的推论。于是,基于这样的假设之上的理论不会显示出任何任意的或可疑的东西;它也许完全值得在阐述自然定律中帮助我们的官能应该得到的信任。

191 当牛顿在为使他的《原理》完满而加的"总释"中如此有力地把归纳未从实验中抽取的任何假说排除在自然哲学之外时,他考虑的正是这类物理学理论;当时他断言,在健全的物理学中,每一个命题都应该从现象引出并用归纳概括。

因此,我们刚刚描绘的理想方法值得命名为牛顿方法。此外,当牛顿建立万有引力体系,从而把最宏伟的范例添加到他的规则之中时,他没有遵循这种方法吗?他的引力理论难道不是完全从通过观察向开普勒揭示的定律,或然性推理变换的和归纳概括其推论的定律推导出来的吗?

开普勒第一定律是这样的:"从太阳到行星的矢径扫过的面积与所观察的行星运动的时间成正比。"事实上,它告诉牛顿,每一个行星都始终受到指向太阳的力的作用。

开普勒第二定律即"每一个行星的轨道都是椭圆,太阳在它的一个焦点上"告诉他，吸引给定行星的力随这个行星到太阳的距离而变化，它与这个距离的平方成反比。

开普勒第三定律——"各个行星的公转周期的平方与它们轨道的长轴的立方成正比——向他表明，假若使不同的行星处在与太阳相同的距离上，那么它们受到的引力相应地与它们各自的质量成正比。

由开普勒确立的并被几何学推理变换的实验定律，产生在太阳施加于行星上的作用中显示出来的一切特征；牛顿通过归纳概括所得到的结果；他容许这个结果表达物质的任何部分作用在其他无论什么部分的定律，他系统阐述了这一伟大的原理："任何两个无论什么样的物体都相互吸引，引力与它们的质量之积成正比，与它们之间的距离的平方成反比。"万有引力原理被发现了，它是在没有运用任何虚构的假设的情况下，借助牛顿勾勒其蓝图的归纳法得到的。

让我们再次审查一下牛顿方法的这一应用，这次要更为仔细审查；让我们看看，某种程度上严格的逻辑分析是否将丝毫无损于这种十分扼要的阐明归功于它的严格性和简单性的外观。

为了保证这一讨论具有它所需要的全部明晰性，让我们开始回忆一下所有处理过力学的人都熟知的下述原则：在我们假定地指定我们把所有物体的运动与之关联的固定的参考项之前，我们不能谈论在给定境况中吸引物体的力；当我们改变这个参考点或对照项时，按照力学精确地陈述的法则，描述在被观察的物体周围的另一物体在它上边产生影响的力在方向和大小上发生了变化。 192

这样安排后，让我们追踪牛顿的推理。

牛顿首先把太阳看做是固定的参考点；他参考太阳考虑影响不同的行星的运动；他承认开普勒定律支配这些运动，并导出如下命题：如果太阳是所有力都可相关地与之比较的参考点，那么每一个行星都受到指向太阳的力，该力与行星的质量成正比，与它到太阳的距离的平方成反比。由于太阳被看做是参考点，它不受任何力作用。

牛顿以类似的方式研究卫星的运动，他针对其中的每一个选择卫星伴随的行星作为固定的参考点，在月球的例子中是地球，在绕木星运动的质量的情况中是木星。恰如开普勒定律一样的定律支配这些运动，由此可以得到我们能够阐述的下述命题：如果我们把卫星伴随的行星看做是固定的参考点，那么这个卫星便受到指向行星的力，该力与距离的平方成反比而变化。如果像木星那种情况，同一行星具有数个卫星，假定这些卫星距行星的距离相同，那么它们受到行星的作用力与它们各自的质量成正比。该行星本身并不受卫星作用。

行星运动的开普勒定律以及这些定律向卫星运动的推广允许我们阐述的命题，以十分精确的形式表述就是这样的。牛顿用如下陈述的另一命题代替这些命题：任何两个无论什么样的天体在连接它们的直线上相互施加引力，该力与它们的质量之积成正比，与它们之间的距离的平方成反比。这个陈述预设，所有运动和力都是相对于同一参考点的；该参考点是理想的参考标准，几何学家可以充分地想象它，但它并未以精密而具体的方式表示任何物体在天空中的位置的特性。

193

这个万有引力原理仅仅是开普勒定律以及它们对卫星运动的推广提供的两个陈述的概括吗？归纳法能够从这两个陈述导出它吗？根本不能。事实上，它不仅比这两个陈述更普遍，与它们不同，而且它与它们矛盾。接受万有引力原理的力学学生在把太阳看做是参考点时，能够计算出各个行星和太阳之间的力的大小和方向，而且他若是这样做了，他会发现这些力不是我们的第一个陈述所要求的东西。当我们使所有运动参照于假定是固定的木星，他便能够决定木星和它的卫星之间的每一个力的大小和方向，而且他若是这样做了，他会注意到这些力不是我们的第二个陈述所要求的东西。

万有引力原理远不是通过概括和归纳从开普勒的观察定律导出的，它在形式上与这些定律相矛盾。如果牛顿理论是正确的，那么开普勒定律必然为假。

基于天体运动的观察的开普勒定律并未把它们直接的实验确定性传递到万有引力原理，由于正好相反，倘若我们承认开普勒定律的绝对精密性，那么我们便不得不拒斥牛顿使他的天体力学赖以立足的命题。自称为万有引力理论辩护的物理学家绝没有依附开普勒定律，他发现他首先必须解决这些定律中的一个困难：他不得不证明，他的与开普勒定律的精确性不相容的理论使行星和卫星的运动服从其他定律，这些定律与第一定律几乎没有足够的差异，以致第谷·布拉赫（Tycho Brahé）、开普勒及其同代人未能察觉出开普勒轨道和牛顿轨道之间的偏离。这个证明是从下述境况推出的：太阳质量相对于各个行星的质量来说十分大，行星质量相对于它的卫星的质量来说十分大。

因此,如果牛顿理论的确定性不是来自开普勒定律的确定性,那么这个理论将如何证明它的可靠性呢?它将以不断完美的代数方法包含的十分高的精确度,计算在每一时刻使每一个天体脱离开普勒定律为它指定的轨道的摄动;然后,它将把计算的摄动与借助最精密的仪器和最审慎的方法观察到的摄动加以比较。这样的比较将不仅与牛顿原理的这个或那个部分有关,而且同时包括它的各个部分;它还将把全部动力学原理与这些部分囊括在一起;它将召唤光学、气体静力学和热理论的所有命题予以帮助,这对于为望远镜在它们的制造、调节和矫正中,在消除周日的或周年的光行差和大气折射造成的误差中的性质提供根据是十分必要的。它将不再是逐一采纳观察辩护的定律,使它们之中每一个通过归纳和概括提升为原理等级的问题;它是把整个假设群与整个事实群比较的问题。

194

现在,如果我们寻找使牛顿方法在这个案例中——牛顿方法正是为该案例设想的,而且似乎是对该案例的最完善的应用——失败的原因,那么我们将在理论物理学使用的任何定律的下述双重特征中发现它们:这个定律是符号的和近似的。

无疑地,开普勒定律十分直接地与天文观察的对象本身有关;它们尽可能不是符号的。但是,在这种纯粹实验的形式之内,它们依然不适合启示万有引力原理;为了获得这种多产性,必须改造它们,它们必须提出太阳用来吸引各个行星的力的特征。

现在,开普勒定律的这个新形式是符号的形式;只有动力学才赋予有助表述它的词汇"力"和"质量"以意义,只有动力学才容许我们用新的符号的公式代替旧的实在论的公式、用与"力"和"质量”有关系的陈述代替与轨道有关系的定律。这样的替代的合法性隐含对动力学定律的充分信任。

为了表明这种信任是正当的，让我们不要开始宣布，动力学定律在牛顿使用它们符号地翻译开普勒定律的时代是毋庸置疑的；它们收到足以保证理性支持的经验确认。事实上，动力学定律直到那个时代仅仅经受了十分有限的和十分简陋的检验。甚至它们的阐明依旧是十分模糊的和复杂难懂的；只是在牛顿的《原理》中，它们才首次以精确的方式得以系统阐明。正是由于事实与牛顿的劳动产生的天体力学的一致，才使它们首次得到令人信服的证实。 195

因而，把开普勒定律翻译为仅对理论有用的类型即符号定律，预设物理学家先验地坚持整个假设群。可是，除此之外，由于开普勒定律只是近似的定律，动力学允许给它们以无限不同的符号翻译。在这些不可胜数的各种不同的形式中，存在一种且仅仅存在一种与牛顿原理一致的形式。被开普勒如此巧妙地简化为定律的第谷·布拉赫的观察资料，容许理论家选择这种形式，但是它们并未强制他这样做，因为存在它们容许他选择的无限其他形式。

因此，理论家为了给他的选择辩护，他不能满足于求助开普勒定律。如果他希望证明，他采纳的原理确实是为天体运动做自然分类的原理的话，那么他就必须表明，观察到的摄动与预先计算的摄动一致；他必须表明，他如何能够从天王星的路线推导新行星的存在和位置，并在指定的方位在他的望远镜的终端发现海王星。

牛顿方法批判(续)。第二个例子:电动力学

在牛顿之后,除安培以外,没有一个人更明确地宣布,所有物理学理论应该仅仅通过归纳法从经验推导出来;没有一部著作比安培的"仅仅从经验演绎的电动力学现象的数学理论"更周密地模仿牛顿的《自然哲学的数学原理》了。

"在科学史上,牛顿的著作标志的时代不仅是人们就重大的自然现象的原因做出最重要的发现的时代,而且也是人类心智在其目标是研究这些现象的科学中开辟新路线的时代。"

这是安培用以开始他的"数学理论"的讲解的几行文字,他以如下的词语继续说:

"牛顿绝非认为",万有引力定律"能够从或多或少似乎有理的抽象考虑开始而发现。他确立这样一个真相:它必须从观察到的事实开始演绎,或者更正确地讲,从像开普勒定律一样的仅仅是由大量的事实中概括的结果的经验定律开始演绎。

196

"首先观察事实,尽可能大地改变它们的环境,与这第一个任务一道进行精确的测量,以便从它们演绎出仅仅基于经验的普遍定律,以便独立于产生这些现象的力的本性的任何假设从这些定律演绎出这些力的数学值,即描述它们的公式——这就是牛顿遵循的路线。它在法国被科学家——物理学把在最近时期做出的巨大进步归功于这些科学家——普遍采纳了,它作为指导在我关于电动力学现象的所有研究中服务于我。为了确立这些现象的定律,我仅仅请教经验,而且我从它们演绎只能描述它们应归于的力

的公式;我没有研究归因于这些力的原因本身,因为我充分相信,唯有定律和仅仅从这些定律演绎出的、基元力的值的决定之实验知识,应该行动在任何这类研究之先。”

为了辨别“电动力学现象的数学理论”无论如何不是按照安培所描述的方法进行的,为了察看它不是“仅仅从经验演绎的”,既不需要仔细检查,也不需要极大的颖悟。以它们的原始的粗陋性获得的经验事实不能用来进行数学推理;为了供养这种推理,必须变换它们,把它们纳入符号形式。安培使它们经受这种变换。他不只是满足于把电流流过的金属仪器简化为几何学图形;这样的同化作用本身是过于自然而然地强加的,以至没有为任何严肃的怀疑让步。他也不仅仅满足于使用从力学借用的力的概念和构成这门科学的各种定理;在他写书时,这些定律可能被视为无可争辩的。除了这一切之外,他诉诸整个一组崭新的假设,这些假设完全是没有道理的,甚至是颇为奇怪的。重要的是,在这些假设中,提及一下下述智力操作以及假定和公设是恰如其分的:他借助该操作把电流分解为无限小的要素,实际上电流在不停止存在的情况下是不能被破坏的;再者,假定所有实在的电动力学作用被分解为包含电流要素形成的偶的虚构的作用,一次一个偶;再者,假设两个要素的相互作用被还原为两个力,这两个力适用于在联结它们的直线方向上的要素,力大小相等而方向相反;再者,假设两个要素之间的距离仅仅以某个幂之逆进入它们的相互作用的公式之中。 197

这些形形色色的假定是如此不自明和如此不必要,以致它们之中的几个受到安培的后继者的批评或拒斥;其他物理学家提出同样能够用符号翻译电动力学基本实验的另外的假设，但是它们之中没有一个在不制定某个新公设的情况下成功地给出这一翻译，自称这样做了也许是可笑的。

物理学家在把实验事实引入他的推理之前，要用符号翻译这些事实，导致他这样做的必要性使得安培描绘的纯粹归纳的路线行不通了；对他来说这条路线也被禁止，因为每一个观察到的事实不是精密的，而只是近似的。

安培的实验具有粗陋的近似度。他以对他的理论的成功来说合适的方式给出了被观察的事实的符号翻译，但是为了给出大相径庭的翻译，他多么轻易地运用观察的不确实性啊！让我们听听威廉·韦伯的说法：

"安培决心在他的学术论文的标题中明确指出，他的电动力学现象的数学理论是**仅仅从实验演绎的**，事实上在他的书中，我们发现详细陈述的、导致他达到他的鹄的的简单而精巧的方法。在那里，我们发现以称心如意的精确性和眼界呈现的他的实验的讲解、他就理论从它们引出的演绎以及他使用的仪器的描绘。但是，在根本的实验中，例如我们在这里所经历的，要指明实验的普遍意义，要描绘在实施它时使用的仪器，要以普遍的方式讲述它产生的所期望的结果，那还是不够的；必不可少的是，要深入研究实验本身的细节，讲明它多么经常地被重复，如何变更条件，这些变更的效果是什么；一句话，构成一种容许读者着手就结果的可靠性和确定性的程度做判断的全部境况的概要。安培虽然没有给出关于他的实验的精确细节和电动力学基本定律的证明，但是他等待这种不可或缺的补充。两条导线相互吸引的事实被再三证实，是完全

198

无可置辩的；但是，这些证实总是在下述条件下并借助这样的手段进行的：**定量的**测量是不可能的，这些测量远未达到为考虑所论证的这些现象的定律而要求的精确度。

“安培不止一次地从**缺乏**任何电动力学的作用中引出相同的推论，就像从会给他以等于**零**的结果的测量中引出一样，而且借助这种技巧，以巨大的洞察力乃至更大的技艺，他成功地把为建立和论证他的理论所必要的资料汇集在一起；但是，我们必须满足于缺乏直接的**实证**测量的这些**否定**实验”，所有无源阻力、所有摩擦、所有误差原因恰恰有助于产生我们希望观察的效果的这些实验，“不能够拥有那些实证测量的全部价值或证明力量，尤其是当用真实的测量程序和在真实的测量条件下无法得到它们时，而且用安培使用的仪器不可能获得这一切。”①

具有如此不精确的实验把在无限可能的符号翻译之间做选择的问题留给物理学家，而且没有把确定性授予它们未强加的选择；唯有猜测被确立的理论的形式之直觉，指导这种选择。在安培的工作中，直觉的这一作用尤为重要；它充分地贯穿在这位伟大的几何学家的论著中，以便清楚地认识到，他的电动力学的基本公式是通过一种预测十分完备地建立起来的，他的实验是他作为事后思考想起来的，是完全有意地组合起来的，以致他能够按照牛顿方法讲解他用一系列公设构造的理论。

此外，安培太正直了，以至他没有十分精明地佯装不知，在他

① Wilhelm Weber, *Electrodynamische Maassbestimmungen* (Leipzig, 1846)，在 *Collection de Mémoires relatifs à la Physique* (Société française de Physique), Vol, III: *Mémoires sur l'Electrodynamique* 中被译为法文。

的讲解中是人为的东西**完全是从实验演绎出来的**;在他的"电动力学现象的数学理论"的结尾,他写下如下几行文字:"在完成这篇专题论文时,我认为我应该提到,我还没有时间建造在第一个整页插图的图4和第二个整页插图中的图20中描绘的仪器。打算使它们实现的实验迄今还没有做。"现在上述两组仪器中的第一组的目的在于创造四个基本的平衡案例——它们像在安培建设的大厦中的支柱一样——中的最后一个:正是借助打算让这个仪器实现的实验,我们必须决定相应于电动力学作用进行的距离之幂。情况绝非是安培的电动力学理论**完全是从实验演绎出来的**,实验在它的形成中起十分微弱的作用:它只不过是唤醒这位天才物理学家的直觉的诱因,而他的直觉曾经处于休眠状态。

199

正是通过威廉·韦伯的研究,安培的真正直觉的理论才首次被提交与事实详细比较;但是,这一比较并未受牛顿方法的指导。韦伯从被视为一个整体看待的安培理论演绎出能够作计算的结果;静力学和动力学的定理,甚至光学的某些命题,容许他构想一种仪器电功率计,借助这个仪器可以使这些相同的效应接受精密的测量;于是,计算的预言与测量结果的一致不再确认安培理论的这个或那个命题,而是确认整个一组电动力学的、力学的和光学的假设,为了诠释韦伯实验中的每一个,就必须诉诸这组假设。

因此,在牛顿失败之处,安培正好也迷失了方向。这是因为两个不可回避的坚硬礁石使纯粹归纳的路线对物理学家来说是行不通的。第一,实验定律在经受把它转化为符号定律的诠释之前,它对理论家是没有用处的;这种诠释隐含着依附整个理论的集合。第二,实验定律不是精密的,而仅仅是近似的,因此它能够容许无限不同的符号翻译；在所有这些翻译中，物理学家必须选择将给他提供多产的假设的翻译，他的选择并非完全受实验的指导。

对牛顿方法的这一批判使我们返回到我们通过批判实验矛盾和判决实验所导致的结论。这些结论值得我们以透彻的明晰性系统阐述它们。在这里，它们是：

试图把理论物理学的每一个假设与这门科学赖以立足的其他假定分离开来，以便使它孤立地经受观察检验，这是追求一个幻想；因为物理学中的无论什么实验的实现和诠释都隐含依附整个理论命题的集合。 200

对不是非逻辑的物理学理论的唯一实验核验在于，把**完整的物理学理论体系与整个实验定律群**进行比较，在于判断后者是否被前者以令人满意的方式加以描述。

与物理学教学有关的结果

与我们全力以赴确立的东西相反，人们普遍接受，物理学的每一个假设可以与群分离开来，并孤立地经受实验检验。不用说，从这种错误的原则出发，关于应该教物理学的方法只能推演出虚假的结果。人们会喜欢这样的教授：按照某一秩序排列物理学的所有假设，选取第一个假设，宣布它，讲解它的实验证实，然后当后者被公认为是充分的时候，宣告该假设被接受了。或者更确切地讲，人们希望他通过纯粹经验定律的归纳的概括阐述第一个假设；他会在第二个假设、第三个假设等上一而再地开始这种操作，直到构成物理学中的所有假设。会像几何学那样来教的物理学是：假设相互跟随也许就像定理相互跟随一样;每一个假定的实验检验会代替每一个命题的证明;不是从事实引出的或不是被事实直接证明是合理的东西,都不会被颁布。

许多教师提出的理想就是这样的,也许数个教师认为他们已经达到这样的理想。在这里,不缺乏招致他们追求这种理想的权威的声音。彭加勒先生说:"重要的是不要过分地增加假设,而是只能一个接一个地做假设。如果我们在诸多假设的基础上构造理论,如果实验宣布该理论不合适,我们前提中的哪一个必须改变呢? 这将是不可能知道的。另一方面,如果实验成功了,我们将认为我们同时证实所有这些假设吗? 我们将认为我们用一个方程决定了几个未知数吗?"①

201 尤其是,牛顿系统阐明其规律的纯粹的归纳法,是由许多物理学作为容许人们理性地讲解自然科学的唯一方法给出的。居斯塔夫·罗班(Gustave Robin)说:"我们要创造的科学将仅仅是经验所提出的简单归纳的组合。至于这些归纳,我们将总是用容易保留和**易于接受直接证实**的命题阐述它们,而从未丧失对**假设不能被它的推论证实**这一事实的洞察。"②这就是所推荐的牛顿的方法,尽管并不是针对打算在中学教物理的人描绘的。可是,他们在另一处却被告知:"数学物理学的程序对于中学教育来说是不合适的,因为它们在于从先验地提出的假设或定义开始,以便从这些假设或定义演绎出经受实验核验的结论。这种方法可能适宜于专门

① H. Poincaré, *Science et Hypothése*, p. 179.

② G. Robin, *Oeuvers scientifiques. Thermodynamique générale* (Paris, 1901) Introduction, p. xii.

化的数学班级，但是现在把它应用在我们中学的力学、流体静力学和光学课程中则是错误的。让我们用归纳法代替它。”[①]

我们展开的论据更加充分地确立了下述真理：对于物理学家来说，遵循其实践向他推荐的归纳法是行不通的，正像对于数学家来说，遵循十足的演绎法也行不通一样，演绎法也许在于定义和证明一切，尽管帕斯卡很久以前就恰当地和严格地处置了该方法，但它还是某些几何学家热情地依恋的探究方法。因此，很清楚，那些自称借助这种方法展开一系列物理学原理的人，正在自然地给予它以阐明，这种阐明在某种观点上是有缺陷的。

在这一阐明中的值得注意的易受责难的观点内，最频繁的同时也是最严肃的观点——因为虚假的观念它积淀在学生的心智中——是“虚构的实验”。由于物理学家被迫乞求实际上不是从事实引出的或用归纳法得到的原理，而且不愿意提供这个原理替代它所是的东西即公设，他于是发明想象的实验：如果它被成功地实施了，它便可能导致需要它辩护的原理。

乞求这样的虚构实验，就是提供将要做的实验替代已做的实验；这不是借助观察到的事实，而是借助其存在被预言的事实为原理辩护，这个预言除相信被宣称的实验支持的原理之外别无其他根据。这样的论证方法使信赖它的物理学家卷入恶性循环；他在没有使引证的实验变得极其清楚的情况下就教导说它已被完成了，他犯下了欺诈行为的错误。 202

① 中学教育监察长 M. Joubert 的讲演稿 *L'Enseignement secondaire*，一九〇三年四月十五日。

有时，如果我们尝试完成物理学家描绘的虚构实验的话，那么它不能产生任何精确的结果；它可能产生的十分非决定性的和粗糙的结果无疑会与被宣称是有理由的命题一致；但是，它们正好也会与某些大相径庭的命题一致；因此，这样的实验的论证价值是十分微弱的，需要小心谨慎。安培为了证明电动力学作用是按照距离的反平方进行的，他设想一个实验但并未完成，这个实验给我们一个这样的虚构实验的引人注目的例子。

可是，有两个更糟糕的事。所乞求的虚构实验十分经常地不仅未被实现，而且也不能被实现；它预设我们在自然界没有碰见的物体和从未观察到的物理性质的存在。因而，居斯塔夫·罗班为了给化学力学的原理以他所希望的纯粹归纳的阐述，他随意创造他所谓的见证物体(corpstémoins)，这种物体就它们的存在而言只能鼓动或中止化学反应。[①] 观察从未向化学揭示这样的物体。

未完成的实验、不会精确地完成的实验和绝对不能完成的实验，并没有穷竭在宣称遵循实验方法的物理学家论著中虚构实验所呈现的形形色色的形式；在这里仍然要指出一种比所有其他的更为非逻辑的形式，即荒谬的实验。这种实验宣称证明是矛盾的命题，倘若认为它是实验事实的陈述的话。

最精明的物理学家并非总是了解如何警惕荒谬实验介入他们的阐述之中。例如，让我们引用从 J. 贝特朗(J. Bertrand)那里选取的几行话："如果我们接受电被运载到物体表面为实验事实，并

① G. Robin，在引用的著作中，p. ii.

接受导体各点上的自由电的作用应该为零作为必要的原理，那么 203
我们能够从这两个条件——假定它们被严格地满足——演绎出，电引力和电斥力必然与距离的平方成反比。"①

让我们以命题"当电平衡在导体中建立起来时，在它的内部不存在电"为例，让我们探究一下，是否可以认为它是实验事实的陈述。让我们权衡一下在该陈述中描绘的词语的含义。尤其是内部一词的含义。在我们必须给予这个命题中的这个词的含义上，对一块带电铜来说是内部的点就是在铜的质量之内所选取的点。这样一来，我们如何能够着手确立，在这个点是否存在任何电呢？也许有必要把一个检验物体放置在那里，而且必须预先移走处在那里的铜，但是此时这个点不再会存在于铜的质量之内了；它会在该质量之外。我们在不陷入逻辑矛盾的情况下不能认为我们的命题是观察的结果。

因此，我们宣称用来证明这个命题的实验的意义是什么呢？肯定地，是某种与我们使它们表明的迥然不同的东西。我们在导体的质量中挖一个洞，并注意这个洞的壁不带电。这个观察没有证明在导体质量之内深处的点存在或不存在电。为了从特别提到的实验定律行进到所陈述的定律，我们狡猾地利用内部一词。由于害怕把静电学放在公设的基础上，我们使它立足于双关语。

只要我们仅仅转向物理学的专题论文和手册的版面，我们就能够收集到任何数量的虚构实验；我们在那里会发现这样的实验能够呈现的各种形式的丰富例证，从只是未完成的实验到荒谬实

① J. Bertrand, *Leçons sur la Théorie mathématique de l'Electricité* (Paris, 1890), p. 71.

验。让我们在这样一个吃力不讨好的任务上花费点时间。我们讲过的东西足以担保如下的结论:用像牛顿定义的纯粹归纳法教物理学是幻想。无论谁自称抓住这个幻影,都是欺骗他自己和欺骗他的学生。他正在把只是预见的事实作为看到的事实给予他们;他正在把粗糙的报告作为精确的观察给予他们;他正在把其术语在没有矛盾的情况下不能被视为实在的命题作为实验定律给予他们。他所阐述的物理学是假的并被证伪了。

204

让物理学教师放弃这种从虚假的观念出发的理想的归纳法,并拒绝这种构想实验科学教学的方式吧,这种方式掩盖且歪曲它的基本特征。如果物理学中的最微小的实验的诠释预设整个理论集合的使用,如果这个实验的真正描绘要求众多的抽象符号表示——其意义和与事实的对应仅由理论指明,那么物理学家在试图把理论结构和具体实在稍作比较之前,实际上必须决定展开一长串假设和演绎;在描绘证实已经发达的理论的实验时,他也将十分经常地不得不提前使用未来的理论。例如,在他不仅展开普通力学的命题链,而且也奠定天体力学的基础之前,他将不能尝试动力学原理的最微小的实验证实;在报告证实这个理论集合的观察资料时,他也将不得不假定光学定律——唯有它们保证天文仪器的使用有根据——是已知的。

因此,让我们的教师首先展开基本的科学理论;毫无疑问,由于描述这些理论赖以立足的假设,他必须接受它们;他最好指出常识的资料,通过日常观察或简单实验收集的事实,或导致阐明这些假设的几乎未被分析的事实。而且,我们在下一章将坚持重新返回到这一点;但是,我们必须大声宣告,这些对于启发假设来说是充分的事实，对于证实它们却不充分；只是在他组成广泛的学说主体，建构完备的理论之后，他才能把这个理论的推论与实验加以比较。

教育应当使学生把握这个原始真理：实验证实不是理论的基础，而是它的拱顶。物理学并不像几何学进步的方式那样进步：后者通过不断贡献一劳永逸地证明的新定理并把它们添加到已经证明的定理之中而成长；而前者是符号的描绘，在这种描绘中不断的润色引起较大的综合和统一，符号描绘的**整体**产生越来越类似于实验事实的**整体**的图画，而这幅图画的每一个细节却与整体割裂 205 和分离了，从而丧失一切意义而不再描述任何东西。

对于总是察觉不到这个真理的学生来说，物理学看来像是循环推理和用未经证明的假定来狡辩的充满谬误的怪异杂烩；如果他具有高度准确的心智，他将厌恶地排斥这些不断重复的逻辑挑衅；如果他具有较少准确的心智，他将在这里记住带有不精确意义的词语、未完成的和不可能完成的实验的描述和手法熟练的推理路线，从而在这样的无条理的记忆工作中丧失那一丁点含义和他通常拥有的批判精神。

另一方面，清楚地看到我们刚才系统阐述的观念的学生将会比背诵若干物理学命题的学生学得更多；他将理解实验科学的本性和真正的方法。①

---

① 有人将无疑反对说，这样的物理学教学对年青的心智而言几乎是不可理解的；回答是简单的：请不要给还没有准备吸收它的心智教物理学。德·塞维涅夫人（Mme de Sévigné）在谈到儿童时曾经说过："在你给他们卡车司机的食物之前，请弄清楚他们是否有卡车司机的胃口。"

与物理学理论的数学展开有关的结果

通过先前的讨论,物理学理论及其与实验的关系的精密本性越来越清楚和精确地浮现出来。

用以构造这种理论的材料一方面是用来描述物理世界的各种量和质的数学符号,另一方面是用来作为原理的公设。用这些材料,理论建造逻辑的结构;因此,在勾画这个结构的蓝图时,必须审慎地重视逻辑强加在所有演绎推理上的规则和代数为任何数学操作规定的法则。

在理论中使用的数学符号只有在十分确定的条件下才有意义;确定这些符号就是列举这些条件。因此,绝对温度按定义只能是正的,物体的质量按定义是不变的;理论在它的公式中将永远不会给绝对温度以零值或负值,理论在它的运算中将永远不会使给定物体的质量成为可变的。

206

理论在原则上基于公设,也就是说,建立在下述命题的基础上:它是像它中意的那样从容不迫地陈述的,倘若在同一公设的术语之间或两个不同的公设之间不存在矛盾的话。但是,一旦这些公设被制定,它就必须以绝对忠实的严格性谨慎使用它们。比如,如果把能量守恒原理置于它的体系的基础,那么它就必须禁止与这个原理不一致的任何断言。

这些法则把它们的全部重量压在正在被构造的物理学理论上;只要欠缺一个就会使体系不合逻辑,就会迫使我们推倒它以便重新构造另一个理论;不过,它们是强加的唯一限制。**在它的发展**

过程中，物理学理论自由地选择它中意的任何路线，倘若它避免了任何逻辑矛盾的话；尤其是，它自由地不考虑实验事实。

当理论达到它的完备发展时，情况就不再如此了。当逻辑结构达到它的最高之点时，它就变得必须把从这些冗长演绎作为推论得到的数学命题集与实验事实集加以比较；由于使用所采纳的测量程序，我们必须确保，第二个集在第一个集中找到充分类似的图像、充分精确和完备的符号。如果理论的推论和实验事实之间的这种一致没有显示满意的近似，那么该理论尽管在逻辑上被恰当地构造起来，但是仍然应该拒斥它，因为它会与观察矛盾，因为它会在**物理上**为假。

因此，理论的推论和实验的真理之间的这种比较是不可或缺的；由于只有事实的检验才能够给理论以物理的可靠性。但是，这种用事实的检验应该全部朝向理论的推论，因为只有后者是以实在的图像呈现的；作为理论出发点的公设和我们从公设到推论的中间步骤，都不必经受这种检验。

在前面的篇幅中，我们十分透彻地分析了那些主张把物理学的基本公设之一通过诸如判决实验的程序直接交付事实检验的人的错误；尤其是仅仅把下述看法作为原则接受的人的错误："归纳毫无例外地在于不是把为数众多的实验的诠释，而是把这些实验的结果本身确立为普遍的定律。"① 207

还有另一个错误十分接近这个错误；它在于要求，把公设与推论关联起来的数学家进行的所有操作都应该具有**物理意义**，在于

① G. Robin，在引用的著作中，p. xiv.

希望“仅就**可以实施的操作**推理”，在于“只引入实验可以达到的数量。”①

按照这种要求，物理学家引入他的公式中的任何数量都应该通过测量过程与物体的性质关联起来；在这些数量上进行的任何代数运算都应该通过使用这些测量过程被翻译为具体的语言；这样翻译后，它应该表达实在的或可能的事实。

这样的要求当它在理论的终点到达最后的公式时是合情合理的，但是若把它应用于建立从公设到推论的翻译的中间公式和操作，则是没有正当理由的。

让我们举一个例子。

J. 威拉德·吉布斯研究理想的复合气体分解为它的要素——也被认为是理想气体——的理论。得到表达这样一个系统内部的化学平衡的定律的公式。我提议讨论这个公式。为此目的，使气体混合物经受的压力保持恒定，我考虑公式中出现的绝对温度，我让它从 0 到 $+\infty$ 变化。

如果我们想要赋予这个数学运算以物理意义的话，那么我们将会面临一大堆异议和困难。温度计不能揭示低于某一限度的温度，没有人能够决定足够高的温度；我们称为“绝对温度”的这个符号通过供我们使用的测量工具不能被翻译为某种具有具体意义的东西，除非它的数值依然处在某一最小值和某一最大值之间。而且，在温度充分低时，热力学称为“理想气体”的另一个符号甚至不再是任何实在气体的近似图像了。

① *Ibid.*

如果我们留意一下我们详述过的评论，那么这些困难以及变得太长而无法枚举的许多其他困难都消失了。在构造理论时，我们刚才做出的讨论只不过是中间的步骤，没有为在其中寻求物理意义辩护。只有当这一讨论将导致我们达到一系列命题时，我们才必须把这些命题交付事实检验；此时我们将探询，在绝对温度可以被翻译为温度计的具体读数和理想气体的观念在我们观察的流体中近似地体现的限度内，我们讨论的推论是否与实验的结果一致。 208

由于要求公设用来产生它们的推论的数学操作将总是具有物理意义，我们在数学家面前设置了不合理的障碍并削弱他的进步。G.罗班甚至质疑微分的使用；如果罗班教授专注于不断地和审慎地满足这种要求，那么他实际上就不能展开任何运算；理论演绎在当时当地从一开始就会停止。物理学方法的比较准确的观念，以及在必须交付事实检验的命题和自由地省却它的命题之间的比较精确的划界会把数学家的所有自由还给他，并容许他为最大地发展物理学理论而使用一切代数资源。

物理学理论的某些公设不能被实验反驳吗？

我们方便地辨认出一个原则，它也方便地澄清了使用错误原则带给我们的繁杂的困难。

因此，如果我们提出的观念是正确的，也就是说，如果在理论的**整体**和实验事实的**整体**之间的比较必然地确立起来，那么我们应当按照这个原则看到朦胧性消失了，由于认为我们正在使每一个孤立的理论假设经受事实的检验，我们会在那种朦胧性中迷路。

我们将把最近经常详述和讨论的一个断言，放在我们想要消除悖论外观的断言之中的最前面。G. 米约首次就化学的“**纯物体**”陈述它，[①]H. 彭加勒针对力学原理详尽而有力地发展它，[②]爱德华·勒卢阿也十分明晰地阐明它。[③]

209　这个论断如下：物理学理论的某些基本假设不能同任何实验矛盾，因为它们实际上构成**定义**，因为物理学家使用的某些表达只有通过它们才能获得其意义。

让我们举勒卢阿引用的例子之一。

当重物自由下落时，它下落的加速度是恒定的。这样一个定律能够同实验矛盾吗？不能，因为它构成了“自由下落”意谓的东西的定义本身。如果在研究重物下落时我们发现这个物体不是以匀加速度下落，我们不应得出结论说所陈述的定律为假，而应说所观察的事实与所陈述的定律的偏离会有助于发现这个原因，会有助于分析它的结果。

于是，勒卢阿先生得出结论：“严格地看待事情，定律是不可证实的……因为它们构成了我们借以判断外观以及方法的标准，为了把它们交付其精确性能够超过任何指定的限度的探究，就必须

---

① G. Milhaud, “La Science rationnelle”, *Revue de Métaphysique et de Morale*, IV (1896), 280, 在 *Le Rationnel*, (Paris, 1898), p. 45 中重印。

② H. Poincaré, “Sur les Principes de la Mécanique”, *Bibliothéque du Congres International de Philosophie*, Ⅲ: *Logique et Histoire des Sciences* (Paris, 1901) p. 457; “Sur la valeur objective des théories physiques”; *Revue de Métaphysique et de Morale*, X(1902), 263; La *Science et* l'Hypothese, p. 110.

③ E. Le Roy, “Un positivisme noureau”, *Rerue de Métaphysique et de Morale*, IX(1901), 143-144.

利用这一标准。”

让我们按照先前制定的原则，再次更详尽地研究一下落体定律和实验之间的这种比较是什么。

我们的每日观察使我们获悉运动的整个范畴，我们把该范畴汇集在重物运动的名称之下；在这些运动中有重物的下落，此时它不受任何障碍物阻止。这个结果是，词语“重物的自由下落”对于仅仅诉诸常识知识而没有物理学理论的概念的人具有意义。

另一方面，为了把所讨论的运动定律加以分类，物理学家创造一种理论即重力理论，这是理性力学的重要应用。在这个打算提供实在的符号描述的理论中，也存在“重物的自由下落”的问题，作为支持这一完整图式的假设的推论，自由下落必然是匀加速运动。

现在，词语“重物的自由下落”具有两种不同的意义。对于不懂物理学理论的人来说，它们具有它们的**实在的**意义，它们意味着常识在宣布它们时意指的东西；对于物理学家而言，它们具有**符号的**意义，意味着“匀加速运动”。如果第二种意义不是第一种意义的记号，如果常识看做是自由的下落却未被视为匀加速的或**接近**匀加速的，那么理论便不能实现它的目的，由于按照我们已经讲过的话，常识观察本质上缺乏精确性。 210

这种一致性——无此理论在无须进一步审查的情况下就会被拒斥——终于达到了：常识宣称几乎是自由的下落亦即其加速度接近常数的下落。但是要注意，这种粗糙近似的一致并未使我们满意；我们希望推进和超越常识能够声称的精确度。借助于我们设想过的理论，我们装配能使我们以灵敏的准确性辨别物体的下落是否是匀加速的仪器；这个仪器向我们表明，常识认为是自由下落的某一下落具有可以微小变化的加速度。在我们的理论中给予词语"自由下落"以它的符号意义的命题,并没有以充分的准确性描述我们观察到的实在的和具体的下落的性质。

于是,两种抉择展现在我们面前。

首先,我们能够宣布,我们认为所研究的下落是自由下落以及要求这些词语的理论定义与我们的观察一致,都是正确的。在这种情况下,由于我们的理论定义不满足这一要求,就必须拒斥它;我们必须在新假设上构造另一种力学,在这种力学中,词语"自由下落"不再满足"匀加速运动",而满足"其加速度按照某一定律变化的下落"。

在第二种选择中,我们可以宣布,我们在我们观察到的具体下落和由我们理论决定的自由下落之间确立关联是错误的,后者是前者的过分简单的图式;为了把下落恰当地描述成我们的实验报告它的样子,理论家应该放弃设想自由下落的重物,而应该借助受到诸如空气阻力这样的一些阻碍所阻滞的重物来思考;在凭借合211 适的假设描绘这些阻碍的作用时,他将创作比自由重物更复杂的,但却更易于重新产生实验细节的图式;简言之,与我们先前确立的语言(第四章第3节)一致,我们可以借助合适的"矫正",力图消除诸如空气阻力这样的影响我们实验的"误差原因"。

勒卢阿先生断言,我们将宁可选择第二种而不是第一种,在这一点上他确实是正确的。很容易察觉到支配这种选择的理由。由于采取第一种选择,我们被迫从顶到底摧毁十分庞大的理论体系,而该体系以最令人满意的方式描述十分广泛和复杂的实验定律集。另一方面,第二种选择不会使我们失去物理学理论已经征服的领域中的任何东西；此外，它在如此庞大数量的场合中获得成功，以至我们能够更加信赖新的成功。但是，在给予重物下落定律的这一信任中，我们看不到任何类似于数学定义从它的真正本质中引出的确定性的东西，这类确定性也就是在怀疑圆周各点到圆心都等距必定是愚蠢的时候我们所具有的那种确定性。

在这里，我们拥有的无非是在本章第2节制定的原则的特别应用。在构成实验的具体事实和理论用来代替这个实验的符号描述之间的不一致证明，这种符号的某一部分必须被拒斥。但是，是哪一部分呢？这个实验没有告诉我们；它把猜测的重任留给我们的洞察力。现在，在进入这种符号构成中的理论要素中，总是存在若干要素，某一时代的物理学家不加检验地一致接受它们，他们认为它们是不容置辩的。因此，想要修正这种符号的物理学家必定将他的修正对准刚刚提及的那些要素之外的要素。

然而，迫使物理学家如此行动的不是逻辑的必然性。他不这样去做必定是笨拙的和缺少感悟的，但这并不是做某种在逻辑上荒谬的事情；尽管这样，他也不会步足以发疯到与他自己的定义矛盾的数学家的后尘。不仅如此，也许有一天通过不同的行动，通过为重新确立理论图式和事实之间的一致而拒绝乞求误差的原因并拒绝求助矫正，通过在共同赞成宣布为不可触动的命题中果敢地实行改造，他将完成一项开辟理论新历程的天才工作。

确实，我们实际上必须使我们自己保持警惕，不要轻信如下永远被担保的假设：这些假设变成普遍采纳的约定，它们的确定性似乎通过把实验矛盾投向更可疑的假定而驱散实验矛盾。物理学的历史向我们表明，人的心智十分经常地被导致完全推翻在数世纪　212

被公认是不可违反的公理的原理，并在新假设的基础上重建他的物理学理论。

在数千年间，难道有比这个原理——光在均匀媒质中以直线传播——更清楚、更确定的原理吗？这个假设不仅推进了整个光学、反射光学和屈光学——它们的雅致的几何学演绎随意地描述为数甚多的事实，而且可以说它变成直线的物理定义。任何想要做直线的人诉诸的正是这个假设，比如证实一块木材是直的木匠，把他的测量器排成一列的勘测员，借助照准仪的小孔获取方位的大地测量员，用望远镜的光轴确定恒星位置的天文学家。然而，这一天终于来到了：物理学家把格里马尔迪观察到的衍射效应归因于某种误差原因感到厌倦了，他们决心拒绝光的直线传播定律并给予光学以全新的基础；这个大胆的决定对物理学理论而言是显著进步的信号。

论其陈述没有实验意义的假设

这个例子以及我们能够从科学史中拈来添加的其他例子可以表明，我们就今日通常接受的假设所说的话也许是十分冒失的："我们肯定，我们将永远不会因为新实验而被导致放弃它，不管新实验是多么精确。"可是，H.彭加勒先生却毫不犹豫地就力学原理宣告它。①

① H. Poincaré, "Sur les Principes de la Mécanique", *Bibliothéque du congrés international de philosophie*, Sec. III: "Logique et Histoire des Sciences" (Paris, 1901), pp. 475, 491.

针对为证明实验反驳不能达到这些原理而已经给出的理由，彭加勒先生还添加了看来甚至更为令人信服的理由：这些原理之所以不能被实验反驳，不仅因为它们是有助于在我们的理论中发现这些反驳指明的弱点的普遍被接受的法则，它们之所以不能被实验反驳，而且也因为**想要主张把它们与事实比较的操作总是没有意义**。 213

让我们用例证说明这一点。

惯性原理告诉我们，不受任何其他物体作用的质点做匀速直线运动。现在，我们只能观察相对运动；因此，除非我们假定把某一选定点或某一几何固体看做是质点相对于其运动的固定参考点，否则我们便不能给予这个原理以实验意义。这个参考框架的固定性构成该定律的陈述的有机成成部分，因为如果我们遗漏它，这个陈述就会毫无意义。有多少不同的定律，就有多少相异的参考框架。当我们说孤立点的运动假定从地球来看是直线的和匀速的，我们将正在陈述一个惯性定律；当我们使运动参照太阳时，我们将正在陈述另一个惯性定律；如果选取的参考框架是固定恒星的全体，那么我们将正在陈述又一个惯性定律。但是此时，一件事情实际上是确定的，即无论质点的运动是什么，当我们从第一个参考框架看时，我们总是能够以无限的方式这样选取第二个参考框架，使得从后者来看，我们的质点好像是匀速直线运动。因此，我们不能尝试惯性原理的实验证实；当我们使运动参照一个参考框架时它为假，但是当选择是由另一个比较项构成时它则为真，我们将总是可以自由地选择后者。如果通过选取地球作为参考框架陈述的惯性定律与观察矛盾，我们将用其陈述使运动参照于太阳的惯性定律代替它;如果后者本身被反驳,我们将在该定律的陈述中用固定恒星系替代太阳,如此等等。不可能阻止这样钻空子。

彭加勒先生[1]详细分析的作用和反作用相等原理为类似的评论提供了机会。这个原理可以如此陈述:“孤立系统的引力中心只能做匀速直线运动。”

这是我们打算用实验证实的原理。“我们能够做这种证实吗?214 为此,总是必须使孤立系统存在。现在,这些系统不存在;唯一的孤立系统是整个宇宙。

“但是,我们只能观察相对运动;因而,宇宙中心的绝对运动将永远是未知的。我们将从来也不能知道它是否是直线的和匀速的,或者更确切地讲,该问题没有意义。无论我们可能观察到什么事实,我们将以此总是自由地假定我们的原理为真。”

于是,许多力学原理都具有这样的形式,以致人们询问自己下述问题是荒谬的:“这个原理与实验一致还是不一致?”这个奇怪的特征并不是力学原理特有的;它也标志我们的物理学理论或化学理论的某些基本假设的特征。[2]

例如,化学理论完全依赖于“倍比定律”;这里是这个定律的精密陈述:

简单物体 A,B 和 C 可以以各种比例化合起来形成各种化合物 M,M',……化合起来形成化合物 M 的物体 A,B 和 C 的质量相互作为三个数 a,b 和 c。于是,化合起来形成化合物 M' 的要素

① *Ibid.*, pp. 472ff.

② P. Duhem, *Le Mixte et la Combinaison chimique: Essai sur l'évolution d'une idée* (Paris, 1902), pp. 159-161.

A、B 和 C 相互作为数 xa，yb 和 zc（x，y 和 z 是三个整数）。

这个定律也许服从实验检验吧？化学分析将使我们不精密地但却以某种近似获悉物体 M' 的化学构成。所得到的结果的不确定性能够极其微小；它将从来也不严格为零。现在，要素 A，B 和 C 无论以什么关系在化合物 M' 中化合，我们总是能够以你中意的那样接近的近似描述这些关系，三种产物的相互关系逐一是 xa，yb 和 zc，这里 x，y 和 z 是整数；换句话说，不管对化合物 M' 的化学分析给出什么结果，我们总是有把握发现三个数 x，y 和 z，倍比定律多亏这一点将以比实验的精确性还要大的精确性被证实。因此，化学分析不管多么精细，它将永远不能表明倍比定律是错误的。

以同样的方式，晶体学完全建立在"有理指数定律"的基础上，它可以以如下方式阐述：

晶体的三个面形成三面形，第四个面与这个三面形的三个棱在距顶点相互与三个数即晶体的参数成比例的距离处相交。其他 215 的无论什么面应该与这些相同的棱在距顶点相互是 xa，yb 和 zc 的距离处相交，此处 x，y 和 z 是三个整数即晶体新面的三个指数。

最完善的分度规只能以某一近似度决定晶体面的方位；这样一个面在基本三面形的棱上产生的截段之间的关系，总是能够以某种误差勉强得到；现在，不管这个误差多么小，我们总是能够这样选择三个数 x，y 和 z，使得这些截段的相互关系以最小的误差量用三个数 xa，yb 和 zc 的相互关系来描述；自称有理指数定律被他的分度规证明是正当的晶体学家，确实不能理解他正在使用的词语的真正意义。

倍比定律和有理指数定律是剥夺全部物理意义的数学陈述。数学命题具有物理意义，只有在我们引入词“接近地”或“近似地”时它才包含意义。对我们刚才间接提到的陈述来说，情况并非如此。它们的目标实际上是断言，某些关系是**可公度的**数。如果它们似乎要宣布这些关系是近似地可公度的，那么它们便会退化为老生常谈，因为无论什么不可公度的关系总是近似地可公度的；它甚至是像你中意的那样接近于是可公度的。

因此，想要把某些力学原理交付**直接的**实验检验就会是荒谬的；使倍比定律或有理指数定律经受这种**直接的**检验就会是荒谬的。

可否得出，认定直接的实验反驳不可及的这些假设不会更多地担心来自实验的东西？无论我们必将观察到什么发现，它们保证依然是不可改变的吗？这样妄求恐怕是严重的错误。

这些孤立地选取的不同的假设没有实验意义；不可能存在实验或者确认或者反驳它们的问题。但是，这些假设作为基本原则进入理性力学的某些理论、化学理论、结晶学的结构之中。这些理论的目标是描述实验定律；它们是本质上打算与事实比较的图式系统。

216

现在，这种比较也许会在某一天十分清楚地向我们表明，我们的描述之一没有对准它应该描绘的实在，即将来到的和使我们的图式系统变复杂的矫正没有在这个图式系统和事实之间产生充分的一致，长期被无争执地接受的理论应该被拒斥，截然不同的理论应该在全然不同的和全新的假设的基础上构造。在那一天，曾经被孤立地视为公然蔑视直接的实验反驳的我们假设中的某一个，将随它在矛盾的重压之下支撑的这个系统一起瓦解，正是实在使被看做一个整体的系统的推论遭遇矛盾的。[1]

说实在的,就其本身而言没有物理意义的假设以像其他假设一样严格相同的方式经受实验检验。无论假设的本性是什么,我们在本章的开头看到,它从未孤立地与实验矛盾;实验矛盾总是作为一个整体对构成理论的整个群施加压力,而没有任何可能性指明这个群中的哪一个命题应该被拒斥。

于是,在下述断言中似乎是悖论的东西消失了:某些物理学理论基于独自没有任何物理意义的假设之上。

卓识是应该被抛弃的假设的审判员

当一个理论的某些推论遭到实验矛盾的打击时,我们获悉应该修正这个理论,但是实验并未告诉我们必须改变什么。它把找出损害整个体系的弱点的任务留给物理学家。没有绝对的原则指引这一探究,不同的物理学家可以以大异其趣的方式进行,没有权力相互指责对方不合逻辑。比如,当一个人通过使这些假设在其中应用的图式系统变复杂、通过乞求误差的各种原因、通过增强矫正而力图重建理论的推论和事实之间的和谐时,他可能不得不维护某些基本的假设。可是,另一个轻蔑这些复杂的人为程序的物　217

① 一九〇〇年在巴黎举行的国际哲学会议上,彭加勒先生展开这个结论:"这样可以说明,实验如何能够启发(或启示)力学原理,但将永远也不能推翻它们。"针对这个结论,阿达玛先生提出各种评论,其中之一如下:"而且,与迪昂先生的评论一致,我们能够力图用实验证实的,不是一个孤立的假设,而是整个力学的假设群。"*Revue de Métaphysique et de Moral*, VⅢ(1900),559.

理学家,可能决定改变支持整个体系的基本假定中的某一个。第一个物理学家无权预先谴责第二个物理学家胆大妄为,后者也无权认为第一个物理学家谨小慎微是愚蠢可笑的。他们遵循的方法只能用实验辩护;如果他们二者都成功地满足了实验的要求,那么在逻辑上允许每一个人宣布他自己对他所完成的工作感到心满意足。

这并不意味着,我们不能十分正当地偏爱二者中的一个人的工作而不是另一个。纯粹的逻辑不是我们判断的唯一原则;未经受矛盾律锤打的某些见解,在任何情况下都是完全不合理的。这些不是从逻辑出发可是却指导我们选择的动机,这些"理性不了解的理由"和对广博的"敏感心智"而不是对"几何学心智"而言的理由,构成名副其实的卓识意谓的东西。

此刻,容许我们在两个物理学家之间做出裁决的可以是卓识。情况可能是,我们不赞成第二个人推翻一个庞大的、和谐地构造的理论之原理的仓促草率,因为细节的修正、稍微的矫正也许足以使这些理论与事实一致。另一方面,情况也可能是,我们可以发现,第一个物理学家不惜任何成本,以不断的修补和诸多交错纠缠的抑制为代价,固执地维护在每一部分都摇摇欲坠的建筑物的虫蛀的支柱,是幼稚的和不合理的,因为此时拆毁这些支柱便会有可能建造一个简单的、雅致的和牢固的体系。

但是,卓识的这些理由并未像逻辑规则所做的那样以相同的不可改变的严格性强加于自身。就这些理由而言,存在某种模糊的和不确定的东西;它们没有同时以相同的明晰程度向所有心智展现自身。因此,就存在旧体系的追随者和新学说的支持者之间长期论战的可能性,每一个阵营都宣称卓识在它那边,每一个派别都发现对方的理由是不合适的。物理学的历史总是向我们提供这些论战在所有时代和所有领域的无数例证。让我们使自己仅限于 218 这样一个例证：毕奥通过不断地设置矫正和必要的假设坚忍不拔地和别出心裁地维护光学中的发射学说时，菲涅耳却持之以恒地用有利于波动说的新实验反对这一学说。

在任何事件中，这种无法决断的状态都不会永远持续下去。这一天终于来到了：卓识走出来如此明确地赞成双方中的一方，致使另一方放弃斗争，即使纯粹的逻辑也不会禁止它继续存在。在傅里叶实验表明光在空气中比在水中传播得快之后，毕奥放弃支持发射假设；严格地讲，纯粹的逻辑不会迫使他放弃它，因为傅科实验并不是阿喇戈以为他在其中看到的那种判决实验，但是毕奥若在较长的时期内抵制波动光学，他就可能缺乏卓识了。

由于逻辑并未以严格的精确性决定不恰当的假设应该给更多产的假设让路的时间，由于辨认这个时刻归属于卓识，物理学家可以通过有意识地尝试使卓识在自身之内更清醒、更警惕，从而促进这一判断，加速科学的进步。现在，没有什么东西比激情和利害关系更多地助长牵累卓识和扰乱它的洞察力了。因此，没有什么东西比虚荣心将更多地延迟应该决定物理学理论中的幸运变革的决断了，这种虚荣心使物理学家对他自己的体系过分溺爱，而对别的体系过分苛刻。于是，我们被引向克劳德·贝尔纳如此明晰地表达的结论：对假设的健全的实验批判是服从某些道德条件的；为了正确地评价物理学理论与事实的一致，成为一个良好的数学家和技艺娴熟的实验家还是不够的；人们也必须是一个公正的和忠实的审判员。

219

第七章　假设的选择

逻辑强加在假设的选择上的条件化归为什么

我们仔细地分析了构造物理学理论的各种操作；我们特别使容许我们把理论的推论与实验定律比较的准则受到严厉的批判；我们现在自由地返回到理论基础本身，谈谈它们应该是什么，从而了解它们必须负荷什么。因而，我们将要问这样的问题：逻辑强加在物理学理论必须赖以立足的假设之选择的条件是什么？

而且，我们在上面研究过的不同的问题和我们为它们提供的解答，可以说向我们口授了答案。

逻辑要求我们的假设是某个宇宙论的体系的推论吗？或者至少要求它们与这样一个体系的推论一致吗？绝没有。我们的物理学理论并不因它们是说明而自鸣得意；我们的假设不是关于物质事物的真正本性的假定。我们的理论把实验定律的经济的浓缩和分类作为它们的唯一目的；它们是自主的，独立于任何形而上学体系。因此，我们赖以建造它们的假设不需要从这个或那个哲学学说借用它们的材料；它们并不需求形而上学学派的权威，也丝毫不担心对它的批判。

逻辑要求我们的假设仅仅是归纳概括的实验定律吗？逻辑不能够提出它不可能满足的要求。现在，我们清楚地认识到，它不能用纯粹的归纳法构造理论。牛顿和安培在这一点上失败了，可是这两位数学家却夸口在他们的体系中不容许不是完全从实验引出的东西。因此，我们将不反对承认，在我们物理学的根本的基础中，有并非实验提供的公设。

逻辑坚持除非使假设中的每一个在宣布它是可采纳的之前逐一地经受它的可靠性的彻底检验，我们不应引入假设吗？这将再次是荒谬的要求。任何实验检验都使物理学的多种多样的部分起作用，并诉诸不计其数的假设；它从未把一个给定的假设与其他假设孤立起来而检验它。逻辑不能召唤每一个假设依次试验我们期望它发挥的作用，因为这样的试验是不可能的。 220

那么，逻辑地强加在作为我们物理学理论的基础的假设之选择上的条件是什么呢？这些条件为数有三。

第一，一个假设将不是自相矛盾的命题，因为物理学家不想胡说八道。

第二，支撑物理学的不同假设将不相互矛盾。事实上，物理学理论不能被分解为一堆无联系的和不相容的模型；它的目的在于极其谨慎地保持逻辑统一，因为直觉——我们无能为力证明它是合理的，但它不可能使我们盲目行进——向我们表明，只有在这个条件上，理论将趋向它的理想形式即自然分类的形式。

第三，假设将以这样的方式被选择，以至数学演绎可以从**作为一个整体看待的**它们引出以充分的近似度描述实验定律**总体**的推论。事实上，物理学理论的恰当目的就是借助实验家确立的定律的数学符号做图式的描述;其推论之一与观察的定律明显矛盾的任何理论,都应该被毫不留情地拒斥。但是,把理论的一个孤立的推论与一个孤立的实验定律比较是不可能的。两个体系必须就它们的整体加以考虑:一方面是理论描述的完整体系,另一方面是观察资料的完整体系。就这一点而论,必须相互比较它们,必须识别它们的相似。

假设不是突然创造的产物,而是渐进进化的结果。由万有引力引出的例子

逻辑强加在支撑物理学理论的假设上的要求化归为这三个条件。只要理论家尊重它们,他就享有完全的自由,他就可以为他将要以他中意的任何方式构造的体系打下基础。

这样的自由将不是所有烦恼中最令人为难的吗?

221 现在很可能!使物理学家在那里面临的是,不可胜数的和混乱无序的一大堆实验定律比人们能够看见的延伸得还要远,但还没有达到概述、分类和协调它们。他必须规划原理,原理的推论将产生对于观察资料的这一令人惊恐的总体的简单的、清晰的和有序的描述;但是,在他能够判断他的假设的推论是否达到它们的目标之前,在他能够辨别它们是否产生实验定律的有条理的分类和类似实验定律的图画之前,他必须由他的预设构造整个体系;当他在这个困难的任务中请求逻辑指导他,并指明他应该选择哪一个假设、他应该拒斥哪一个假设时,他仅仅收到避免矛盾这个规定,这是一个以它所容许的极端自由加剧他的踌躇的规定。这样的不

受限制的自由对人会有用吗？他的强大得足以创造物理学理论的心智失去控制了吗？

确实没有。例如，历史向我们表明，没有一个物理学理论是纯属虚构的。任何物理学理论的形成总是通过一系列润色进行的，它使体系从无定形的第一批草图逐渐达至比较精致完美的状态；在每一次润色时，物理学家自由的首创精神都受到变化多端的环境、他人的观点和事实教导的东西的忠告、强调、指导以及有时是绝对的命令。物理学理论不是突然创造的产物；它是缓慢的和渐进的进化的结果。

当鸟嘴数次轻击打破蛋壳时，小鸟从中破壳而出，幼稚的小孩可能想象，这个类似于他在小溪边缘捡到的白色贝壳的坚硬而不动的质量突然获得生命，产生吱吱叫着跑掉的鸟；但是，恰恰是在他的天真的想象看到突然创生的地方，博物学家却辨认出长期发展的最后阶段；他回溯到两个微观细胞核的融合，以便考察接着的一系列分裂、演变和重吸收，这样一个细胞接一个细胞构成小鸟的肉体。

普通的外行人断定，物理学理论的诞生就像小孩断定小鸟的出生一样。他相信，他称之为科学的这个精灵用他的魔杖触及一下天才人物的额头，理论立即就显得活生生的和完美无缺的，犹如智慧女神雅典娜从宙斯的额头全副武装地冒出来一样。他以为牛顿在果园看见苹果落下，就足以应该有目的地把落体的结果，地球、月球和行星及其卫星的运动，彗星的运行，海洋的涨落开始用一个命题概述和分类：任何两个物体以与它们质量之积成正比，与它们相互距离之平方成反比的力彼此吸引。 222

那些对物理学的历史有比较深刻的洞察的人知道，为了发现万有引力这个学说的胚芽，我们必须到希腊科学的体系中去寻找；他们了解这个胚芽在它的千年进化过程中的缓慢变态；他们列举每个世纪对于将从牛顿那里得到它的生长发育形式的工作的贡献；他们没有忘记牛顿本人在产生他的完美体系之前所经历的疑虑和摸索；在万有引力历史中的每时每刻，他们都没有察觉到类似于突然创造的任何现象；他们也没有察觉到一个例子表明，人的心智摆脱了不同于过去学说的吸引和现在实验的反驳的任何动机的激励，它会利用逻辑在形成假设中准许它的所有自由。

在这里，我们无法十分详细地陈述人类准备值得纪念的万有引力发现所做的努力的历史；为此写一卷书也许还不够。然而，为了表明在这个基本假设被明确阐述之前它经过了什么样的变迁，我们至少希望用粗糙的素描勾勒这个历史的轮廓。

只要人们企图研究物理世界，一类现象由于它的普遍性和重要性必然吸引他的注意力；重量必定是物理学家首先思考的对象。

让我们不要停止回忆，古希腊的哲学家能够就重的和轻的东西说些什么，但是让我们以亚里士多德讲授的物理学作为我们希望浏览的历史的起点。此外，在很久以前勾画的进化中，除了接着从那点开端之外，让我们仅仅保留为牛顿理论铺平道路的东西，而系统地忽略无助那个鹄的的一切。

对亚里士多德来说，所有物体都是由四种要素——土、水、气和火——以不同比例构成的混合物；在这四种要素中，头三种是重的；土比水重，水比气重；只有火是轻的。混合物按照形成它们的要素的比例是程度不同的重或轻。

223

这相当于什么呢？重物体是被赋予这样的“实质的形式”的物体：它自然而然地向一个数学点即宇宙的中心运动，它在每一时刻都不受阻碍地如此运动；为了阻止这种运动，在它下面必须有固体的支持或比它重的流体的支持。较轻的流体不能阻止它的运动，**因为较重的东西倾向于处在较轻的东西之下**。相应地，轻物体是其实质的形式是这样的物体：它自然而然地离开世界的中心而运动。

如果物体被赋予这样的实质的形式，正是因为每一个物体倾向于占据它的“自然位置”；物体重要素越丰富，这个位置越接近世界中心；当较轻的要素渗透到混合物时，它就离开这个中心点越远。每一种要素定域在它的自然位置便会导致世界中的秩序，每一种要素按这种秩序能够达到它的形式的完美；因此，如果任何要素或任何混合物的实质的形式被赋予所谓的重性或轻性这些质之一，那么便说明，每当“猛烈的运动”瞬间扰乱世界的秩序时，由于“自然运动”该秩序会重返它的完美状态。尤其是，正是每一个重物体趋近它的自然位置，趋近宇宙中心的倾向，说明了地球的圆形和海洋表面的完美的球状。亚里士多德已经勾画出这一图式的数学证明，阿德拉斯特(Adrastus)、老普林尼(Pliny the Elder)、士麦那的特海翁(Theon of Smyran)、辛普利希乌斯和圣托马斯·阿奎那复述和发展它。这样一来，按照亚里士多德形而上学的重大原理，重物体运动的有效原因同时是它的终极原因；它不等价于宇宙中心施加的猛烈的吸引，但却等价于每一个物体朝向最有利于它自己保存和最有利于世界的和谐配置的位置所经历的自然倾向。

亚里士多德的重量理论赖以立足的假设就是这样的，亚历山大学派的注释者、阿拉伯人和中世纪的西方哲学家发展它，使它变得更精密。尤利乌斯·凯撒·斯卡利杰（(Julius Caesar Scaliger)详细地陈述它，[①]约翰·B. 贝内德蒂(John B. Benedetti)给它以特别清楚的阐述，[②]伽利略本人在他的早期著作中采纳了这一阐述。[③]

224

而且，这一学说在经院哲学家的沉思过程中变得精确了。重量不是物体完全自行处于宇宙中心的倾向——这也许是绝对不可能的，也不是它的无论哪一点处于哪里的倾向；在每一个重物体中，都存在一个想要与宇宙中心结合的十分确定的点。这个点是物体的重心。为了使地球保持不动，必须处在世界中心的，不是地球上的无论什么点，而是地球的质量的重心。万有引力在两个点之间起作用，从而类似于在如此长的时期描述磁体性质的两极之间的作用。

在辛普利希乌斯评注亚里士多德的《论天》的一段话中，已包含这个学说的胚芽，使巴黎神学院的唯名论学派闻名的学者之一萨克森的阿尔伯特(Albert of saxony)在十四世纪中期详细地阐明该学说。在萨克森的阿尔伯特之后，按照他的教导，该学说被这个学派最强有力的心智犹太人提蒙(Timon the Jew)、安冈的马西

① Julii Caesaris Scaligeri，"*Exotericarum exercitationum liber XV*；*De subtilitate adversus Cardanum*"(Paris，1557)，Problem IV.

② J. Baptistae Benedetti，"*Diversarum speculationum liber. Disputationes de quibusdam placitis Aristotelis*"(Turin，1585)，Ch. XXXV，p. 191.

③ *Le Opere di Galileo Galilei*，Vol. I：De Motu(由 national edition 忠实地重印；Florence，1890)，p. 252. 伽利略在大约 1590 年撰写了这部著作，它只是在我们时代才由 Antonio Favaro 出版。

利乌斯(Marsilius of Inghen)、埃利的彼得(Peter of Ailly)和尼福(Nifo)采纳和详述。[①]

在启发列奥纳多·达·芬奇(Leonardo da Vinci)的一些最有独创性的思想之后,[②]萨克森的阿尔伯特的学说把它的强大影响充分地扩展到中世纪以后。古伊多·乌巴尔多·德尔·蒙泰(Guido Ubaldo del Monte)明确地阐述它:"当我们说重物体由于天然的癖好想望使它本身处于宇宙的中心时,我们希望表达这样的事实:重物体自己的重心想望与宇宙的中心结合在一起。"[③]甚至在十七世纪中期,萨克森的阿尔伯特的这一学说还统治着许多物理学家的心智。这激起对不熟悉阿尔伯特的这一学说的人而言显得不可思议的论点,费马(Fermat)正是以此支持他的地压(geostatic)命题的。[④] 在一六三六年,费马写信给对他的论点的合理性提出质疑的罗贝瓦尔(Roberval):"第一个反对意见在于下述事实:你不希望承认,把两个自由下落的相等的重物联结起来的线的中点开始与世界中心结合在一起。在这一点,在我看来情况肯定是,你歪曲了自然的模样和第一原理。"[⑤]萨克森的阿尔伯特阐

225

① 这个学说的详细历史将在我的著作 *Les Origines de la Statique*,Ch. XV:"Les propriétés mécaniques du centre de gravité. D'Albert de Saxe à Torricelli"被找到。

② *Cf*. P. Duhem,"Albert de Saxe et Léonard de Vinci",*Bulletin italien*,V (1905),pp. 1,113.

③ Guidi Ubaldi e Marchionibus Montis,"In duos Archimedis aequiponderantium libros paraphrasis scholiis illustrata"(Pisa,1588),p. 10.

④ *Cf*. P. Dubem,*Les Drigines de la Statique*,Ch,XVI,"La Doctrine d'Albert de Saxe et les Geostaticiens".

⑤ Pierre de Fermat,*Deuvres*,由于 P. Tannery 和 C. Henry 的编辑工作而出版,Vol. II:Correspondance,p. 31。

述的命题由于取代它们的位置而终结于若干自明的真理之中。

哥白尼革命通过摧毁地心体系推翻了这个重量理论赖以立足的基础本身。

地球这个典型的重物体本身不再倾向于处于宇宙中心。物理学家必须把引力理论建立在新假设的基础上;什么考虑将向他们启示这些假设呢? 考虑基于类比。他们打算把重物向地球下落和铁向磁体运动加以比较。

再者,铁和铁矿石与磁体有关;从而,当把它们放在磁体附近时,宇宙的完美性要求它们行进并结合这个物体;这就是它们的实质的形式在磁体附近受到改变的原因,这就是它们获得"磁体的效能"的原因,而它们由于这种效能而奔向磁体。

亚里士多德学派的经院哲学家,尤其是阿威罗伊(Averroes)和圣托马斯,在磁作用问题上一致同意的学说就是这样的。

这种作用在十三世纪被更为仔细地研究过;人们注意到,每一个磁体具有两个极,所谓的相对的极互相吸引,但是相同的极则彼此排斥。在一二六九年,以珀特吕斯·佩雷格里尼斯(Petrus Peregrinus)的名字更为知名的马里古的彼得(Peter of Maricourt)描绘了磁作用,该描绘清晰得出奇,且具有实验的远见。[①]

但是,这些新发现只是通过使亚里士多德学派的学说更精确而确认它。如果我们打碎磁石,那么被打碎的磁石的外表还有不

226

---

① *Epistola Petri Peregrini Maricurtensis Sygerum de Foucaucourt militem, de magnete*(Paris, August 8, 1269); G. Casser 在 Augsburg 印刷, 1558. 重印在 *Neudrucke von Schriften und Karten über Meteorologie und Erdmagnetismus*, ed. G. Hellman, No. 10; Rara Magnetica(Berlin: Asher, 1896).

同的名称的极；两个碎块的实质的形式是这样的：这些碎块相互趋近并倾向于再次结合在一起。于是，磁体的效能是倾向于保持磁体的完整的东西，要不就是当这个磁体被打碎时恢复为单一磁体的东西，这一个磁体具有像原来的磁体一样排列的极。[①]

万有引力具有类似的说明。地球上的要素被赋予这样一种实质的形式：它们依然与它们是其一部分的地球结合，并维持地球的球体形状。哥白尼的前驱列奥纳多·达·芬奇已经宣布：[②]"地球不在太阳圆周的中部，或者不在世界的中间，不过它确实在它的要素的中间，这些要素伴随它并与它结合。"地球的所有部分倾向于地球的重心，海洋的表面以这种方式被保证获得球面的形式，这种形式的图像像露珠的形式。

哥白尼在他的论天体运行的专题著作第一编的开头，用与列奥纳多·达·芬奇相同的词语表达他的意思，甚至使用相同的比较。[③]"地球是球形的，因为它的所有部分倾向于它的重心。"水和土都倾向于它，这把球的一部的形式给予水的表面；如果有充分数量的水物体的话，球就可能是完美无缺的。而且，太阳、月球和行星也都具有球的形状，在这些天体的每一个的例子中，这种形状可用像在地球的例子中那样的说明方式来说明：

"我认为，重力无非是宇宙的设计者的神圣的天意给予地球各

① *Ibid.*, First Part, Ch, IX.

② *Les Manuscrits de Léonard de Vinci*, ed. C. Ravaisson-Mollien, MS. F of the Bibliothéque de l'Institut, Fol. 41, verso. 这个笔记簿包含注释："1508年9月12日在米兰开始。"

③ Nicolai Copernici, "*De revolutionibus orbium coelestium*" *libri sex* (Nuremberg, 1543), Book I, Chs. I, II, III.

部分的某种自然的欲望，以便它们通过以球的形状重新结合可以恢复到它们的统一和它们的完整。可信的是，相同的属性也存在于太阳、月球和其他周游的天体中，以便它们通过这种属性的力量可以固守它们向我们显现的圆形。”①

这种重量是普适的重量吗？属于一个天体的质量同时受到这227 个天体的重心和其他天体的重心的吸引吗？在哥白尼的著作中，没有什么东西指明他承认这样一种倾向；在他的门徒的著作中的一切都表明，按照他们的看法，朝着天体中心的倾向是这个天体各部分的恰如其分的特性。在一六二六年，梅森在给出定义之后概述他们在那时的学说：“宇宙的中心是所有天体在直线上倾向的点，是天体的共同中心。”他补充说：“我们接受它，但却不能证明它，因为在形成宇宙的每一个特定的系统中，或者换句话说，在每一个巨大的天体中，很可能存在特定的重心。”②

然而，关于这一学说的问题，梅森在赞同万有引力假设时也表示怀疑：“我们假定，所有天体都想望世界的中心，并在直线上以自然的运动朝向它。这个命题是几乎每一个人都同意的命题，尽管根本无法证明它；谁知道，从天体那里被强夺的它的各部分是否可以倾向于这个天体并重返它，就像与地球分开并被它携带的石头会最终返回地球呢？谁知道，更接近月球而不是地球的地球上的石头是否会下降向月球而不是地球呢？”③在这最后一句话中，正

① *Ibid.*, Book I, Ch. IX.

② Marin Merssenne, *Synopsis mathematica* (Paris: Rob. Stephan:, 1626), *Mechanicorum libri*, p. 7.

③ *Ibid.*, p. 8.

如我们将要看到的，梅森表明他自己与其说被诱使追随哥白尼的学说，还不如说被诱使追随开普勒的学说。

伽利略更忠实地和更周密地坚持哥白尼的对于每一个天体来说是特殊的重力理论。在著名的《关于两大世界体系的对话》中的"第一天"，他通过对话者萨尔维亚蒂之口表示："使地球各部分运动不是为了趋向世界中心，而是为了重返它们的整体；这就是它们具有向着地球的球体中心的自然倾向的原因，它们借助这一倾向协力促进形成和维持该整体。……

"由于地球各部分都共同一致地协力促进形成它们从属的整体，其结果是，它们到处以相等的倾向会聚；为了尽可能多地相互结合，它们生成球的形状。所以，如果构成世界的月球、太阳和其他大天体都具有相同的球形形状，那么这不是别的理由，而恰恰是由于它们的所有部分的协调的本能和自然的会聚，难道我们不应该相信这一点吗？因此，当这些部分之一因某种强力而与它的整体分离时，难道没有理由相信它会自发地借助自然的本能重返该整体吗？"

228

确实，这样的学说与亚里士多德的学说的分歧是深刻的。亚里士多德有力地拒斥诸如恩培多克勒(Empedocles)之类的古代自然哲学家的学说，后者在重量中看到爱对爱的同情；在他的《论天》的第四编，亚里士多德宣称，重物体下落不是为了和地球成为一体而下落，而是为了和宇宙中心成为一体而下落；如果从它的位置飞离的地球应该留住在月球的轨道中，石头就不会落向地球而落向世界中心。

可是，哥白尼主义者却保留他们能够保留的亚里士多德学说中的一切；对他们而言，就像对古马其顿人亚里士多德来说一样，重力是重物体固有的倾向，而不是异己的物体施加的强烈的吸引；对他们来说，就像对于古马其顿人亚里士多德而言一样，这种倾向渴望一个数学点即地球的中心或所研究的物体从属的天体的中心；在他们看来，正像在古马其顿人亚里士多德看来一样，所有部分趋向一点的这种倾向是每一个天体具有球形形状的理由。

伽利略甚至更进一步，把萨克森的阿尔伯特的学说带进哥白尼体系。在捍卫物体的重力中心时，他在他的著名的《新力学科学》中说："于是，正是这个点，才是倾向于与重物的普适中心、也就是说与地球的中心在一起的点。"当他阐述下述原理时，正是这个思想指导他的：当重物体群的重心尽可能地接近地球中心时，这个群才处于平衡状态。

哥白尼体系的物理学当时基本上在于否认每一个要素趋向它的自然位置的倾向，在于用同一整体的各部分力图重新构成这个整体的自然的同情代替那种倾向。大约在哥白尼正在使用这种同情以便说明对于每一个天体来说是独特的引力时，弗拉卡斯托罗(Fracastoro)则阐述了普遍的同情理论：当同一整体的两部分相互分离时，每一部分都向另一部分发送它的实质的形式，即传播到中介空间中的式样的射气；通过这种式样的接触，每一部分倾向于另一部分，因而它们可以结合成单一的整体；这样一来，便说明了类似物的相互吸引，铁对磁体的同情是这样说明的类型。[1]

229

① Hieronymi Fracasitorii,"*De sympathia et antipathia rerum*",*liber unus*.重印在 Hieronymi Fracasitorii,"*Opera omia*"(Venice,1555).

与弗拉卡斯托罗的例子一致,大多数医生和占星术士(难得是一职而不是同时身兼二职)乐意地乞灵于这样的同情。而且,我们将看到,医生和占星术士在万有引力学说的发展中并非具有微不足道的意义。

没有人比威廉·吉尔伯特(William Gilbert)使这一同情学说得以更广泛地发展了。在对磁学理论如此首要的著作中——他以此著作把磁学理论引入十六世纪的严密的科学工作,吉尔伯特就万有引力表达了类似于哥白尼吐露的观念:"亚里士多德主义者考虑的简单的和直线的向下运动即重物体的运动是断离部分的重新结合的运动,这些部分由于形成它们的物质沿径直的线对准地球的物体,这些线经最短的路径导向中心。地球的被孤立的磁体部分的运动除了使它们重新结合为整体的运动之外,考虑到同情和形式的和谐,还有使它们在它们自己之间结合的运动以及使它们转动和使它们对准整体的运动。"[①]"这种唯一地倾向于它的天性的直线运动不仅仅属于地球的部分,而且也属于太阳的部分、月球的部分和其他天球的部分。"[②]然而,这种吸引的效能的确不是普适的万有引力;它是每一个天体特有的效能,正如磁性是地球或磁体特有的一样:"现在,让我们给出这种交媾和这种激励整个自然的运动的理由。……它是属于原初的和首要的大球的特殊而独有的实质的形式;它是它们的同类的和未被败坏的部分特有的实体和本质,我们可以称其为原始的、根本的和星界的形式;它不是亚

① *Gulielmi Gilberti Colcestrensis*, *Medic Londinensis*, "*De magnete niagneticis corporibus*, *et de magno magnete Tellure*, *Physiologia nova*" (London, 1600), p. 225.

② *Ibid.*, p. 227.

里士多德的第一形式，而是天球借以维持和安排属于它的本性的东西的特殊形式。在天球的每一层，在太阳中，在月球中，在恒星中，都存在着这样的形式；在构成我们称之为原始活力的真正的磁功能的地球中，也存在这样的形式。于是，存在属于地球的磁本230 性，这种本性由于确实值得引起我们惊讶的基本理由寓居于它的每一个真实的部分。……在地球中存在属于它的磁活力，犹如在太阳和月球中存在实质的形式一样；月球以月球的方式配置可以与它分离的碎块，使之与它的形式和强加给它的限制一致；太阳的碎块由于它的自然倾向被携带向太阳，如同磁体被欲望激起而被携带向太阳或向其他磁体一样。"[1]

这些思想通过吉尔伯特论磁体的书散播开来；它们在充分发展后在他的论世界体系的著作中显示出占优势的重要性，他的兄弟在他逝世后出版了这部著作。[2] 这部著作的主导观念浓缩在下面一段话中："地上的万物重新结合于地球，与太阳同类的万物倾向于太阳，所有月下的事物倾向于月球，对于形成宇宙的其他天体而言也是相同的。这样的天体的每一部分都依附于它的整体，而不会自发地使它自己与整体分离；如果从整体夺走它，它不仅会努力重返整体，而且也会受到天球的效能召集和诱使。如果它不是这样，如果各部分本身能够自发地分离，如果它们不重返它们的起源，那么整个世界立即就会消散于混乱之中。这不是把各部分带向某一位置、某一空间、某一地位的欲望的问题，而是带向本体、带

---

① *Ibid.*，p. 65.

② *Gulielmi Gilberti Colcestrensis*，*medici Regii*，"*De mundo nostro sublunari philosophia nova*"（Amsterdam，1651），吉尔伯特死于一六○三年。

向共同的源泉、带向生育它们的母亲、带向它们的起源的癖好的问题，在这里所有这些部分将结合起来并保持下去，它们将依然处于静止而不会遭受任何危险。"①

吉尔伯特的磁哲学在物理学家当中造就了为数众多的能手；让我们满足于仅仅提及弗朗西斯·培根②，他的观点是他的同时代科学家的学说的混杂的反映，让我们立即返回到万有引力的真正创造者即开普勒。

开普勒即使在不止一个场合宣告他对吉尔伯特的赞美和宣布他本人赞同磁哲学之时，他也向前迈进并改变它的所有原理；他用天体的相互吸引代替它们各部分趋向它的中心的倾向；他宣称，这种吸引出自单一的和普适的效能，不管是在月球还是在地球的各部分之中；他把这种效能与保持每一天体的形式联系在一起的有关终极原因的任何考虑撇在一边；简而言之，他前进了，开辟了万有引力学说遵循的所有道路。 231

首先，开普勒否认相对于数学点的任何吸引或排斥能力，不管该点是像哥白尼认为的地球的中心还是像亚里士多德设想的宇宙的中心："火的作用不在于获得形成世界边界的面，而在于逃离该中心：不是宇宙的中心而是地球的中心；这个中心不是就它是一个点而言的，而是就它处在物体中间来说的，这种物体与想要膨胀的火的本性是对立的。我将进而说，火焰不是逃离，而是被较重的空气驱使，犹如膨胀的气泡会被水驱使一样。……如果我们把静止

① *Ibid.*, p. 115.

② Bacon, *Novum Organum*, Book II, Ch. XLVIII, Arts. 7, 8, 9.

的土放到某一位置，并使它接近较大的土，那么第一个土会相对于第二个土变重，并会受到后者吸引，就像石头受到地球吸引一样。引力不是被吸引的石头的作用而是被动性。”①

“不论数学点是世界的中心还是某一另外的点，事实上都不能使重体运动；它也不能够是重体趋向的目标。让物理学家接着证明，这样的力不能够属于不是物体的点，而是仅仅以完全相对的方式构想的点吧！

“就石头的实质的形式而言，在使石头物体运动时，倘若不关心数学点所在的物体，就不可能找到像世界中心这样的数学点。让物理学家接着证明，自然事物对不存在的东西具有某种同情吧！

“……这里是真实的引力学说：引力是相关物体的相互影响，这些物体倾向于把它们结合和联合起来；磁能力是同一秩序的性质；地球吸引石头，而不是石头倾向于地球。即使我们把地球的中心置于世界中心，那么能够携带重体的也不会是向着这个世界中心，而是向着它们与之相关的球形物体的中心，即向着地球的中心。因此，不管把地球运送到哪里，由于使它富有生气的能力，推动重物体的，总是向着它。如果地球不是球形的，那么重物体不会在四面八方被一直推向地球中心，而是依据它们是来自这一位置还是另一位置，它们会被推向不同的点。如果在宇宙的某一位置我们不得不使两块石头彼此接近，并超越与它们有关的任何物体

232

① Joannis Kepleri“*Littera ad Herwartum*”，一六〇五年三月二十八日。重印在*Joannis Kepleri astronomi*“*Opera Omnia*”，ed. C. Frisch，II，87.

的影响范围，那么这些石头的两个磁体的方式到来并在二者之间一个位置相遇，为了相遇它们能够前进的路程可能与它们的质量成反比。"①

这一"真实的引力学说"不久便传遍欧洲，并受到许多数学家的青睐。一六二六年，梅森在他的《数学概要》中间接提到它。一六三六年八月十六日，艾蒂安·帕斯卡和罗贝瓦尔就争执萨克森的阿尔伯特的旧原理的本来意图，写信给绝对忠实坚持这个原理的图卢兹的数学家费马："如果用一条牢固的和无重量的直线把两个相等的重体连接起来，如果在这样安排时它们再次自由地下降，那么在该线的中间(这是古人的重心)与重物的共同中心结合之前，它们将永远不会静止。"他们如下反对这个原理："情况也可能是并且十分可能是，引力是物体的相互吸引，或者是物体来到一起的自然想望，这一点在铁和磁体的例子中很清楚，在那里我们发现，若磁体被阻止，则处于自由的铁将会去寻找它；若铁被阻止，则磁体将趋向它；若二者都是自由的，则它们彼此相应地拉近，从而在任何情况下二者中较强的将越过较短的路程。"②

地上的物体除了具有使它们返回到地面——它们被认为来自地面而且地面构成它们的重力——的功能之外，再没有其他磁能力吗？

使海水高涨并产生潮汐的运动如此严格地跟随月球子午圈的转变，以至只要完全正确地辨认出它的定律，月球就被看做是这一

① Joannis Kepleri，"*De motibus stellae Martis commentarii*"(Prague，1609)．重印在 J. Kepleri，"*Opera omnia*"，III，151.

② Pierre de Fermat，*Oeuvres*，ed. P. Tannery and C. Henry，II，35.

现象的原因;厄拉多塞(Eratosthenes)、塞流古(Seleucus)、希帕克(Hipparchus),尤其是波塞多尼奥斯的观察,[1]使古代哲学家确信233这些定律的十分充分的知识,因为西塞罗(Cicero)、老普林尼、斯特拉博(Strabo)和托勒密(Ptolemy)并不害怕说潮汐现象依赖于月球的行程。但是,这种依赖不久便被关于潮汐各种变化的详细描述确立起来,阿拉伯天文学家阿尔布马扎(Albumasar)于九世纪在他的《天文学详论》中给出这一描述。

就这样,月球决定海洋水的上涨。但是,它以什么方式决定它呢?

托勒密和阿尔布马扎毫不犹豫地乞灵于特殊的效能,月球对海水的特殊的影响。这样的说明并未打算使亚里士多德的真正门徒高兴;在这方面无论说什么,事实是,忠诚的亚里士多德主义者,不管是阿拉伯人还是西方经院哲学的大师,强烈地拒绝接受乞灵于不能达到感官的隐秘功能的说明:磁对铁的作用差不多是它们乐于接受的这些神秘效能中唯一的一个;他们根本不会承认,物体能够施加不是来自它们的运动或它们的光线的任何影响。而且,正是从月球的光源中,从这种光源可以生成的热中,从这种光源可以在海水内产生的迸发中,阿维森那(Avicenna)、阿威罗伊、罗伯特·格罗斯泰斯特(Robert Grosseteste)、阿尔伯图斯·马格努斯(Albertus Magnus)和罗吉尔·培根(Roger Bacon)寻找涨落的说明。

---

① *Cf.* Roberto Almagia, "Sulla dotrina della marea nell'antichita classica e nel medio evo", *Atti del Congresso internazionale di Scienze historiche* Rome, April 1-9, 1903, XII, 151.

这是一个十分靠不住的说明，该说明缺点太多注定会破产。阿尔布马扎已经注意到，月球的光源在海洋潮汐中是可以忽略的，因为这种潮汐在新月下像在满月下一样产生，因为它以相同的方式发生，不管月球在它的天顶还是在它的天底。为了消除这一最后的异议，罗伯特·格罗斯泰斯特不顾罗吉尔·培根对它热情地投赞成票，提出在某种程度上幼稚的说明，该说明不可能损害阿尔布马扎的论据。从十三世纪起，最优秀的经院哲学家，包括圣托马斯在内，都承认除光以外的星际影响的可能性；恰恰在此时，奥弗涅的威廉(William of Auvergne)在他的著作《论宇宙》中把月球对海水的作用与磁体对铁的作用做了比较。

潮汐的磁理论被伟大的物理学家获悉，这些物理学家在十四世纪中期使巴黎神学院的唯名论学派闻名遐尔。萨克森的阿尔伯特和犹太人提蒙在他们论述亚里士多德的《论天》和《流星》的《疑问》中详述了它，但是他们却犹豫不决地给予它以全神贯注的支持；它们太充分地了解阿尔布马扎的异议的有效性了，以至没有无条件地默认阿尔伯图斯·马格努斯和罗吉尔·培根的说明；可是，月亮施加在大海上的这种隐秘的磁吸引与他们的亚里士多德的理性论针锋相对。

另一方面，潮汐显示的效能是为占星术士定制的，他们在其中发现天体施加在地上事物的影响的无可争辩的证据。这种假设在医生中也赢得不少的赞同，他们把天体在潮汐现象中所起的作用与他们在疾病危急中赋予它们的作用相提并论；盖伦(Galen)不是把“分泌黏液的疾病的危急日”与“月相”联系起来了吗？

在十五世纪末，焦瓦尼·皮科、德拉·米兰多拉(Giovanni Pico della Mirandola)毫不妥协地着手处理阿维森那和阿威罗伊的亚里士多德主义的论题：他否认天体除了通过它们的光线以外在尘世间起作用的能力；他把所有裁判的占星术作为迷惑人的东西加以拒绝；他抛弃危急日的疾病学说；同时他宣称潮汐的磁理论是错误的。[①]

皮科·德拉·米兰多拉对占星术士和医生的猛烈攻击，立即受到来自锡耶纳的医生卢丘斯·贝兰蒂乌斯(Lucius Bellantius)在一本书中的迎战，该书具有连续不变的版本。[②] 在这部著作的第三编中，作者在审查皮科·德拉·米兰多拉就潮汐所说的话时，写下了这样几行：“当月球吸引海水并使海水上涨时，它主要是通过射线起作用的，不过这些射线不是月光的射线，因为在天体会合时期不会存在涨落，而我们此时却能够注意到并且的确注意到射线；正是借助于影响的虚射线，月球吸引海水，犹如磁铁吸引铁一样。借助这些射线，我们能够容易地解决关于这个问题的所有异议。”

卢丘斯·贝兰蒂乌斯的书无疑是复活对潮汐的磁理论支持的信号：在十六世纪中期这个理论被普遍地接受了。

235　卡尔丹(Cardan)在他的七种简单运动的分类中包括“……一种新的、不同的性质，该性质由事物的某种顺从构成，就像水由于

① Joannis Pici Mirandulae, “*Adversus astroloyos*”(Bologna, 1495).

② Lucii Bellantii Senensis, “*Liber de astrologia veritati et in disputationes Joannis Pici adversus astrologos responsiones*”(Bologna, 1495; Florence, 1498; Venice, 1502; Basel, 1504).

月球而顺从，铁由于磁体即所谓的大力神海格立斯的石头而顺从。”①

朱利叶斯·凯撒·斯卡利杰采纳相同的见解：“铁并不是在与磁体接触的情况下被磁铁运动的；海为什么不应同样地追随十分著名的天体呢？”②

迪雷(Duret)提及卢丘斯·贝兰蒂乌斯的见解，而没有采纳它，不过“这位作者使我们确信，月球吸引海水不是由于它的光源的射线，而是由于它的某种隐秘的性质的效能和能力，恰如磁体对铁的吸引一样。”③

最后，吉尔伯特表示：“月球并不是通过它的射线或通过它的光源作用于海上。那么，它是如何作用呢？通过两个物体的联合作用或协同作用，借助类比通过磁吸引说明我的思想。”④

而且，月球对海水的作用属于爱对爱的同情的倾向，哥白尼主义者曾在这些倾向中寻找重力的说明。每一个物体都具有这样的实质的形式，致使它倾向于把它自己与具有同一性质的另外的物体结合起来，因此海水力图与月球再结合是很自然的，而月球对占星术士和医生来说是特别湿的天体。

托勒密在他的《四部书》、阿尔布马扎在他的《天文学详论》中

① *Les livres d'Hiérom Cardanus, médecin milanois, intitulés de la subtilité et subtiles inventions*，由 Richard le Blanc 由拉丁文译为法文(Paris，1556)，p. 35.

② Julii Caesaris Scaligeri，“*Exercitationes...*”，Problem，LII.

③ Claude Duret，*Discours de la vérité des causes et effets de divers cours, mouvemens, flux, et reflux de la* mer océane，mer *mediterannée et autres mers de la Terre*(Paris，1600)，p. 204.

④ *Gulielmi Gilberti*...“De mundo nostro...”，p. 307.

赋予土星以创造冷的性质;赋予木星以创造温和天气的性质;赋予火星以烧热的性质;赋予月球以潮湿的性质。因此,月球对海水的作用是同一家族两种物体之间的同情,正如那位阿拉伯作者所说的"同族的效能"。

这些学说被中世纪和文艺复兴时期的医生和占星术士保存下来,卡尔丹说:"我们不能怀疑天体施加的影响;它是支配所有易腐坏的事物的隐秘作用。可是,某些无礼的和野心勃勃的、比厄拉多塞还要不虔敬得多的心智却胆敢否认它。……难道我们看不见在地上的实物中存在像它的质施加明显作用的磁体一样的某种实物吗?……我们为什么要拒绝归于永恒的和十分著名的天上的物体的这种作用呢?……太阳由于它的尺度和它漫射的光的数量,是一切事物的首席司令官。月球由于相同的理由接着来到了,因为它向我们显示是太阳之后的最大的天体,尽管它实际上并非如此。尤其是,月球统帅潮湿的事物如鱼、水、动物的骨髓和大脑以及块根中的湿物,比如尤其包含湿气的大蒜和洋葱。"[1]

236

甚至开普勒也奋起有力地反对裁判占星术的无根据的主张,他毫不畏惧地写道:"经验证明,包含潮湿的万物在月亮升起时膨胀,而在月亮下落时收缩。"[2]

开普勒夸口第一个打翻了这一见解:按照该见解潮汐是海水与月球的脾性结合的努力。"像可以确定潮汐涨落一样,完全可以

---

① Hieronymi Cardani, "*De rerum varietate*" *libri* XVII (Basel, 1557), Book II, Ch. XIII.

② Joannis Kepleri, "De fundamentis Astrologiae" (Prague, 1602), Thesis XV, 重印在 J. Kepleri, "*Opera omnia*", I, 422.

确定月球的潮湿是与这个现象的原因不相干的。就我所知，我是第一个在我的《论火星的运动》的绪论中揭示月球借以引起海水涨落的过程。它在于这一点：月球并非像潮湿的天体或正在变湿润的天体那样起作用，而是像与地球的质量相关联的质量那样起作用；它借助磁作用吸引海水，不是因为顺应了海水的脾性，而是因为它们是地上的实物，而海水也把它们的重力归因于这种实物。"[1]

潮汐的确是爱与爱结合的癖性，但是这种癖性并不在于它们二者含有水的本性，而在于它们二者具有构成我们的星球的质量的本性。因此，月球的吸引不仅把它自己仅仅施加到覆盖地球的海上，而且也施加在固体部分和作为一个整体的地球上；反过来，地球也把磁作用施加在月球的重物体上。"假如月球和地球不借助活力或借助某种平衡力保持在它们各自的轨道上，那么地球就会向月球上升，月球就会向地球下降，直到这两个天体结合在一起为止。假如地球不再吸引覆盖它的水，那么海洋的波浪就会统统上涨并流向月球的物体。"[2]

这些见解诱使不止一位物理学家：一六三一年九月一日，梅森写信给让·雷伊(Jean Rey)："我一点也不怀疑，月球上的人抛起的石头会落回月球，尽管他应该有能力转向我们的方向；石头之所 237

① J. Kepleri, "*Notae in librum plutarchi de facie in orbe Lunae*" (Frankfurt, 1634)，重印在 J. Kepleri, "*Opera omnia*", VIII, 118.

② Joannis Kepleri, "*De motibus stellae Martis*" (1609) 重印在 J. Kepleri, "*Opera omnia*", III, 151.

以落回地球,是因为它们距地球比距其他体系近。"[1]但是,让·雷伊对于赞同开普勒这种看问题的方式并不欢迎;在一六三二年的头一天,他回复梅森说:"你说你一点也不怀疑,月球上的人上抛的石头会落回上述的月球,尽管他正在面对我们。对此我看没有什么可大惊小怪的东西;倘若我必须坦率地讲的话,我持相反的意见,因为我推测你的意思讲的是从此处拿走的石头(因为在月球上也许没有任何东西)。现在,这样的石头除向它们的中心即地心运动之外,没有其他倾向;如果正在扔石头的人是我们地球的创造物之一的话,那么石头和这个人一起会向我们奔来,这从而证明下述说法的真理性:我们出生的土地对我们大家具有魅力和引力。如果它们碰巧像受到磁体吸引那样受到月球吸引(除地球之外,你应该不信任这一点),你在这种情况下具有赋予相同的磁能力的地球和月球,这种能力吸引同一物体,联合起来在该物体上会聚,因为它们自然地相互吸引,或者更确切地讲,因为它们相互结合协同作用,正像我看到浮在一盆水中的两个磁球相互拉近一样。在过大的距离中不存在异议的根据;按照你的看法,月球对地球产生影响,而地球必须对月球产生影响,由于地球像月球一样地对后者恭顺——这些影响使我们清楚地看到,每一个都处在另一个的活动范围。"[2]

笛卡儿喊出的还是这种异议;梅森曾在"当物体接近地球中心

---

① Jean Rey, *Essays de…, Docteur en medecine, sur la recherche de la cause pour laquelle l'estain et le plomb augmentent de poids quand on les calcine*(增添了梅森和让·雷伊通信的新版本,1777),p. 109.

② *Ibid.*, p. 122.

比远离它时,了解它是更重还是更轻"之点上有过疑问,笛卡儿则使用下述论据,该论据实际上适合证明远离地球的物体比接近地球的物体轻:"不是自发光的行星,例如月球、金星、水星等,很可能是与地球相同的物质的天体……,看来好像是,这些行星因而是重的并落向地球,假如它们的巨大距离没有消除它们如此做为的倾向的话。"①　238

尽管在十七世纪上半叶,物理学家在说明地球和月球之间的相互引力并未使它们彼此向对方下落时遇到诸多困难,但是对这样的引力的信念继续传播且变得更强烈了。我们看到,笛卡儿认为类似的引力能够存在于地球和其他诸如火星和水星这样的行星之间。弗朗西斯·培根向前推进了;他设想太阳能够把相同本性的作用施加在不同的行星上。在《新工具》中,这位杰出的司法官在一个特殊的类目中提出"**磁**运动,该运动属于**较小聚集体**的运动的类别,但有时却在巨大的距离内和相当大的质量上起作用,值得在这个标题下加以特别研究,尤其是当它不像大多数其他聚集体的运动那样是由接触开始的,并被局限于使物体上升或使它们膨胀而又不产生任何其他东西之时。如果确实月球吸引水并在它的影响下自然看见潮湿的质量上涨……如果太阳束缚火星和水星且不容许它们跑得远于某一距离,那么情况实际上似乎是,这些运动既不属于**较大聚集体**的种类,也不属于**较小聚集体**的种类,而是倾向于平均的和不完善的聚集体,它们应该分开构成一个种类。"②

---

① R. Descartes, *Correspondence*, ed. P. Tannery and C. Adam, Letter CXXIX (1638年7月13日), Vol. II, p. 225.

② F. Baconis, "*Novum Organum*" (London, 1620), Borok II, Ch. XXVIII, Art. 9.

太阳可以在行星上施加一种作用，该作用类似于地球和行星各自施加在它们自己的各部分上的作用，甚至类似于地球和行星之间的作用，这个假设必然呈现一个十分大胆的推测；事实上，它隐含着，在太阳和行星之间存在天然的类似，许多物理学家不得不反驳这个公设；我们在伽桑狄的著作中发现不相容的证据，不止一位倾向承认该公设的心智都感觉到这一点。请注意一下，在什么

239 条件下伽桑狄的这种不相容显露出来：

哥白尼主义者如此乐意地把引力归因于地上物体的相互同情，并在天体的不同部分之间使用类似的同情，以便说明天体的球形形状，以至他们拒绝承认月球施加在海水上的磁吸引。他们墨守截然不同的潮汐理论；这一理论的根源在它们的体系的来源，该体系在他们看来似乎是该理论的特别令人信服的证明。

在一五四四年，卡埃利奥·卡尔卡尼尼(Caelio Calcagnini)的著作在巴塞尔出版了；[①]这位作者在三年前去世，恰恰在约阿希姆·雷蒂库斯在他的《重要记叙》报告哥白尼体系的世界之时，这发生在这位伟大的波兰天文学家发表他的《论天球运行的轨道六卷》之前。卡尔卡尼尼的论著包含一篇已经陈旧的学术报告，标题是《Quod Caelum stet，Terra vero moveatur，vel de perenni motu Terrae》[②]这位哥白尼的前辈直到当时还不承认地球绕太阳的周年运动，却正在把天体的每日运动归因于地球的自转。在这篇学

---

① Caelio Calcagnini Ferrarensis，"*Opera aliquot*"(Basel，1544).

② 这篇学术报告是向 Bonaventura Pistophilius 讲的，未署日期；在卡尔卡尼尼的 *Opera* 中紧随它的是另一篇学术报告，它是向同一人讲的，所署日期为一五二五年一月。第一篇学术报告很可能写于那个日期之前。

术报告中,下面一段的内容是:“必然地,事物距中心越远,它运动得越迅速。用这种方式解决了一个巨大的困难,这个困难是许多漫长研究的目标,据说它使亚里士多德绝望到加速他死亡的程度。它就是在完全固定的时间间隔内使海水显著摇动的原因问题。……如果我们考虑到激励地球的相反的推动力——首先使一部分下降,然后使它上升,前者产生水的降落,后者把水向上抛射——那么困难便迎刃而解。”①

伽利略继续研究这一理论,从而使它变得精确和详尽,这个理论力图通过地球自转引起的作用说明海洋的涨落。

该说明是站不住脚的,因为它要求两个高潮之间的时间间隔应该等于半恒星日,而最明显的观察事实表明它等于半太阳日。不管怎样,伽利略坚持给出这一说明,作为地球运动的最佳证据之一,而与他一起接受这种运动的实在性的人乐于重复这个论据,例如伽桑狄一六四一年在巴黎出版的著作《推动者移动影响的运动》中就这样做了。 240

自然地,哥白尼的反对者坚持通过月球的吸引说明潮汐,这种说明未隐含地球的自转。

在哥白尼体系的最强烈的对手中,必须提到莫兰(Morin);他以同等的热情力图恢复裁判的占星术,并以占星术算命。考虑到他在伽桑狄的著作中看到私人攻击,他在题为《地球拖曳》诽谤性的小册子中予以答复;在这部著作中,他用潮汐的磁理论反对伽利略的理论。

① Caelio Calcagnini,...,p. 392.

在满月或新月时，高潮和低潮之间的水平差异十分大；当月球处在上弦月或下弦月时，该差异要小得多。“活水”和“死水”的这种变化直到那时对磁哲学家来说是令人为难的。

莫兰对此给予说明，他说他是从占星术原理引出这一说明的。这种变化是用太阳和月球的会聚说明的：在它们会合时像在它们冲时一样，它们的力沿相同的直线方向通过地球，它是“一个通俗的公理，即结合的效能比分散的效能更强大”。

为了肯定太阳在潮汐变化中所起的作用，他转而依靠裁判的占星术的原理，它们为牛顿的潮汐理论准备了全部材料，这确实是给予占星术士的无可争辩的荣誉；相反地，理性的科学方法的捍卫者诸如亚里士多德主义者、哥白尼主义者、原子论者和笛卡儿主义者，却在竞争中反对它的到来。

而且，莫兰乞灵的原理是十分陈旧的原理；托勒密在他的《四部书》中承认，太阳相对于月球的位置能够或者增强，或者减弱后者的影响；这种见解一代一代传下来直到加斯帕尔德·孔塔里尼(Gaspard Contarini)，他教导说：“太阳施加某种倾向于使海水上升或平息的作用。”[①]也传到迪雷，按照他的观点：“十分明显，太阳和月球在海水的激励和摇动中强有力地劳作着”；[②]它也传到吉尔伯特，他召集“太阳的辅助部队”帮助月球，并宣称太阳能够“在新月和满月时增强月球的能力”。[③]

241

经院哲学的亚里士多德主义者忠诚于他们的理性论，他们力

① Gasparis Contarini，“*De elementis eorumque miitionibus*”*libri* II(paris，1548).

② Claude Duret，在引用的著作中，p. 236.

③ Gulielmi Gilberti…“*De mundo nostro*…”，pp. 309，313.

图在不赋予太阳以任何隐秘的功效的情况下，说明活水和死水的变化。阿尔伯图斯·马格努斯自称他仅仅求助月球从太阳依据这两个天体的相对位置而接受到的光的变化。[①] 在同一类型的理性说明的尝试中，犹太人提蒙至少瞥见到一个伟大的真理，因为他承认两种潮汐即太阴潮汐和太阳潮汐的共同存在；他把第一种归因于月球的冷引起的水的发生，把第二种归因于太阳的热引起的翻腾。[②]

但是，我们必须把总潮汐分解为两种具有相同的本性、尽管具有不等强度的潮汐——一种是由月球产生的而另一种是由太阳产生的——以及用这两种潮汐的一致或不一致说明涨落的各种变化的精确而富有成效的观念，归功于十六世纪的医生和占星术士。

这个观念在一五二八年由达尔马提亚的贵族扎拉的腓特烈·格里索贡（Frederick Grisogon of Zara）阐述，阿尼巴尔·雷蒙(Hannibal Raymond)把他作为"伟大的医生、哲学家和占星术士"介绍给我们。

在专门论述疾病的危急日子的著作中，[③]他制定了这个原理："太阳和月球使海浪朝向它们上升，以至最大的上升竖直地在它们

① Alberti Magni, "*De causis proprietatum elementorum*" *liber unus*, Tract, II, Ch. VI. 重印在 B. Alberti Magni, "*Opera omnia*" (London, 1651), V, 306.

② "*Quaestiones super quatuor libros meteorum*", *compilatae per doctissimum philosophum professorem Thimonem* (Paris, 1516 and 1518), Book II, question ii.

③ Federici Chrisogoni nobilis Jadertini "*De artificioso modo collegiandi, pronosticandi et curandi febres et de prognosticis aegritudinum per dies criticos necnon de humana, ac denique de fluxu et refuxu maris*" (Venice: printed by Joan. A. de Sabio, 1528).

中的每一个的下方；因此，对它们中的每一个来说，存在两个最大的上升，一个在天体之下，另一个在我们称为这个天体的天底的对立面。"腓特烈·格里索贡用两个旋转椭圆限制地球的球形，一个椭圆的长轴指向太阳，另一个椭圆的长轴在月球的方向上。如果大海经受仅仅一个天体作用的话，这两个椭圆之一便描绘大海获得的形状；通过解决它们，便说明潮汐的各种各样的特质。

242

扎拉的腓特烈·格里索贡的理论未花很长时间就传播开来。一五五七年，杰罗米·卡尔丹陈述了它的概要。[①] 大约在同一时期，费德里科·德尔菲尼(Federico Delfini)在帕多瓦讲授从同一原理推出的潮汐理论。[②] 三十年后，保罗·加卢奇(Paolo Gallucci)复制了腓特烈·格里索贡的理论，[③]而安尼巴莱·拉伊蒙多(Annibale Raimondo)则就格里索贡和德尔菲诺(德尔菲尼)的两种学说做了陈述和评论。[④] 最后，恰恰在十六世纪末，克洛德·迪雷厚颜无耻地以他自己的名字复制德尔菲诺的学说。[⑤]

太阳对海水的作用完全类似于月球施加的作用，这个假设当莫兰在诽谤伽桑狄时利用它帮助自己的时候，已经通过检验，并且提供了潮汐涨落的十分令人满意的理论。

伽桑狄奋起反对月球借以吸引地球水的磁效能观念；但是，他

① Hieronymi Cardani, "*De rerum varietate*" *libri* XVII (Basel, 1557), Book II cap. XIII.

② Federici Delphini, "De fluxu et refluxu aquae maris" (Venice, 1559; 2nd, ed., Basel, 1577).

③ Pauli Gallucii, "*Theatrum mundi et temporis*" (1588), p. 70.

④ Annibale Raimondo, *Trattato del flusso e reflusso del mare* (Venice, 1589).

⑤ Claude Duret，在引用的著作中。

更为猛烈地反驳莫兰阐述的新假设："通常认为潮湿是月球特有的现象，它不属于太阳：太阳没有引起这一现象反而妨碍该现象。不过，他乐于让太阳当月球作用的后援；他宣布太阳和月球的作用彼此巩固。因此他假定，太阳的作用以及月亮的作用正如它们表明的那样，受相同的特殊本性的制约；关于我们正在研究的现象，如果月球的作用吸引水，那么它应当与太阳的作用是相同的。"①

正是在一六四三年，当伽桑狄宣布月球和太阳能够施加类似的吸引的假设不可靠时，这个假设却重新得以阐述，但却概括和扩大为万有引力的假定。这个宏大的假定被归功于罗贝瓦尔，他不敢以他的名字过于公开地介绍它，他只是送给他自己这项成果的编者和注释者的称号，他说该成果是萨摩斯的阿利斯塔克(Aristarchus of Samos)构思的。② 243

① Gassendi，"*Epstolae tres de motu impresso a motore translato*"(Paris，1643)，Letter Ⅲ，Art，XVI，重印在 Opuscula philosophica(London，1658)，Ⅲ，534.

② Aristarchi Samii，"De Mundi systemate，partibus et motibus cujusdem"。liber singularis，*ed. P. de Roberval*(*Paris*，1644)，这部著作是梅森于一六四七年在他的《物理数学思索》的第三卷中重印的。

我认为，如果我们必须精密地诠释罗贝瓦尔思想的话，那么我们不应在他的体系中留神万有引力理论：行星际间的流体的部分只能吸引同一流体的部分；地球的部分只能吸引地球的部分；金星体系的部分只能吸引同一体系的部分；如此等等。不管怎样，在地球体系和月球体系之间，在木星体系和这个天体的卫星之间能够存在相互吸引。罗贝瓦尔把阿基米德原理应用于行星体系在行星际间流体中的平衡，这在当时也许是错误的；但是，类似的错误屡屡发生在十六世纪的数学论著中，甚至出现在伽利略的早期著作中。无论如何，笛卡儿在其对罗贝瓦尔体系的批判中理解他所假定的万有引力。(参见笛卡儿一六四六年四月二十日给梅森的信，在 R. Descartes，*Correspondance*，ed. P. Tannery and C. Adam，IV，399 之中。)

罗贝瓦尔断言:"某种性质或附带性质内在于充满包括在天体之间的空间的所有流体物质,内在于它们的每一部分;通过这一性质的力,这种物质结合为单一的、连续的物体,它的各部分由于持续的努力彼此相向运动并且相互吸引,直至达到密切黏合的、除了用强力以外无法分离的程度。如此断定之后,如果这种物质是单独的且不与太阳或其他物体联合,那么它会集中成为一个完美的球体;它会严格地呈现为球形,除非采取这种形状,否则便不会永远处于平衡。在这个形状中,作用中心可与形式中心重合。物质的所有部分通过它们自己的努力或欲望,通过整体的相互吸引,能够倾向于这个中心;情况不可能像无知者想象的那样,它的部分由于同一中心的效能而非由于整个系统的效能围绕这个中心相等地配置。……

"在地球及其要素的整个体系中、在这个体系的每一部分中固有的东西,是类似于我们赋予作为一个整体看待的世界体系的性质的某种附带性质或性质;通过这种性质的力,这个体系的所有部分结合为单一的质量,彼此相向运动,彼此相互吸引;它们密切黏合,只有用强力才能分开它们。但是,地球的要素的各种不同部分不均等地分享这种性质或偶然性质;因为该部分越稠密,它分享这种性质也越多。……在地球、水和空气三种物体中,这种性质是我们通常称为重力或轻力(levity)的东西,由于对我们来说,轻力只是与较大的重力比较起来较小的重力。"

244

罗贝瓦尔就太阳和其他天体重复类似的考虑,以至在哥白尼关于天球运行的六卷书出版后一百年,万有引力假设得以详尽阐述。

不管怎样,知识的空白造成这个不完善的假设:按照什么定律,当两个物质部分之间的距离增大时,这两个物体的引力变小呢?罗贝瓦尔没有给出这个问题的答案。但是,要阐明这个答案无须花费太长的时间;或者,也许可以更恰当地讲,它还未被阐明,因为任何人对它未持怀疑。

从星际物体发出的影响和它们发射的光之间的类比,对中世纪和文艺复兴时期的医生和占星术士来说实际上是老生常谈;大多数经院哲学的亚里士多德主义者把这个类比推到使它变成等价或稳定关联的程度。斯卡利杰已经在良心的责备下反对这种极端观点:"天体不借助光也能作用。磁体在没有光的情况下作用;天体将多么更加壮丽地作用啊!"①

不管物体在空间向它周围发射的它的实质的形式的所有效能和一切种类是否与光等价,它们必定按照相同的定律传播,或者如中世纪人们所说的,按照相同的定律"倍增"。在十三世纪,罗吉尔·培根便着手给出这一传播的一般理论;②在任何均质的媒质中,它受到接着的直线射线的影响,③用现代的表达方式讲,它受到"球面波"的影响。假如他像他期望物理学家的那样是一位健全的数学家的话,那么培根也许容易由他的推理引出下述结论:④这样的种类的力总是与它由以发出的源泉的距离的平方成反比。这样的定律是承认这些效能的传播与光的传播之间的类似的自然

① Julii Caesaris Scaligeri, "*Exercitationes...*" Problem LXXXV.

② Rogerii Bacconis Angli, "*Specula mathematica in qua de specierum multiplicatione, earumdemque in inferioribus virtute agitur*" (Frankfurt, 1614).

③ *Ibid.*, Dist. Ⅱ, Chs. Ⅰ, Ⅱ, Ⅳ.

④ *Ibid.*, Dist. Ⅲ, Ch. Ⅱ.

推论。

245　也许没有一个天文学家比开普勒更多地坚持这一类比了。对他来说,太阳的自转是行星旋转的原因:太阳把某种质、它的运动的某种类似物、某一运动种类发送给它的行星,这导致它们向着它们的整体。这一运动种类或这一运动能力不等价于太阳光,但是它与它具有某种亲属关系;它也许利用太阳光作为工具或媒介物。①

现在,天体发射的光的强度与距这个天体的距离的平方成反比;这个命题的知识看来好像要回溯到古代;它可在归功于欧几里得的光学著作中找到,开普勒证明了它。② 类比可以表明,从太阳发出的运动的能力以距天体的距离的平方之反比变化。但是,开普勒使用的动力学还是古代的亚里士多德的动力学;使可移动的物体运动的力与该物体的速度成正比;因此,开普勒发现的面积定律告诉他如下命题:行星所受到的运动能力仅仅与它距太阳的距离成反比地变化。

这种变化模式走到了开普勒的反面,因为它与来自太阳的运动的种类或由太阳发射的光的类比不一致;他特别地借助观察力图使它适应这个类比:光在空间向所有方向传播,而运动效能却唯一地在太阳的天球赤道的平面传播。前者的强度与光源的距离的

① Joannis Kepleri,"*De motibus...*",Ch,XXXIV(重印在 J. Kepleri,"*Opera omnia*",Ⅲ,302);"Epitom Astronomiae Corpernicanae",Book IV,Part Ⅱ,Art3(重印在 J. Kepleri,"*Opera omnia*",VI,374).

② Joannis Kepleri,"*Ad vitellium paralipomena quibus Astronomiae Pars optica traditur*"(Frankfurt,1604),Ch. I,Prop,IX,重印在 J. Kepleri,"*Opera omnia*",Ⅱ,133.

平方成反比，而后者的强度仅与所经过的距离成反比；这两个不同的定律在一个案例中与在另一个案例中表达相同的真理：所传播的光或"运动种类"的总量在传播的过程中没有遭受损失。①

正是开普勒的说明以何等的说服力向我们表明，按照他的观点，当物体在它周围的每一方向上放射出一种质时，距离的反平方定律首先被强加在这种质的强度上。对于他的同代人来说，这个定律好像被赋予相向的自明性。伊斯梅尔·布利阿尔德（Ismael Bullialdus）首先就光确立了它；②他毫不犹豫地把它扩展到运动能力——按开普勒的观点这种能力是太阳施加在行星上的。他说："太阳用来俘获或钩住行星的、对太阳来说像身体上的手一样的这种效能，是沿直线向世界占据的整个空间发射的；它像和天体的身体一起转动的太阳的**种类**一样；由于是物质的，它随距离的增长而减少、变弱，这一减少的比率与距离的平方成反比。"③

246

布利阿尔德提及的以及开普勒也提到的运动能力并非沿径向线从太阳指向行星，而是径向线的法线。它不是类似于罗贝瓦尔承认的以及牛顿后来也承认的吸引力；但是，我们清楚地看到，处理两个物体吸引的十七世纪的物理学家正是从一开始就被导致假定，它与两个物体之间的距离的平方成反比。

阿塔纳西乌斯·基歇尔（Athanasius Kircher）教士关于磁体

---

① Joannis Kepleri, "*De motibus...*", Ch. XXXVI（重印在 J, Kepleri, "*Opera omnia*", Ⅲ, 302, 309）；"*Epitome Astronomiae Copernicanae*", Book IV, part Ⅱ, Art. 3（重印在 J. Kepleri, "Opera omnia", VI, 349）.

② Ismaelis Bullialdi, "*De nature lucis*"(Paris, 1638), Prop. XXXVII, p. 41.

③ Ismaelis Bullialdi, "Astronomia Philolaica"(Paris, 1645), p. 23.

的工作向我们提供了该定律的第二个例子。[①] 在光源发射的光和由磁铁的每一个极产生的效能之间的类比，敦促他采纳了二者之中无论哪一个的质的强度都与距离的平方成反比减少的定律；如果他在磁或光的案例中不用这个假设武装自己，那是因为该假设保证二者的这些效能扩散到无穷，而他却针对任何效能接受了一个作用范围，它超越这一范围便完全失去效用。

于是，从十七世纪头一半起，在构造万有引力假设中必须使用的所有材料都被收集、琢磨并准备开始运作；但是，人们还没有疑心，这一成果会有什么广延。物质的各种部分借以相向运动的"磁效能"被用来说明重物体的下落和大海的退潮。还没有一个人想到从中引出重物体运动的描述；恰恰相反，当物理学家探索天体力学问题时，这一吸引力问题使他们感到十分为难。

247

理由在于，其原理应该对他们有所帮助的科学即动力学还处于它的摇篮时期。物理学家由于还服从亚里士多德在他的《论天》中的教导，他们依据套上挽具的马的模型描绘引起行星绕太阳旋转的作用：在每一时刻因运动物体速度的指引，该作用与这一速度成正比。正是借助于这个原理，卡尔丹把运动的土星的"生命力"之能力与运动的月球的"生命力"之能力加以比较。[②] 它还是一个十分朴素的思考，但它却是必然有助于构思天体力学的第一个推

① Athanasii Kircherii,"Magnet, sive de arte magnetica"(Rome, 1641), Book I, Props, XVII, XIX, XX. 在命题 XX 中，基歇尔讲到以距离的反比减少；这仅仅是由下述事实引起的失误：基歇尔在就球面积推理时用圆弧表示它们。这位作者的思想无论如何是十分清楚的。

② Hieronymi Cardani,"*Opus novum de proportionibus*"(Basel, 1570), Prop. CLXIII, p. 165.

理模型。

由于十六世纪和十七世纪头一半的数学家们浸透了在卡尔丹的思考过程指导他的原理，他们对下述事实一无所知：天体一旦在圆周上被吸引做匀速运动，它就不再需要在它的运动方向上被拖拉；相反地，为了维持它在它的轨道，为了防止它在切线上飞离，它需要朝向圆心的拉力。

于是，这两个问题统治了天体力学：把垂直于太阳径矢量的力，也就是说把套在这个径矢量上的力——就像载重马套在引起转动的控制杆臂上一样——应用到每一个天体；要避免太阳对行星的引力也许会使这两个天体相互突然跌落。

开普勒找到在质中的运动能力（virtus motrix）或从太阳发出的运动的种类（species motus）；当他处理天体时，他没有就磁吸引说什么，而他曾如此明确地乞灵它来说明重力和潮汐。笛卡儿用归因于以太旋涡的曳引效应代替运动的种类。“但是，开普勒如此之好地准备了这个问题，以致笛卡儿在微粒哲学和哥白尼的天文学之间所做的调整不是十分困难的。”[①]

为了防止吸引把行星掷向太阳，罗贝瓦尔使整个世界体系浸入以太媒质，该媒质经受相同的吸引，并因太阳的热或多或少地膨胀。被它的要素包围的每一个行星，都在这种媒质中占据阿基米德原理指定给它的一个平衡位置；此外，太阳的运动由于在这种媒质内的摩擦而产生旋涡，该旋涡恰恰像开普勒使用的运动的种类 248

① G. W. Leibniz, Letters to Molanus (?), in Leibniz, *Philos. Schriften*, ed. Gerhardt, IV, 301.

一样地曳引行星。

博雷利(Borelli)的体系带有罗贝瓦尔和开普勒二者影响的风味。[1] 在从太阳发出的、通过太阳光传输的并具有与太阳和行星这两个天体的距离成反比的能力或效能中,博雷利像开普勒一样找到曳引每一个行星在它的轨道的力。他像罗贝瓦尔一样假定:"在每一个行星中都存在着**自然的本能**,行星通过这种本能力图在直线上拉近太阳。我们以相同的方式看到,每一个天体都具有拉近我们地球的自然本能,就像它被使它与地球同类的重力推动一样;我们注意到,铁在直线上向磁体运动也是如此。"[2]

博雷利把运载行星朝向太阳的这种力与重力加以比较。他似乎没有把它与重力等价;在这方面,他的体系比罗贝瓦尔的体系差一些。在他假定行星经受的吸引与天体离太阳的距离无关方面,它也比它差一些。但是,它在一点超过了罗贝瓦尔的体系:为了使力平衡并防止行星奔向太阳,他不再诉诸流体的压力,行星会借助阿基米德原理在这种流体中飘浮;他使用投石器来说明,在圆周上运动的投石器的石块强烈地倾向于拉紧绳子;他通过与之反向地确立离心倾向即每一个旋转的物体逃离它的旋转中心的倾向,来平衡行星朝向太阳运动的本能:[3]他称其为排斥力,并假定它与轨道的半径成反比。

---

① Alphonsi Borelli, "*Theoriae Medicorum planetarum ex causis physicis deductae*" (Florence, 1665). *Cf.* Ernest Goldbeck, *Die Gravitations-hypothese bei Galilei und Borelli* (Berlin, 1897).

② Alphonsi Borelli, . . . p. 76.

③ *Ibid.*, p. 74.

博雷利的观念与他的直接前驱拿不准的见解深刻有别。然而，它的产生对他来说是原创性的吗？他在他的阅读中不可能找到该观念的某种胚芽吗？亚里士多德向我们转述，恩培多克勒借助天球的急剧转动说明地球的静止位置；“就盛在绕轴心旋转的水桶中的水而言，所发生的情况就是这样；甚至当桶底在水之上，水也不落下；转动使它避免如此下落。”[1]普卢塔克(Plutarch)在一本被古代天文学家广泛阅读的、开普勒翻译和评注的著作中，如下表达他的意思：“正是它的运动和它的猛烈旋转，有助于保持月球不落到地球上，正如投石器上的物体由于在圆周上转动而避免了下落一样。运动按照本性(重量)曳引所有事物，除非在一些事物中另一种运动抑制这种曳引；因此，重量不使月球运动，因为它的圆周运动使重量失去它的能力。”[2]普卢塔克未能更清楚地陈述博雷利不得不采纳的假设。

对离心力的这一求助仍然是天才的一笔。不幸的是，博雷利未能从呈现给它的这一观念中受益；即使在运动物体以匀速运动描绘一个圆周的情况下，他也不知道这一离心力的精密定律。在运动物体在椭圆上依照开普勒定律运动的情况下，他无能力计算它就更加有理由了。因而，他不能通过决定性的演绎从他阐述的假设中推导出这些定律。

在一六七四年，物理学家胡克(Hooke)是伦敦的皇家学会的秘书；他本人也探讨了开普勒、罗贝瓦尔和博雷利曾经倾注全力的

---

① Aristotle，Περτ，ο ὑρανο ῦ，B，αγ. (Book II，13.)

② Plutarch，Περτ του εμφαιυομενου προσωπου Ψω κυκλω κνκλω Ψλσ σεληυησ，Z.

问题。[1] 他了解:"一旦处于运动的任何物体,便无限期地持续沿直线做匀速运动,直到另一些力到来并使它的路径转向圆、椭圆或某种其他的复杂的曲线。"他也知道,什么力将决定天体的轨道:"所有天体毫无例外地施加一种指向它们中心的吸引或重量的能力,由于这种能力,它们不仅维系它们自己的各个部分,并防止它们逃逸到空间,正如我们看到地球所做的那样,而且它们也在它们起作用的范围内吸引所有的其他天体。由此可得,比如太阳和月球不仅作用于地球的路线和运动,正像地球作用于它们一样,而且水星、金星、火星、木星和土星也借助它们的吸引能力对地球的运动有显著影响,正如地球对这些天体有强大的影响一样。"最后,胡克明白:"随着吸引能力作用的物体愈被拉近这些能力发出的中心,所施加的吸引能力其能量也愈大。"他表明:"他还没有用实验确定,这一增加的相继程度对不同的距离来说是什么。"但是,他在那时假定,这种吸引能力遵循距离平方的反比,尽管他在一六七八年前未陈述这个定律。更为可能的是他肯定了这个定律,由于根据牛顿和哈雷(Halley)的证言,在同一时间他的皇家学会的同事雷恩(Wren)已经拥有这个定律的所有权。胡克和雷恩无疑各自从重力与光之间的比较中得到它的,这一比较大约在同一时期也促使哈雷猜想到它。

250

因此,胡克不迟于一六七二年就具有可以有助于构造万有引力体系的所有公设的所有权,但是他未能利用这些公设。曾使博雷利

---

① Robert Hooke, *An Attempt to Prove the Annual Motion of the Earth* (London,1674).

止步不前的困难反过来也阻止了他：他不知道如何处理在大小和方向上可变的力产生的曲线运动。尽管他的假设是未结果实的，但他不得不发表它们，从而希望技艺更为高超的数学家能使它们富有成果："如果把这一观念探究到底——因为它值得穷追不舍，那么它不能不对天文学家把所有天体运动化归为一个具有确定性的法则十分有用，我相信某种东西从来也不会用任何其他方式确立。那些了解摆振动和圆周运动理论的人将容易理解我所陈述的普遍原理的基础，他们将知道如何在自然中找到确立它的真实的物理特征的道路。"

完成这样一个任务的不可缺少的工具是把曲线运动与产生它的力联系起来的普遍定律的知识。当时，在胡克的文章发表时，这些定律刚刚被阐述，事实上它是导致它们的发现的摆振动的研究。在一六七三年，惠更斯发表了他的关于摆钟的专题论文；[①]这篇论文末尾的定理提供了解决博雷利或胡克未能凿开的问题的工具，至少对圆轨道来说是如此。

惠更斯的工作给予关于天体运动的力学说明的研究以新的和富有成效的推动。在一六八九年，莱布尼兹再次处理类似博雷利的理论：每一个天体都经受到指向太阳的吸引力，经受到相反方向的离心力，离心力的大小可由惠更斯定理得到，最后经受到使它沉浸于其中的以太媒质的推动，莱布尼兹假定推力是径矢量的法线，与这个线的长度成反比；这种推力与开普勒和博雷利乞灵的运动能力起严格相同的作用；它只不过是它在笛卡儿和罗贝瓦尔体系中的翻译。借助惠更斯阐明的法则，莱布尼兹计算如果行星的运

251

① Christiani Hugenii, "*De horologio oscillatorio*" (Paris, 1673).

动受开普勒定律支配,它应该以多大的力吸引向太阳,他发现这个力与径矢的平方成反比。[①]

至于哈雷,他在一六八四年把惠更斯定理应用于胡克假设。通过假定不同行星的轨道是圆周,他注意到开普勒发现的、转动周期的平方和直径的立方之间的比例,该比例预设不同的行星经受的力与它们的质量成正比,与它们距太阳的距离的平方成反比。

但是,在哈雷正在做这些不可能发表的尝试之时,在莱布尼兹阐明他的理论之前,牛顿正在与伦敦的皇家学会通信,传达他对天体力学思考的第一个结果;在一六八六年,他把他的《自然哲学之数学原理》提交给皇家学会,书中以其全部丰富性展开理论,胡克、雷恩和哈雷瞥见到的仅仅是该理论的残余。

物理学家的反复努力已做好准备,因而这个理论并不是突然展现在牛顿面前的。不迟于一六六五年或一六六六年,即在惠更斯提供他的论摆钟的著作《论时钟振动》之前,牛顿通过他自己的努力发现了匀速圆周运动的定律;他像哈雷在一六八四年不得不做的那样,把这些定律与开普勒第三定律加以比较,作为这一比较的结果他辨认出,太阳以与距离平方成反比的力吸引不同行星的相等质量。但是,他想要更精确地核验他的理论;他希望确信,通过以某一比例减小我们在地球表面观测到的重量,我们能够严密地得到能够平衡倾向于曳引月球的离心力的力。当时,地球的尺度还不为人充分了解,给予牛顿以在月球占据的位置的重力值是

252

① Leibnitii,"*Tentamen de motuum caelestium causis*"*Acta Eruditorum*(Leibzig,1689).

比预期的结果高六分之一的值。经验方法的严格奉行者的牛顿没有发表与观察对立的理论；直到一六八二年之前，他没有对任何人透露他的思考结果。在那时，牛顿获悉皮卡德(Picard)完成的新的大地测量的结果；他能再次继续研究他的计算，这次的结果彻底地令人满意；这位伟大数学家的疑问焕然冰释，他敢于制作他的受人赞美的体系了。为了达到自列奥纳多·达·芬奇和哥白尼以来如此众多的物理学家带来他们的贡献的成果，使他花费了二十年的持续思考。

形形色色的考虑和截然不同的学说依次出现，都投标争夺天体力学的构造权：揭示重力的普通经验，以及第谷·布喇埃和皮卡德的科学测量；开普勒阐明的观察定律，笛卡儿主义者和原子论者的旋涡，以及惠更斯的理性动力学；亚里士多德主义者的形而上学学说，以及医生的体系和占星术士的梦想；重量与磁作用的比较，以及光和天体相互作用之间的密切关系。在这一漫长而辛劳的诞生过程中，我们能够追溯理论体系进化的缓慢而逐渐的转变；但是，我们在任何时候也不能看到新假设的突然而任意的创造。

物理学家并未选择他将使理论立足于其上的假设；它们是在没有他的情况下在他身上萌发的

产生万有引力体系的进化在数世纪的进程中缓慢地显露出来；因此，我们能够一步一步地追踪该观念逐渐成长到牛顿给予它的完美程度的过程。在理论体系的构造中终结的进化时常是极其浓缩的，几年足以从下述状态导致负载这个理论的假设：在这种状态中,假设几乎没有被勾勒成它们被完善的状态。

例如,在一八一九年,奥斯特发现电流对磁化的针的作用;在一八二〇年,阿喇戈把这个实验告知科学院;在一八二〇年九月十八日,科学院听取宣读学术论文,安培在其中介绍他刚刚演示的电流的相互作用;一八二三年十二月二十三日,科学院欢迎另一篇学术论文,安培在其中给电动力学和电磁学以它们明确的形式。一百四十年把《论天球旋转的轨道六卷》(哥白尼的主要著作)和《自然哲学之数学原理》(牛顿的《原理》)分隔开;不到四年把奥斯特的实验发表与安培论文的值得记念的宣读分隔开。但是,如果篇幅容许我们在本书中详细地叙述那四年时期的电磁学说的历史[①]的话,那么我们会在那里再次发现我们在天体力学进化中遇到的所有特征。我们不会找到安培的天才突然地囊括已经构成的庞大实验领域,并用自由的和创造性的决定选择可以描述这些观察资料的假设体系。我们将注意到踌躇、摸索、通过一系列的部分修正获得的逐渐进步,我们在把哥白尼与牛顿分隔开的三个五十年中看到这一切。电动力学的历史酷似万有引力的历史。构成这两个历史曲折的多重努力和反复尝试在第一个中比在第二个中更迅速地彼此相继;这是由于安培多产的幸运环境,在四年间几乎每个月都能听到向科学院提交一篇论文;这也是由于一群数学科学家明星、才智出众的物理学家和天才人物与他一起力图构造新学说,因为电磁学的历史不仅应该把奥斯特的名字,而且应该把阿喇戈、汉弗

① 想要重构这段历史的读者将在法国物理学会出版的下述文献中找到所有必需的文件:*Collection de Mémoires relatifs à la physique*, Vols. Ⅱ 和 Ⅲ:*Mémoires sur l'Electrodynamique*(1885 和 1887)。

莱、戴维、毕奥、萨伐尔(Savart)、拉·里维(La Rive)、贝克勒尔(Becquerel)、法拉第、菲涅耳和拉普拉斯的名字与安培的名字联系在一起。

产生物理学假设系统的逐渐进化的历史时常是未知的,并将永远依然是未知的。它被浓缩在少数年份里,并被集中在一个心智之中;发现者像安培一样并未告知我们在他身上萌发的观念,尽管它们已经显露出来;他仿效牛顿的长期忍耐,等待他的理论在发表前呈现出比较完美的形式。我们可以肯定,他的发现起初浮现在他的心智中并不是这种最终的形式,最终形式是无数改进和修正的结果,在每一次改进和修正中,发现者的自由选择都以或多或少对他来说有意识的方式受到无限的外部和内部环境的引导或制约。 254

而且,理论的进化不管可能多么迅速和浓缩,不过总是可以注意到,长时期的准备在它出现之前;在第一个草案和完美的形式之间,中间的阶段可能逃脱我们的注意,以致我们想象我们正在观看自由的和突然的创造;但是,预备性的劳动造就了种子落下的有利土地;它使这一加速发展成为可能,这种劳动贯穿在数世纪的进程中。

奥斯特的实验足以激起强烈的、几乎是狂热的勤奋,这种勤奋工作在四年间就使电动力学成熟起来,但是这是因为在当时这个种子种在十九世纪的科学中,而后者为接受它、培育它和发展它显著地做好准备。牛顿已经宣布,天体吸引和磁吸引应该遵守类似于万有引力定律的定律;这一假定被卡文迪什(Cavendish)和库仑针对电吸引、被托比阿斯·迈尔和库仑针对磁现象转化为实验的真理;物理学家就这样习惯于把所有超距作用的力分解为与距离的平方成反比的基本作用,该距离是把这些力在其间施加作用的要素分开的距离。而且,对天文学家造成的各种问题的分析,把数学家引入这些力的构成提出的困难之中。拉普拉斯的天体力学正好概括了十八世纪的巨大数学成就;为处理天体运动而发明的方法在地上的力学的每一个方向都找到证明它们多产的机会,数学物理学做出惊人速度的进步。尤其是,泊松借助拉普拉斯构想的分析程序发展静电学和磁学的数学理论,而傅里叶在热传播的研究中发现使用同一程序的奇妙的机会。对物理学家以及对数学家来说,能够使电动力学现象和电磁学现象变得很清楚,数学家也被武装起占领它们和在理论中攻陷它们。

255

因此,对一组实验定律的沉思并不足以启发物理学家;为了给出这些定律的理论说明,他应该选择什么假设;同样必然的是,他生活于其中的那些人习以为常的思想,他先前的学习铭刻在他自己心智中的倾向,都前来指导他,限制逻辑法则留给他的选择的过大的自由。在环境为物理学家的天才准备构想将把这些实验定律组织成理论的假设之前,物理学有多少部分把纯粹经验的形式保留到这一天啊!

另一方面,当普适的科学的进程准备好充分构想一个理论的心智时,下述情况以几乎不可避免的方式、而且十分经常地以不可避免的方式出现了:相互不了解、在彼此相隔很远的地方从事他们的思考的物理学家,同时形成该理论。有人会说,观念在空中,被一阵风从一个国家刮到另一个国家,并准备使任何有意于欢迎它和发展它的天才多产,犹如花粉无论在哪里碰到成熟的花萼,它都会结果实一样。

科学史家在他的研究过程中不断地有机会注意到，同一学说在彼此相距很远的国家同时出现，然而不管这种现象多么频繁地发生，他从来也不能够毫不惊讶地凝视它。[①] 我们已经有机会看到，万有引力体系同时在胡克、雷恩和哈雷的心智中形成，此时也正是在牛顿的心智中组织它之时。类似地，在十九世纪中期，罗伯特·迈尔在德国、焦耳(Joule)在英国、科尔丁(Colding)在丹麦，几乎同时阐明了热功当量原理；不管怎样，他们之中的每一个都不了解对手的思考，他们没有一个人猜想到，同一观念几年前在法国已在萨迪·卡诺(Sadi Carnot)的天才思想中达到早慧的成熟。

我们可以列举众多例子证明发现的惊人的同时性，但是我们将把我们自己限制在另外一个对我们来说似乎特别引人注目的例子中。

光在两种媒质界面上能够经历的全反射现象，在构成波动体系的理论结构中不容易被理解。菲涅耳在一八二三年给出描述这一现象的恰当公式，但是他是借助在物理学史中提到的最奇怪的和最非逻辑的预测得到它们的。[②] 虽然他给予的精妙实验证实没有给怀疑他的公式的精确性留有任何余地，但是它们仅仅使期望在逻辑上可接受的假设——这些假设能够使它们附属于普遍的光学理论——变得比较称心如意。十三年间，物理学家未能发现这

256

① *Cf*. F. Mentré, "La simultanéité des découvertes scientifiques", *Recue scientifique*, 5th series, Ⅱ (1904), p. 555.

② Augustin Fresnel, *Oeuvres complètes*, Ⅰ. 782.

样的假设;最后,十分简单而完全未曾料到的、有独创性的“瞬息波”的考虑降临了,并把它应用于它们。现在,值得注意的事情是,瞬息波的观念同时浮现在四位不同的数学家的心智中,他们彼此相距太远,致使无法相互交流萦绕在他们心头的思想。柯西在一八三六年写给安培的一封信中首次阐明瞬息波的假设;[①]格林(Green)在一八三七年把该观念通报给剑桥哲学学会,[②]在德国F. E. 诺伊曼在波根多夫的《年鉴》上发表它;[③]最后,从一八四一年到一八四五年,麦卡拉使它成为提交给都柏林科学院的三个短论的论题。[④]

这个实例在我们看来好像是充分阐明我们将要停留于其上的结论的十分恰当的实例:逻辑留给乐于选择假设的物理学家以几乎绝对的自由;但是,这种缺乏任何指导或法则并不能难倒他,因为事实上,物理学家并未选择他将使理论立足于其上的假设;他不选择它,就像花不选择将使它授精的花粉粒一样;花使自身满足于敞开它的花冠,让微风或昆虫带来结果实的生殖花粉;物理学家以同样的方式局限于通过注意和思考把他的思想向下述观念开放:该观念必定在没有他的情况下在他身上播下种子。当有人问牛顿,他是如何做出发现的,他回答说:“我在我面前持续地保留该课

① Augustin Cauchy *Comptes rendus*,Ⅱ(1836),364. 重印在 *Poggendorff's Annalen*,Ⅸ(1836),39.

② George Green, *Transactions of the Cambridge Mathematical Society*, Ⅵ(1838),403,重印在 *Mathematical Papers*, *p. 321*.

③ F.-E. Meumann,in *Poggendorff's Annalen*, Ⅹ(1837),510.

④ J. MacCullagh, *Proceedings of the Irish Rogal Academy*, Vol. Ⅱ,Ⅲ. 重印在 MacCullagh, *collected Papers*, pp. 187,218,250.

题，我一直等待第一丝微光缓慢而逐渐地开始破晓，直至变得阳光普照，万物明晰。”① 257

只是当物理学家清楚地看见他所得到但还未选择的新假设时，他的自由的和勤劳的能动性才开始发挥作用；因为现在的事情是把这个假设与已经承认的假设组合起来，得到为数众多的和各种各样的推论，并把它们与实验定律仔细比较。对他来说，迅速而准确地完成这些任务的时机到了；对他来说，不是构想一个新牌子的观念的时机来到了，而更多地是发展这个观念并使它结果实的时机来到了。

论在物理学教学中假设的介绍

与逻辑给予假设发现者的线索相比，逻辑并未给予希望陈述物理学理论赖以立足的假设的教师以任何更多的线索。它只是教导他，物理学假设群构成原理的体系，而原理体系的推论应该描述实验家确立的定律的集合。因此，物理学的真正逻辑的讲解必须由将在各种理论中使用的**所有**假设的陈述开始；紧接着这一步的应该是这些假设的许多有效推论的演绎；结局应该把这一大批推论与它们所要描述的一大批实验定律加以对照。

显而易见，这样的物理学讲解模式——它也许是唯一完美的逻辑模式——是绝对行不通的，因此可以肯定，从逻辑的观点看，无法以十分令人满意的形式提供物理学教育。**物理学理论的任何**

① 回答是让·巴蒂斯特·毕奥在“牛顿”一文中引用的，该文是他为米肖(Michaud)的《世界传记》撰写的。

讲解将不得不在逻辑要求和学生的智力需要之间妥协。

我们已经指明，教师将必须首先满足于阐述某一或多或少广泛的假设群，并从假设中演绎若干推论，他将把推论毫不迟延地交付事实检验。很明显，这一检验将不是充分使人信服的；它将隐含相信某些从还未被阐明的推论出发的命题。如果事先未及时告诫 258 学生，如果他不了解如此尝试的公式的证实是过早的，是行动在严格的逻辑强加在理论的任何应用的延迟之前的，那么他无疑会受到他将注意的循环论证的震撼。

例如，制定了普通力学和天体力学赖以建立的假设群、并演绎出这两门科学的若干章的教师，为了把他的理论与各种实验定律比较，他将无法等到他处理热力学、光学和电磁理论之时。可是，在做这种比较时，他可以碰巧使用天文望远镜，考虑膨胀，矫正来自电或磁的误差的原因，从而开始利用他还未阐明的理论。未受到预先警告的学生将说明该悖论；无论如何，当他理解这些证实是预先介绍给他的，以便尽快地通过例子厘清向他陈述的理论命题时，而且当他理解它们应该在逻辑上在他具有理论物理学的完整体系时晚一些到来，他将不再会感到大惊小怪。

用严格逻辑所需要的真正形式陈述物理学体系的这种实际不可能性，以及在逻辑要求的东西和学生的理解能够吸收的东西之间保持某种类型的平衡的这种必要性，使得这门科学的教学变得特别棘手。事实上，确实容许教师讲授那些注意细节的逻辑学家会反对的课程，但是这种宽容服从某些条件：学生应该知道，他接受的某些课程并未免除还没有辩护的知识空白和断言，他应该清楚地看到，这些空白在哪里，这些断言是什么；简而言之，必须使他满意的教育尽管必然有缺陷和不完善，但是不应当促使虚假的观念在他的心智中萌发。

因此，教师的持续关心将是与如此易于滑入这样的教育的虚假观念做斗争。

没有与物理学其余部分分开的孤立假设和假设群能够具有绝对自主的实验证实；没有判决实验能够在两个且仅仅两个假设之间裁决。不管怎样，教师在使某些假设受到观察检验前，他不能等待所有假设都被陈述：他不可能避免介绍某些实验，例如傅科实验或奥托·维内尔实验，这隐含信奉某个假设而不利于相反的假设；但是，他将必须仔细指明，他正在描绘的检验在什么方面行动在还 259 未被陈述的理论之前，所谓的判决实验如何隐含先验地接受我们不再同意争辩的许多有效的命题。

仅仅通过实验归纳不能获得假设体系；然而，归纳可以在某种程度上指明导致某些假设的路线，而且并未禁止以议论的形式做无证据的断言。例如，在开始讲解天体力学时，并未禁止采纳开普勒定律，并未禁止表明这些定律的力学翻译如何导致看来好像求助于后来的万有引力假设的陈述，但是一旦得到这些陈述，就必须周密地观察，它们在什么方面不同于后来代替它们的假设。

尤其是，每当我们请求实验的归纳启发假设时，我们将不得不警惕为已完成的实验提供未进行的实验，为可行的实验提供纯粹想象的实验；无须说，我们将尤其不得不严格禁止诉诸不可能的实验。

假设不能从常识知识提供的公理中演绎出来

在往往围绕物理学假设的引入的考虑中，有一些考虑值得密切注意；虽然在为数众多的物理学家当中许多人赞同，但是倘若我们不戒备，这些考虑就特别危险，特别多产虚假的观念。它们在于借助从常识得到的所谓自明的命题，为某些假设的引入辩护。

假设可以碰巧在常识教导中找到某些类比或例证；假设可以碰巧是通过分析使之变得更清楚和更精确的常识的命题。在这些各种各样的情况中，不需要说，教师将能够提起理论赖以立足的假设和日常经验揭示的定律之间的这些类似关系；这些假设的选择看来好像都是更自然的，都是更令心智满意的。

但是，提及这些类似关系要求最谨慎的提防，因为在常识的命题和理论物理学的陈述之间的真实类似方面十分容易受到欺骗。260 在术语之间而非观念之间，类似往往是完全表面的；如果我们不得不翻译用以阐明理论的符号陈述，也就是说，如果我们不得不按照帕斯卡的劝告通过用定义代替被定义的东西而变换在这一陈述中使用的每一个术语，那么类似就会消失；于是，我们看到，在什么方面，我们轻率地汇聚在一起的两个命题之间的相似是人为的和纯粹语词的。

在不健全的通俗化中，我们一代人的心智找到心智为之自我陶醉的掺假的科学，我们每每读到“energy”[1]的考虑在其中提供

① energy一词既有常识意义上的“活力、精力”之意，又有物理学意义上的“能，能量”之意。——中译者注

所谓的直觉前提的论据。在大多数境况下，这些前提实际上是双关语，利用 energy 一词的模糊性；在 energy 一词的常识意义上，即在人们说在马尔尚（Marchand）的率领下一群探险者横越非洲耗费了巨大精力（energy）的意义上，人们认为判断为真，这些判断作为一个整体被转移到在热力学给予该词的意义上理解的能量（energy），即转移到一个系统的状态函数，函数的全微分对每一个基元变化来说等于外功超过释放的热的量。

也就是在不很久之前，那些乐于这样的语词骗局的人哀叹，熵增原理比能量守恒原理深奥得多，难以理解得多；可是，两个原理要求十分类似的数学运算。不过，术语熵只有在物理学家的语言中才有意义；它在日常语言中是陌生的；从而，它不会助长含糊其词。最近，关于热力学第二定律依然沉浸于其中的朦胧，我们不再听到这些悲叹；今天，人们认为它是清楚的和能够被普及的。为什么？因为它的名称改变了。人们现在称它为"能量耗散"或"能量退降"定律；现在，那些不是物理学家但却希望如此露面的人也理解这些词语。确实，他们给予它们以意义，但这种意义不是物理学家赋予它们的意义；但是，他们关心什么呢？大门现在向许多华而不实的讨论敞开着，他们误以为这些讨论是推理，然而却仅仅是词语游戏。这恰恰是他们希望的东西。

帕斯卡的宝贵法则的使用使这些骗人的类比消失了，犹如一阵风驱散海市蜃楼一样。

那些自称从常识的储备中得到将支持他们的理论的假设的人，也可能是另一种幻想的牺牲品。　261

常识储备不是埋在土里的财宝，金钱不能永远添加于其中；它是由人的心智的联合组建的庞大而异常活跃的有限公司的资本。从一个世纪到另一个世纪，这种资本被转化和增值。理论科学把它的十分巨大的份额投入到这些转化和财富的这种增值中：理论科学通过教育、交谈、书籍和期刊不断地被传播；它渗透到常识知识的低层；它唤醒它对迄今被忽视的现象的注意；它教导它分析依然混乱的概念。从而，它丰富对所有人来说或者至少是达到了某一程度的理智文化的人来说是共同的真理的遗产。于是，如果教师想要阐述物理学理论，那么他将在常识的真理中发现某些公认适合于为他的假设辩护的命题。他将相信，他从我们理性的原始的和必然的要求中得到假设，也就是说，他从真正的**公理中演绎**它们；事实上，他将仅仅从常识知识的储备中提取金钱——而理论科学本身则把金钱放在那个金库里，为的是把金钱返还给理论科学。

在许多作者给出的力学原理的讲解中，我们发现这种严重错误和循环论证的引人注目的例子。我们将从欧拉（Euler）那里借用如下讲解，但是可以在汗牛充栋的最近的著作中发现重复我们将从这位伟大的数学家提出的论据中引用的话。

欧拉说："在第一章，我证明当一个物体自由运动且未受任何力作用时，就它所观察到的普适的自然定律。若这样一个物体在给定的时刻处于静止，则它将永远保持它的静止状态；若它处于运动，则它将永远在直线上以不变的速率运动：这两个定律可以方便地结合在状态守恒定律的名义下。由此可得，状态守恒定律是所有物体的本质属性，所有物体就这一点而论都被视为具有永久地保持它们的状态的力或能力，该力无非是惯性力。……由于每一个物体就其真正的本性而言不变地保持在同一静止状态或同一运动状态，因此很清楚，人们必须将下述任何情况归因于外力：在这样的情况下，物体将不遵守这个定律，或以非匀速运动，或在曲线上运动。……真正的力学原理就是这样构成的，我们必须借助这些原理说明有关运动改变的一切。因为这些原理迄今只不过以脆弱的方式被确认，我以这样的方法证明它们，以至不仅可以把它们理解为确定的，而且也可以理解为必然为真的。[①] 262

如果我们继续阅读欧拉的专题著作，那么我们在第二章的开头发现如下的段落：

"**定义**：power[②] 是使物体处于静止和使它开始运动所需要的力，或者是改变它的运动的力。重力是一种力或这种类型的 power；事实上，如果一个物体自由地不受任何约束，那么引力将使它摆脱静止，以便使它下落，并把下降的运动传递给它，从而不断地加速它。

"**推论**：每一个听任其是的物体依然处于静止或以匀速直线运动。因此，每当处于静止的自由物体碰巧开始运动，或者以非匀速运动，或者以非直线运动时，应该把这一原因归于某种 power；因为我们称任何能够扰动物体运动的东西为 power。"

欧拉把下述语句作为**定义**介绍给我们："power 是使物体开始运动或改变它的运动的力。"我们必须就这一点理解什么呢？欧拉只是希望给出一个绝对任意的、名义上的定义，从而剥夺 power

---

① Leonhardi Euleri，"*Mechanica sive motus scientia，analytic exposita*"（Petropolus〔现在 Leningrad〕，1736），第Ⅰ卷序言。

② power 一词既有日常语言中的"能力、体力"之意，也有物理学上的"动力、功率"之意。——中译者注

一词原先获得的意义吗？在这个案例中，他摆在我们面前的定义将在逻辑上是无瑕疵的，但是它将仅仅是三段论的结构，而与实在没有任何接触。这不是欧拉打算在他的著作中完成的东西；十分清楚，在陈述我们刚才引用的句子时，他是在它流行的和非科学的语言中具有的含义上使用词汇 power 或力的；他直接引证的重量的例子确实是这一点的证据。然而，因为他不是把新的、任意定义的意义，而是把每一个人与它联系的意义赋予 power 一词，所以欧拉可能从他的前驱，尤其是从瓦里尼翁（Varignon）那里借用他使用过的静力学定理。

因此，这一定义不是名称的定义，而是 power 本性的定义；在每一个理解它的意义上采用这个词时，欧拉打算指明 power 的基本特征，致使力的所有其他属性都能够从这个特征得到。我们引用过的句子实际上与其说是定义，还不如说是欧拉假定其自明性的命题即**公理**。这个公理和其他类似的公理也许只是容许他证明，力学定律不仅为真，而且是必然的。

263

于是，物体在没有任何力作用于它时在直线上以不变的速度永远运动，仅仅从常识的观点来看这是清楚的吗？或者，受恒定重量支配的物体不断地加速它的下落速度，仅仅从常识的观点来看这是清楚的吗？相反地，这样的见解显著地远离常识知识；为了使它们诞生，耗费了在两千年间所有处理动力学的天才的千辛万苦的努力。①

---

① *Cf.* E. Wohlwill，"Die Entdeckung der Beharrungs gesetzes"，*Zeitschrift für Völkerpsychologie und Sprachwissenschaft*，*Vol. XIV*(1883)和 *Vol. XV*(1884)；以及 *P. Duhem*，*Del'eccélération produite par une force constante*（congrès d'Histoire des sciences，Geneva，1904）.

日常经验告诉我们的事物的样子是，未套上挽具的出租马车始终是静止不动的，以持续的努力拉车的马使车子以不变的速度行进；为了使车子更快地奔驰，马必须逐步使出更大的气力，要不然就套上另一匹马。那么，我们应该如何翻译这样的观察就power或力告诉我们的东西呢？我们应当阐明如下命题：

没有受到任何power的物体依然是静止的。

受到恒定power的物体以恒定的速度运动。

当我们增加power使物体运动，我们便增加了物体的速度。

常识赋予力或power的特征就是这样的；如果我们想要把动力学放在常识证据之上的话，那么我们应该采纳作为这门科学基础的假设就是这样的。

现在，这些特征是亚里士多德赋予power(δυναμις)或力(ιοχυs)①的特征；这种动力学是亚里士多德的动力学。在这样的动力学中，当我们确定重体的下落是加速运动时，我们并没有从这个事实得出结论说，重体受到恒定的力，而是说它们的重量随它们的下降成比例地增加。

此外，亚里士多德动力学的原理似乎是如此确定，它们的根似乎如此之深地扎在常识知识的坚实土地上，以致为了根除它们并在它们的位置长出欧拉把直接的自明性赋予给的那些假设，还要花费最漫长、最持久的努力，人类思想史向我们泄露了这一点：阿弗罗狄西亚的亚历山大(Alexander of Aphrodisias)、西米斯蒂乌斯(Themistius)、辛普利希乌斯、菲洛庞的约翰(John of Philopon)、萨　264

① Aristotle，Φυσικηs ακροασεωs Η，ε；Περτ Ουρανου Γ，β.

克森的阿尔伯特、库萨的尼古拉(Nicholas of Cusa)、列奥纳多·达·芬奇、卡尔丹、塔尔塔利亚(Tartaglia)、朱利叶斯·凯撒·斯卡利杰和季奥瓦尼·巴蒂斯塔·贝内德蒂(Giovanni Batista Benedetti)必须为伽利略、笛卡儿、比克曼和伽桑狄开辟道路。

因而,欧拉认为是公理的命题——其自明性是势不可当的,他希望在其基础上建立不仅为真而且是必然的动力学——实际上是唯有动力学告知我们的、十分缓慢和费力地取代虚假的常识证据的命题。

想象他们借助具有普遍赞同的公理正在为物理学理论赖以立足的假设辩护的人,无法避免欧拉的演绎做出的循环论证;他们乞灵的所谓公理正是由他们希望从它们演绎的真正的定律引出的。[①]

因此,希望把常识的教导视为支撑理论物理学的假设的基础统统是错觉。走那条道路,你便达不到笛卡儿和牛顿的动力学,而只会达到亚里士多德的动力学。

我们没有说,常识教导不是十分真实的和十分确定的;未套上挽具的公共马车不前进,套上两匹马的比套上一匹马时要跑得快,这是十分真实的和确定的。我们反复说过:常识的这些确定性和真理,经过最终分析是所有真理和所有科学确定性的源泉。但是,我们也说过,常识的观察在它们欠缺细节和精确性的限度和程度

---

① 读者也许将把我们刚才说过的话与恩斯特·马赫就丹尼尔·伯努利(Daniel Bernouilli 提出的、为力的平行四边形定律辩护的证明所作的批评加以对照。E. Mach, *La Mécanique, exposé historique et critique de son développement* (Paris, 1904), p. 45. (Mach, *The Science of Mechanics, a Critical and Historical Account of its Development*, translated from the German by T. J. McCormack[2d ed.; La Salle Court, 1902], p. 42.)

内是确定的；常识定律是十分真实的，但这种真实却建立在下述明确的条件上：这样的定律联系在一起的一般名词应该属于从具体现象中自发地和自然地浮现的抽象，也就是说，作为一个整体看待的非分析的抽象，诸如公共马车的一般观念或马的一般观念。 265

把这样的复杂观念联系起来的定律视为在内容上如此丰富和如此缺乏分析，并希望直接借助符号公式、极其简化的成果和构成数学语言的分析翻译它们，这是严重的错误；把持续运动的 power 观念视为马的观念的等价物，把绝对自由运行的观念视为公共马车观念的描述，这是古怪的假象。常识定律是关于我们设想与我们每日观察有关的极其复杂的一般观念的判断；物理学的假设是在最高简化程度上产生的数学符号之间的关系。意识不到这两类命题的大相径庭的本性是愚蠢可笑的；设想第二个与第一个相关就像推论与定理相关一样，是荒谬绝伦的。

正是按照相反的顺序，我们应该从物理学假设过渡到常识定律。从作为物理学理论基础的一组简单假设，我们将得到或多或少远离的推论，后者将为通常经验揭示的定律提供图式的描述。理论越完美，这种描述将越精致；可是，必须被描述的通常观察在复杂性上总是无限地超过这一描述。通过注视马和公共马车在近旁行驶而从常识意识到的定律，我们绝不能得到动力学，动力学的所有资源除了给我们以这个公共马车的运动的十分简单的图像以外，几乎不足以给我们以任何东西。

从常识知识得到物理学理论赖以立足的假设的证明之计划，是由模仿几何学来构造物理学的欲望促动的；事实上，几何学以这样的完美的严格性从中导出的公理，欧几里得在他的《原本》开头阐述的"要求",都是其自明的真被常识肯定的命题。但是,我们在数个场合中看到,在数学方法和物理学理论遵循的方法之间建立联姻是何等危险;在它们完全外在的相似——这是由于物理学借用了数学语言——之下,这两种方法显现出多么深刻的差异。我们必须再次重返这两种方法的区别。

266 在我们知觉的场合,在我们身上自发地产生的大多数抽象的和一般的观念是复杂的和未分析的概念;然而,有一些观念在几乎没有做任何努力的情况下就显示出它们自己是清楚的和简单的:它们是群聚在数和形概念周围的各种各样的观念。通常的经验导致我们用定律把这些观念联系起来,而这些定律首先具有常识判断的直接的确定性,其次具有极大的确切性和精确性。因此,有可能把若干这些判断看做是演绎的前提,在其中常识知识的无可争辩的真理性不可分割地与三段论链环的完美明晰性结合在一起。这就是构成算术和几何学的方式。

但是,数学科学是十分例外的科学:它们幸运得足以处理通过自发的抽象和概括工作从我们日常感知中浮现的,在以后依然显得清楚、纯粹和简单的观念。

这种好运却拒不给物理学。物理学处理的感知提供的概念是无限混乱和复杂的概念,研究这些概念需要漫长而费力的分析。创造理论物理学的天才人物认识到,为了把秩序和明晰引入这项工作,就必须在就其本性而言是有序的和明晰的唯一科学即数学科学中寻找这些质。但是不管怎样,他们不能使明晰性和秩序进入物理学,并且不能与像他们在算术和几何学中拥有的那种自明的确定性即时地融合起来。他们能够做的一切就是:面对他们直接从观察得到的众多定律，而这些定律是混乱的、复杂的和无序的，但却赋予直接可查明的确定性；引出这些定律的符号描述，即极其明晰而有序的描述，但是我们甚至不再能够恰当地说这种描述为真。

常识统治观察定律的领域；唯有它通过我们的感知和判断的天生工具，我们的知觉才决定什么为真、什么为假。在图式描述的领域，数学演绎是至高无上的女皇，一切都不得不由她强加的准则发号施令。但是，在这两个领域之间，还存在已确立的命题和观念的连续循环和交换。理论通过把它的推论之一提交给事实，要求观察检验它；观察向理论建议修正旧假设或陈述新假设。在中间 267 区域——穿过该区域便实现这些交换，通过该区域便保证观察和理论之间的交流——常识和数学逻辑使它们的影响一致被感觉到，属于每一个的程序以无法摆脱的方式混合在一起。

唯有这种双向运动容许物理学把常识发现的确定性与数学演绎的明晰性结合起来，爱德华·勒卢阿如下描绘这种双向运动：

“简而言之，必然性和真理是科学的两极。但是，这两极并不重合；它们像光谱中的红色和紫色一样。在它们之间的连续体中，唯一的实在实际上度过了，真理和必然性相对于对方彼此反向地变化，而不管我们正在面对两极中的无论哪一个，也不管我们正在把我们自己引向两极中的无论哪一个。……如果我们选择走向必然性，那么我们就在真理方面折回来，我们努力消除一切经验的或直觉的东西，我们倾向于图式系统、纯粹论述和用无意义的符号所做的形式游戏。另一方面，为了赢得真理，我们必须颠倒必须采取的程序的方向；定性的和具体的描述重新获得它们的卓越的权利，于是我们看到，推论的必然性逐渐消解于充满活力的偶然性之中。最后，科学是必然的也是真的，或者科学是严格的也是客观的。”①

表达这一点的气势也许在某种程度上超过作者的思想本身；无论如何，因为它忠实地表达我们的思想，可以充分地用词汇“秩序”和“明晰性”代替勒卢阿先生使用的词汇“严格性”和“必然性”。

于是，可以十分正确地宣布，物理科学从两个源泉流出：其一是常识的确定性，其二是数学演绎的明晰性；物理科学是确定的和明晰的，因为从这两个源泉喷涌而出的溪流汇集在一起，密切地把它们的水混合起来。

在几何学中，演绎逻辑产生的明晰知识和起源于常识的确定性如此精确地并置起来，以致我们无法辨别我们所有认识手段同时地和竞争地发挥作用的混合区域；这就是为什么当数学家处理物理科学时，他陷入意识不到这个区域存在的危险之中，这就是为什么他希望模仿他所偏爱的科学在直接从常识知识得到的公理之上构造物理学。在追求这种理想——恩斯特·马赫如此正确地称其为“假严格性”②——的过程中，他冒着仅仅达到充满悖论的证明以及与用未经证明的假定来辩论的谬误纠缠在一起的巨大风险。

268

历史方法在物理学中的重要性

对陈述物理学负有责任的教师将如何预先警告他的学生预防

① Edouard Le Roy，“Sur quelques objections adressées à la nouvelle philosophie”，*Revue de Métaphysique et de Morale*(1901)，p. 319.

② E. Mach，*La Mécanique*... p. 80.（*The Science of Mechanics*... p. 82.）

这样的方法和危险呢？他将如何使他们扫视把由常识定律支配的日常经验领域与由明晰原理安排的理论领域分隔开的庞大范围的领地呢？心智通过双向运动在这两个领域之间，即在经验知识和数学理论之间建立连续的和相互的交流，被剥夺理论的经验知识会把物理学还原为无形式的内容，而与观察隔离并与感觉证据分开的数学理论只能给科学提供缺乏内容的形式，他将如何能够同时使他们遵循这种双向运动呢？

但是，我们为什么必须合而为一地力图描述这种方法呢？我们没有面对在儿童时代对物理学理论一无所知、在成年时期获得这些理论赖以立足的所有假设的充分知识的学生吗？这种学生是人类，对他的教育继续进行了数千年。在每一个人的智力发展中，我们为什么不应模仿借以形成人的科学知识的进步呢？我们为什么在教学中不应借助概要，而不是借助忠实地讲解科学采纳假设之先的变迁而准备引入每一个假设呢？

准备使学生接受物理学假设的合理的、可靠的和富有成效的方法是历史方法。追溯在理论形式首次被勾勒出来时经验内容自然增长经由的转化；描述常识和演绎逻辑借以分析这一内容和模仿这一形式直到一个适应另一个的长期合作：为了给予学习物理学的人以这门科学的十分复杂的和活生生的组织的正确而明晰的观点，这是最佳的途径，甚至必定是唯一的途径。 269

毫无疑问，不可能再次一步一步地采取缓慢的、踌躇的、摸索的步伐了，而人类精神却曾经以此得到每一个物理学原理的清晰观点的；那样会需要过多的时间。为了开始进行教育，必须缩短和浓缩每一个假设的进化；必须按照人的受教育的时距与科学发展的时距之比率减少。借助于这样的缩略，博物学家说，生物从胚胎到成熟态所经由的变态，重演使这种生物依附于现存生物的原始主干所经由的真实的或理想的路线。

而且，这种缩略几乎总是容易的，倘若我们实际上决定忽略所有纯粹偶然的事实的话，例如作者的名字、发现的日期、插曲或轶事，以便仅仅驻留在物理学家看来似乎是基本的历史事实上，以及在其中新原理使理论丰富或看到模糊的或错误的观念消失的环境上。

用以做出发现的方法的历史在物理学学习中获得的这一重要性，是物理学和几何学之间巨大差异的附带标志。

在几何学中，在演绎方法的明晰性直接与常识的自明性融合在一起的地方，能够以完备的逻辑方式提供教育。对于所陈述的公设而言，学生足以立即把握这样一个判断浓缩的常识知识的资料；他不需要了解这个公设渗透到科学的途径。当然，数学史是好奇心的合情合理的对象，但是它对于理解数学来说并不是必不可少的。

就物理学而言，情况便不同了。我们在这里看到，是纯粹的和完备的逻辑的东西在教学中被禁止。因此，把理论的形式判断与必须描述这些判断的事实内容联系起来的唯一道路，尤其是避免虚假观念偷偷摸摸进入的唯一道路，是通过它的历史为每一个基本的假设辩护。

给出物理学原理的历史同时就是对它做逻辑分析。对物理学运转的智力过程的批判稳定持久地与逐渐进化的讲解联系在一起，演绎通过这样的进化完成理论，并用它构成观察所揭示的定律

270

的更精确、更有序的描述。

此外，唯有科学史才能使物理学家免于教条主义的狂热奢望以及皮浪怀疑主义的悲观绝望。

对他来说通过回顾在每一个原理发现之前的漫长系列的错误和踌躇，它使他警惕虚假的证据；对他来说通过回忆宇宙论学派的盛衰，通过从它们处于忘却状态中发掘一度获胜的学说，它提醒他，最吸引人的体系也只是暂定的描述，而不是决定性的说明。

另一方面，通过在他面前展现连续的传统——通过这种传统过去世纪的体系养育每一时代的科学，而每一时代的科学也孕育未来的科学；通过向他提及理论阐明的和实验实现的预言：它通过这一切在他身上造成并增强了，物理学不仅仅是一个今天合适明天无用的人为体系，而且它也是一个越来越自然的分类，日益更清楚地反映实验方法不能直接沉思的实在。

每当物理学家的心智就要走向某个极端之时，历史学习借助合适的矫正来纠正他。为了确定历史对于物理学家所起的作用，我们可以从历史中借用帕斯卡的下述言论："当他吹嘘他自己时，我贬低他；当他低估他时，我赞扬他。"[1]历史于是使他维持在完美的平衡状态，他在这样的状态中才能健全地判断物理学理论的目的和结构。

---

① B. Pascal, *Pensées*, ed. Havet, Art. 8.

附　录

一位信仰者的物理学[1]

引言

在一年稍多一点之前,《形而上学和道德评论》发表一篇文章,在该文中阐述和讨论了我在不同场合就物理学理论发表的见解。[2] 这篇文章的作者阿贝尔·莱伊不辞辛劳地刻苦研究我在其中陈述我的思想的最琐细的论著,他以对准确性的极大关注追踪这一思想的进程;他向他的读者描绘一幅图画,图画的逼真给我留下强烈的印象;我不想与莱伊先生讨价还价,通过向他表示对我的评价的感谢来交换他以赞同的理解吸收我发表的东西。

然而(不论画家可能多么准确,难道有任何人在他自己的画像中找不到某种要抱怨的东西吗?),在我看来似乎是,莱伊先生在某种程度上更为确切地要求我所拟定的前提,他从它们引出没有统统包括在它们之内的结论。我将乐于把某些限制应用于这些

---

① 文章发表在 *Annales de Philosophie chrétienne*, 77th, Year, 4th Series, Vol. I (一九〇五年十月和十一月), p. 44 和 p. 133.

② Abel Rey, "La philosophie scientifique de. M. Duhem", *Revue de Metaphysique et de Morale*, XII (July 1904), 699.

结论。

莱伊先生如下结束他的文章：

“我们的注意力在这里只是审查迪昂先生的科学的哲学，而不审查他的科学工作本身。为了找到并精确地阐述这种哲学的表述……我们似乎可以提出如下的公式：在它对于物质宇宙的定性概念的倾向中，在它自然而然就这一宇宙的完备说明向机械论设想它具有的类别的不信任发起的挑战中，在它对于完整的科学怀疑论所做的更多是决然的而非真诚的谴责中，迪昂的科学的哲学是一位信仰者的科学的哲学。”

不用说，我以我的整个灵魂相信上帝向我们揭示的、他通过他的教会教导我们的真理；我从来也没有中止我的信仰，我坚持信仰的上帝将永远使我不为信仰而感到羞愧，我从我的心灵深处希望：274 在这个含义上，说我作为职业的物理学是一位信仰者的物理学，这是可以允许的。但是，莱伊先生意谓的他用来概括这种物理学的公式，确实不在这个含义上；更恰当地讲，他意指的是，基督徒的信仰或多或少有意识地指导这位物理学家的批判，它们使他的理性倾向于某些结论，因而这些结论对于关心科学的严格性的心智来说好像是可疑的，而对于唯灵论哲学或天主教教条来说似乎是异己的；简而言之，为了统统采纳我力图就物理学理论阐述的学说的原理以及推论，人们必须是一位信仰者，更不必说是一位颖悟的信仰者了。

假如情况如此，那么我也许正在踽踽独行追随错误的路线，达不到我的目的。事实上，我的目标一直是证明，物理学是通过绝对独立于任何形而上学见解的自主方法前进的；我仔细地分析这种方法,为的是通过这一分析展示概括和分类它的发现的理论的恰当特征和精确范围;我否认,这些理论具有任何超越实验教导之外的洞察能力,或者具有任何臆测潜藏在感官可观察的资料之下的实在的功能;我从而拒绝相信这些理论描绘任何形而上学体系蓝图的效能,因为我否认形而上学学说有权证明赞成或反对任何物理学理论。如果所有这些努力仅仅终结于物理学的概念形成——宗教信仰在其中隐含地和几乎秘密地作为先决条件,那么我必须坦白,我在我的工作正在趋向的结果方面不可思议地犯了错误。

在承认这样的错误之前,我将乐于被容许再次瞥见一下这项作为一个整体的工作,尤其是把我的凝视集中在基督徒的信仰的印记被认为是显著的部分,并对照我的意图辨认,这种印记实际上铭刻于其中还是别处,容易驱散的错觉是否导致把某些不属于这项工作的特征视为信仰者的标志。我希望,通过扫除混乱和模糊,这一探究将毋庸置疑地提出下述结论:无论我就物理学借以进展的方法或我们必须赋予它所构造的理论的本性和范围说过什么,然而我对任何接受我的言论的人的形而上学学说或者宗教信仰都不抱偏见。信仰者和非信仰者双方,都可以共同一致地为像我力图定义的那样的物理科学的进步而工作。 275

我们的物理学体系在它的起源上是实证论的

我们应该乐于证明,我们提出的物理学体系在它的所有方面都从属于实证方法的最严格的要求,它在它的结局和起源上是实证论的。

首先,我们体系的构成是什么先入之见的结果?我们的物理学理论的概念形成是对教会的教导和理性的训诫之间的不一致感到心神不安的信仰者的工作吗?它是从对神性事物的信仰应该尝试——为的是把它自己与人的科学的学说联系起来(信仰探究理性)——的努力中产生出来的吗?倘若如此,非信仰者可以设想对这样的体系表示怀疑是合情合理的;他可能担心,即使对作者来说是无意识的、取向天主教信仰的某一命题会通过严格批判的网孔溜过去,以致人的心智准备好认为他所希望的东西为真!另一方面,如果我们致力的科学体系正是在实验的基质(matrix)内诞生,并在形而上学和神学的关注之外、在几乎不管他本人而通过日常实践和科学教导强加于作者的话,那么这些怀疑便不再会有任何根据。

我们此刻在这里将叙述,我们如何被导致就物理学理论的目的和结构讲解据说是打上新印记的见解;我们将十分真诚地这样做,并不是因为我们具有虚荣心相信我们的思想对它自己感兴趣的历程,而是为了该学说起源的知识可以有助于更精密地判断它的逻辑可靠性,因为正是这种可靠性是所要讨论的。

让我们使我们自己回溯到二十五年前的时候,当时我们作为未来的物理学家首次加入斯塔尼斯拉斯学院的数学班。让我们加入的人朱尔·穆蒂埃(Jules Moutier)是一位机敏的理论家;他的批判感永远是警觉的和极其颖悟的,以确凿的准确性辨别其他人毫无争议地接受的许多体系的弱点;他的好探询的心智的证据并不缺乏,物理化学把它的最重要的定律之一归功于他。正是这位教师，在我们身上播下赞美物理学理论的种子和为它的进步贡献力量的欲望。自然地，他把我们的头一批意向调准在与他自己的偏爱把他带到的方向相同的方向。当时，尽管他在他的研究中求助于形形色色的方法，依次求助于每一个，但是穆蒂埃最经常以一种偏好重返的，却是力学的说明尝试。像他的时代的大多数理论家一样，他在以原子论者和笛卡儿主义者的方式构造的物质宇宙的说明中看到物理学的理想；在他的论著之一[①]，他毫不迟疑地采纳惠更斯的下述思想："所有自然现象的原因都可通过力学的理由来构想，除非我们想要统统放弃理解物理学中的任何事物的希望。"

276

由于是穆蒂埃的门生，正是作为机械论的令人信服的信徒，我们在高等师范追求的物理学接近该路线。在那里，我们从直到那时我们所经历的人中必定受到十分不同的影响，贝尔坦(Bertin)的好打趣的怀疑论徒劳地打击机械论者的不断复兴的和不断夭折的尝试。由于不像贝尔坦的不可知论和经验论走得那么远，我们教师中的大多数分享他对于物质内部本性的假设的不信任。作为过去的实验操作大师，他们在实验中仅仅看见真理的源泉；当他们接受物理学理论时，那正是在它完全依赖于从观察引出的定律的条件下。

鉴于物理学家和化学家在称赞牛顿在他的《原理》一书结尾详述的方法时相互竞争，给我们教数学的那些人，尤其是朱尔·塔纳

① J. Moutier, "Sur les attractions et les répulsionsdes corps électrisés au point de vue de la théorie mécanique de l'électricité", *Annales de Chimie et de Physique*, 4th Series, Vol. XVI.

吕(Jules Tannery)在我们身上致力于发展和砥砺批判感,并且在我们的理性不得不判断证明的严格性时,使我们的理性无限地难以满足。

实验家的训练在我们心智中产生的倾向和数学家在我们身上倾注的训诫共同起作用,促使我们构想与直到那时我们想象它所是的东西大相径庭的物理学理论。我们希望看到这种理想的理论、我们努力的最高目标,牢固地建立在被实验证实的定律上,并完全免除牛顿在他的不朽的"总释"中谴责的关于物质结构的假设;但是,我们同时希望以代数学家教导我们赞美的那种逻辑严格性去构造理论。当首次给我们机会教学时,我们力图艰难地使我们的课程适应的,正是这样的理论的范型。

277

我们很快就认识到,我们的努力如何是徒劳的。我们交了好运在里尔理学院的精英听众面前教学。在我们的学生中,其中有许多今天是我们的同事,批判感并未休眠;对澄清的要求和令人为难的异议,坚持不懈地向我们指出悖论和循环论证,不管我们多么谨慎,这些东西在我们的课程中持续不断地再现。这种严厉而有益的考验未花费很长时间就使我们深信,物理学并不能按照我们着手遵循的计划来构造,像牛顿那样定义的归纳法无法实行,物理学理论的恰当本性和真实目标还没有以完备的明晰性展示出来,只要这种本性和目标没有以精密的和详尽的方式决定下来,那么物理学学说便不能以充分满意的方式加以陈述。

再次继续分析物理学理论能够借以发展的方法向下直至它的真正基础,这种必然性在我们看来出现在我们对其保留着十分生动的回忆的环境中。由于不满足于他们"在书中和在人中"碰到的热力学原理的陈述，我们的几个学生请求我们为他们编辑关于科学基础的小专题论文。当我们力图艰难地满足他们的欲求时，当时就构造逻辑理论已知的方法的根本软弱无力每日持续地为我们所理解。于是，我们直觉到自从那时以来我们不断肯定的真理：我们了解，物理学理论既不是形而上学的说明，也不是其真理由实验和归纳确立的普遍定律的集合；它是借助数学量制作的人为的结构；这些数量与从实验中出现的抽象概念的关系，只不过是记号具有的东西与所标记的事物的关系；这一理论构成了一种适合于概述和分类观察定律的符号绘画或图式素描；它可以以像代数学说一样的严格性发展，因为在模仿后者中，它是借助于我们自己按我们自己的方式安排的数量的组合整体地构造起来的。但是，我们也了解，当它开始把理论结构与它自称描述的实验定律比较时，当判断图像和对象之间的相似程度时，数学严格性的要求不再相干 278 了，因为这种比较和判断并非出自我们能够展开一系列清楚而严格的三段论的能力。我们认识到，为了判断理论和经验资料之间的这一相似，不可能分开理论结构，并把它的每一部分孤立地交付事实检验，因为最微小的实验证实都使理论的形形色色的分支插入其中起作用；我们还认识到，理论物理学和实验物理学之间的任何比较，在于在它的整体中理解的理论与实验的总体教导的联盟。

因此，正是由于教学的必需，在它们的紧迫而持续的压力下，我们被引导产生与直到那时流行的迥然不同的物理学理论的概念。这些相同的需要导致我们通过数年发展我们的头一批思想，使它们更精确，说明和矫正它们。正是因为这些需要，我们关于物理学理论的本性的体系在我们的确信中得以首肯，这也是由于它不费力就使我们把科学的各种各样的分支结合到一个首尾一贯的陈述之中。在多年的漫长过程中，我们把我们的原理交付检验，由于我们在这里坚持指明这一检验授予它们的十分特殊的权威，我们可以得到宽恕吗？今天许多人就力学和物理学的原理撰写论著，但是如有人向他们提出，他们给出物理学中的完备程序，这些程序在所有细节上与他们的学说也许更加一致，他们中的许多人如何打算接受挑战呢？

因此，我们关于物理学理论本性的观念根植于科学研究的实践和教学的迫切要求。因为我们已经深刻地审查了我们理智的良心，我们不可能辨认出无论什么宗教成见施加在这些观念起源上的影响。它怎么会是另外的样子呢？我们怎么能够想象，我们的天主教信仰对我们作为一个物理学家的见解的进化感兴趣呢？我们难道不知道，像他们受启示一样真诚的基督徒坚定地相信物质宇宙的力学说明吗？难道我们不知道他们中的一些人是牛顿归纳法的热情信徒吗？对我们来说像对任何具有卓识的人来说一样，物理学理论的目标和本性是在宗教学说之外的、与它们没有任何接触的事物，这难道不是显眼的事实吗？进而，仿佛更充分地注意到我们观看这些问题的方式受我们的宗教信仰的激励的范围多么小，对这种观看事物的方式的最大量和最强烈的攻击难道不是来自和我们一样宣称信奉同一信仰的人吗？

279

因此，我们对物理学理论的诠释，在它的起源上基本是实证论的。在提出这一诠释的环境中，没有什么东西能够为任何不拥有我们的形而上学信念或宗教信仰的人的怀疑辩护。

我们的物理学体系在它的结局上是实证论的

我们对物理学理论的意义和范围的反思是由先入之见归纳出来的,形而上学和宗教与这些先入之见没有一点关系;它们在与形而上学学说完全无关和与宗教教条完全无关的结局中终结。

肯定地,我们与宣称把物质世界的研究还原为力学的物理学理论无情地进行过斗争;我们坚持认为,物理学家应该让原始质进入他的体系。现在,宣布物质世界的一切都能还原为物质和运动的学说是形而上学的;一些人宣称,每一种质本质上都是复杂的,它能够而且总是应该被分解为定量的要素。情况似乎是,我们的结论实际上与这些学说针锋相对;在不通过事实本身拒斥这些形而上学体系的情况下,我们观看事物的方式无法得到承认,因此看来好像是,我们的物理学在它的实证论的外观之下毕竟是形而上学。这就是莱伊先生在说下面的话时所想象的东西:“实际上仿佛是,迪昂先生屈从于共同的诱惑:他是形而上学的。他在他的头脑背后有一种观念,一种关于科学的可靠性和范围的、关于知识本性的预想的观念。”①

如果情况如此——让我们大声重复它,那么我们在每次努力的尝试中便会完全失败:我们便无法成功地定义实证论者和形而上学家、物质论者和唯灵论者、非信仰者和基督徒都可以共同一致地为其进步而工作的理论物理学。

① A. Rey,在引用的著作中,p. 733。

但是，情况并非如此。

借助于本质上是实证论的方法，我们力图艰难地把已知的东280西与未知的东西截然区分开来；我们从未打算在可知的东西与不可知的东西之间划出一条分界线。我们分析构造物理学理论所经过的步骤，并试图从这一分析中推断这些理论所阐述的命题的精密意义和恰当的范围或区域；我们对于物理学的探究既未导致我们肯定，也未导致我们否定对这门科学来说是外来的、对获得超越它的手段的真理来说是合适的研究方法的存在和合理性。

我们就这样为反对机械论而斗争；但是，在什么措辞上？我们在我们的推理的基础中假定了物理学家的方法没有提供的某一命题吗？从这样的假定开始，我们展开了一系列的演绎，演绎的结论可能具有下述的形式：机械论是不可能的；可以肯定，我们从来也不能借助只服从动力学定律的质量和运动构造可接受的自然现象的描述——情况果真如此吗？绝不是。我们所作的，是把各种机械论学派提出的体系交付细致的审查，并注意到这些体系中没有一个提供良好的和健全的物理学理论的特征，因为它们中没有一个以充分的近似程度描述广泛的实验定律群。[①]

这里正是我们就机械论原理的合理性或不合理性表达我们自己意思的方式：

“对于物理学家来说，所有自然现象可以用力学说明的假设既不真，也不假，而是没有意义。

① 我们乞求读者在我的论力学进化的书（*Evolution de la Mécanique*〔Paris，1903〕）参考第一编“力学说明”，尤其是第 XV 章：“力学说明的一般考虑。”

“让我们说明一下这个看来好像是悖论的命题。

“只有一个标准容许人们在物理学中把一个不隐含逻辑矛盾的判断作为假的加以拒斥，这就是在该判断和实验事实之间的公然不一致的记录。当物理学家断定一个命题的真理性时，他就是断定这样的事实：把这个命题与实验资料比较，在这些资料中，有一些与审查之中的命题一致的资料不是先验地必然的，但是不管怎样，这些资料和该命题之间的偏差依然小于实验误差。

“根据这些原则，当我们提出无机界的所有现象可以用力学来说明时，我们并未陈述物理学能够坚持认为是错误的命题，因为实验无法向我们报告任何确实不能还原为力学定律的现象。然而，说这个命题在物理学上为真则是不合理的；因为不可能探究它和观察结果之间的形式的和不能解决矛盾的根源，这种不可能性是不可见的质量和潜藏的运动所容许的绝对非决定的逻辑推论。 281

“这样一来，对于那些固守实验方法程序的人来说，不可能宣布下述命题为真：所有物理现象可用力学来说明。这正像宣布它为假不可能一样。**这个命题超越物理学方法**。”

因此，断言无机界的所有现象可以被还原为物质和运动是形而上学的；否认这种还原有可能也是形而上学的。可是，我们的物理学理论的批判制止做这样的肯定或否定。它断定和证明的是，**在此时**不存在任何与机械论要求符合的可接受的物理学理论，**在此时**可以通过拒绝服从这些要求构造满意的理论；但是，在阐述这些断言时，我们正在做物理学家的工作，而不是正在做形而上学家的工作。

为了构造这种没有还原为机械论的物理学理论，我们必须使某些数学量对应于某些质，在这些质中有一些质我们不能把它们分解为更简单的质，而把它作为原始质看待。我们有某些手段先验地辨认它们是否能够还原为更简单的质吗？绝没有。我们就这样的质能够断言的一切是，对物理学而言恰当的程序能够教导我们的东西：我们断言，我们不知道**在此时**如何分解它们，但是力图把它们进一步分解为更简单的质并不是荒谬的。我们说：

“物理学将把无生命自然界呈现的现象的理论还原为若干质的考虑，但是将力图使这个数目尽可能小。每当新结果出现时，物理学都将试图用每一种方式把它还原为已经定义的质；只是在认识到不可能做这种还原之后，它才使自己顺从于把新质放进它的理论，把新类型的变量引入它的方程。因而，发现新物体的化学家力图艰难地把它分解为已知的元素之一；只有当他徒劳地用尽实验室配备的各种分析手段时，他才决定给简单物体表添加一个名称。

282

“名称简单的并不是依据证明它就其本性而言不可分解的形而上学论据给予化学实物的；它是根据事实给予它的，因为它抵制所有的分解尝试。这个表示性质的形容词(简单的)就是承认目前的无能为力；没有最后的和不可改变的事物；今天是简单的物体明天将不再是如此了，倘若某位比他的前辈幸运的化学家成功地分解它的话；钾碱和苏打对拉瓦锡来说是简单的物体，但是由戴维的工作开始成为化合物。对于在物理学中承认的原始质而言，情况也是这样。在称它们为原始的情况下，我们没有预断它们就其本性是不可还原的；我们只是供认，我们不知道如何把它们还原为较简单的质，但是这种我们在今天不能实现的还原，也许明天就成为被完成的事实了。”①

因此，在拒绝力学理论而替代地提出定性理论时，我们绝没有受“关于科学的可靠性和范围，关于可知的东西的本性的预想观念”的指导；我们丝毫没有有意识地或无意识地诉诸形而上学方法。我们唯一地使用属于物理学家的程序；我们谴责与观察定律不一致的理论；我们承认给这些定律以满意描述的理论；一句话，我们严肃认真地尊重实证科学的法则。

我们的体系排除所声称的物理科学反对唯灵论的形而上学和天主教信仰

由于物理学家在实践时受实证论方法的引导，我们对于理论的意义和范围的诠释既没有经受形而上学见解，也没有经受宗教信仰的任何影响。这种诠释绝不是或绝没有意谓信仰者的科学的哲学；非信仰者也可以承认它的每一个条款。

由此可以得出信仰者从对物理科学的这种批判中一无所获， 283 它所导致的结果对他来说毫无趣味吗？

使伟大的物理学理论与唯灵论哲学和天主教信仰赖以立足的基本教义针锋相对，在某一时期是时髦的；人们预期这些教义在科学体系的撞击之下眼看正在破碎。不用说，科学反对信仰的这样的斗争激起十分贫乏地获悉科学的教导的人和根本没有获得信仰

① 出处同上，第二编，第一章“质的物理学”。参见本书论原始质的第二编第二章。

的教条的人的热情;但是,它们时常迷住和扰乱其智力和良心远在乡村文化人和咖啡馆物理学家之上的人。

现在,我们陈述的体系摆脱所声称的物理学理论可能向唯灵论的形而上学和天主教教义发出的反对;它像风吹走一小束稻草一样容易地使反对消失了,因为按照这个体系,这些反对是误解,而从来也不能是误解之外的任何东西。

什么是形而上学命题、宗教教义呢?它是与客观实在有关的判断,从而肯定或否定某一实在的存在具有或不具有某一属性。像"人是自由的"、"灵魂是不朽的"、"罗马天主教皇在信仰问题上是一贯正确的"之类的判断,都是形而上学的命题或宗教教义;它们都断言,某些客观实在具有某些属性。

为了作为一方的某一判断与作为另一方的形而上学或神学命题有可能一致或不一致,将要求什么呢?将必然要求,这个判断具有某些客观实在作为它的主语,它肯定或否定关于它们的某些属性。实际上,在没有相同名词但却与同一主语有关的两个判断之间,既不能存在一致,也不能存在不一致。

经验事实(在该词语流行的意义上,而不是在该词语在物理学中呈现的复杂意义上)和经验定律(意指在不求助于科学理论的情况下常识阐述的日常经验定律)是对客观实在具有如此之多影响的断定;因此,我们可以并非没有理由地讲,以事实或经验定律为一方和以形而上学或神学命题为另一方之间的一致或不一致。例如,如果我们注意到一个情况:教皇处在由一贯正确的教义提供的地位,但他却发布了一个与信仰相反的训诫,那么在我们面前我们具有一个与宗教教义矛盾的事实。如果经验导致"人的行为总是

284

被决定的"这个定律形成，那么我们就是正在涉及一个否认形而上学命题的经验定律。

这样设定之后，理论物理学的原理与形而上学或神学的命题能够一致或不一致吗？理论物理学的原理是包含客观实在的判断吗？

对于笛卡儿主义者和原子论者，对于任何使理论物理学依赖形而上学或构成形而上学推论的人来说，回答是肯定的；理论物理学是与实在有关的判断。当笛卡儿主义者断言物质的本质是在长度、宽度和厚度上的广延时，或者当原子论者宣布只要原子不撞击另一个原子它以匀速直线运动时，笛卡儿主义者和原子论者实际上的意思是断定，物质客观上恰恰是他们言说它所是的那样，它事实上具有他们赋予它的性质，它被剥夺他们拒绝给予它的性质。因此，问笛卡儿的物理学或原子论的物理学的某一原理与形而上学或教义的某一命题是一致还是不一致，并不是没有意义的；可以有理由地怀疑，原子论强加在原子运动上的定律与强加在身体上的灵魂的行为是相容的；可以坚持认为，笛卡儿的物质的本质是与在圣餐中耶稣基督的身体的实在存在的教义是势不两立的。

对于牛顿主义者来说，回答也是肯定的；理论物理学的原理对于像牛顿主义者这样的人来说是包含客观实在的判断，他在这样的原理中看到通过归纳概括出的实验定律。例如，这样的人将在动力学的基本方程中看到普适的法则，该法则的真理性已被实验揭示，所有客观存在的物体的运动都服从该法则。他将能够并非不合逻辑地谈论动力学方程和自由意志的可能性之间的冲突，研究这一冲突是否可以解决。

因而,我们使之处于争论之中的物理学学派的支持者,可以合情合理地谈论物理学理论的原理和形而上学学说或宗教教义之间的一致或不一致。对于那些其理性接受我们提出的物理学理论的诠释的人而言,情况将并非如此,因为他们将永不谈论物理学理论的原理和形而上学学说或宗教教义之间的冲突;事实上,他们理解,形而上学学说或宗教教义是触及客观实在的判断,而物理学理论的原理则是与被剥去所有客观存在的某些数学记号有关的命题。由于它们没有任何共同的术语,这两类判断既不能相互矛盾,也不能彼此一致。

285

理论物理学的原理实际上是什么呢?它是适合于概述和分类实验确立的定律的数学形式。自然而然,这种原理既不真也不假;它只是给它打算描述的定律以或多或少满意的图像。正是这些定律,就客观实在做出断言,因此它们可能与形而上学或神学的某一命题一致或不一致。不过,理论给予它们的系统分类没有就它们的真理性、它们的确定性或它们的客观范围添加或减去任何东西。概述它们和使它们有序的理论原理的介入既不能消灭在定律和形而上学学说或神学教义之间的一致——当在这个原理的介入之前这样的一致存在时,也不能恢复这样的一致——倘若早先不存在这样的一致的话。**理论物理学的任何原理就其本身和本质而言在形而上学或神学讨论中一点也不起作用。**

让我们把这些考察应用于一个例子:

能量守恒原理与自由意志相容吗?这是一个人们以不同方式争论和解决的问题。现在,它甚至具有意识到它使用的术语的精密含义的人能够合理性地思索用是或否回答它的意义吗?

不用说，对于使能量守恒原理成为可以充分严格地应用于实在宇宙的公理的人来说，这个问题有意义，无论他们从自然哲学引出这个公理，还是他们从实验资料出发借助广阔的和强大的归纳达到它。但是，我们不接受双方中的无论哪一方。在我们看来，能量守恒原理绝不是包含实际存在的客体的确定的和普遍的断言。它是由我们的理解力自由颁布的法令建立起来的数学公式。为的是这个公式与类似地假定的其他公式结合起来，可以容许我们演绎一系列推论，而这些推论则向我们提供在我们的实验室注意到 286 的定律的满意描述。恰当地讲，无论能量守恒公式，还是我们与它相关的公式，都不能说它为真或为假，由于它们不是与实在有关的判断；我们能够说的一切就是，构成定律群的理论的推论倘若描述我们打算以充分的精密度分类的这些定律，它就是好理论；在相反的情况下，该理论是坏理论。情况已经很清楚，能量守恒定律与自由意志相容还是不相容的问题，对我们来说不会有任何意义。如果它有什么意义，实际上它就可能如下：自由行为的客观不可能性是能量守恒原理的推论还是不是？此刻，能量守恒原理没有客观的推论。

进而，让我们固守这一点。

人们如何可能着手从能量守恒原理和其他类似的原理推出“自由意志是不可能的”推论呢？我们应该注意到，这些各种不同的原理等价于支配服从于它们的物体状态变化的微分方程组；如果在某一时刻给出这些物体的状态和运动，那么就整个时间进程而言，它们的状态和运动都能被毫不含糊地决定；我们应该由此得出结论说，自由运动不能在这些物体中产生，因为自由运动本质上不可能是由先前的状态和运动决定的运动。

现在,这样的论据有什么价值呢?

我们选择我们的微分方程,或者同样地,我们选择它们翻译的原理,因为我们希望构造现象群的数学描述;在力图借助微分方程组描述这些现象时,我们从一开始就预设,它们服从严格的决定论;事实上,我们充分地意识到,其独特性一点也不是起因于初始资料的现象会厌恶这样的方程组所做的任何描述。因此,我们预先肯定,在我们安排的分类中没有为自由行为保留位置。当我们尔后注意到自由行为不能包括在我们的分类中时,我们会十分天真地为之惊讶,会十分愚蠢地得出自由意志是不可能的结论。

287 想象一位想要排列海洋贝壳的收集者。他拿来七个抽屉,用七种色谱标记它们;你看到他把红贝壳放入红抽屉,把黄贝壳放入黄抽屉,如此等等。但是,若白贝壳出现了,他将不知道用做什么,因为他没有白抽屉。不用说,如果你听到他在窘迫中得出结论说,在世界上不存在白贝壳,那么你会为他的理由感到遗憾。

以为他能够从他的理论原理演绎出自由意志的不可能性的物理学家,应该感受到相同的情感。在为在这个世界产生的所有现象制作分类时,他忘记了适合于自由行为的抽屉!

我们的体系否认物理学理论具有任何形而上学的或辩护的含义

据说,我们的物理学是信仰者的物理学是从下述事实得出的:它如此激进地否认任何从物理学理论获取的对于唯灵论形而上学和天主教信仰的反对的有效性！但是，它恰恰同样地可以称之为非信仰者的物理学，因为它并未把更健全的或更严格的正当理由给予有利于形而上学或教义的论点，而一些人却力图从物理学理论演绎这些论点。宣称理论物理学的原理与唯灵论哲学或天主教教义阐明的命题矛盾，正像宣称它确认这样的命题一样，都是荒谬绝伦的。在触及客观实在的命题和没有客观含义的命题之间不可能存在不一致或一致。每当人们引用理论物理学原理支持形而上学学说或宗教教义时，他们都在犯错误，因为他们把并非它自己的意义、不属于它的含义赋予这个原理。

让我们再次说明，我们正在用例证讲什么。

在十九世纪中期，克劳修斯在深刻地转换卡诺原理之后，从它引出下述著名的推论：宇宙的熵趋向极大值。从这个定理出发，许多哲学家坚持物理和化学变化在其中能够永远继续进行下去的世界是不可能的结论；这使他们乐于认为，这些变化曾有过开端，也会有终点；在这些思想家看来，即使不是物质在时间中的创生，至少也是它的变化的自然倾向在时间中的创生，以及在或多或少遥远的未来绝对静止状态和宇宙死寂的确立，都是热力学原理不可避免的结局。 288

在这里，希望从前提到这些结论的演绎在不止一处与谬误联姻。首先，它隐含地假定宇宙与在绝对没有物质的空间中孤立的物体的有限集合相似；这种相似使人们面临许多疑虑。一旦承认这种相似，宇宙的熵必须无止境地增加便为真，但是它并未把任何较低的或较高的限度强加于这个熵；再者，在时间本身从$-\infty$到$+\infty$变化时，没有什么东西能够中止这个量从$-\infty$到$+\infty$变化；

另外,被说成已论证的关于宇宙永恒生命的不可能性便会化为乌有。但是,让我们供认,这些批判是错误的;它们证明被作为例子看待的论证不是结论性的,但是它们没有证明根本不可能构造会倾向于类似终点的结论性的例子。我们将要反对它的异议在本性和含义上是截然不同的:由于我们的论据建立在物理学理论的真正本质的基础上,我们将表明,询问这个理论有关在极其遥远的过去可能发生的事件的信息是愚蠢的,要求它预言距离十分久远的事件是可笑的。

物理学理论是什么呢?是其推论必须描述实验资料的数学命题群;理论的有效性是由它描述的实验定律的数目和它描述它们的精确度衡量的;如果两个不同的理论以相同的近似度描述相同的事实,那么物理学方法认为它们具有绝对相同的有效性;它没有权利命令我们在这两个等价的理论之间选择,它必然给我们留下自由。无疑地,物理学家将在这些逻辑上等价的理论之间选择,但是支配他的选择的动机将是优美、简单性和方便的考虑以及合适性的理由,它们本质上是主观的、偶然的,随时间、学派和个人而变化的;尽管这些动机在某些情况下是严肃的,但是它们将永远不具有必然坚持两个理论中的一个而排斥另一个的本性,因为只有理论中的一个而不是另一个能够描述的事实的发现,才会导致被迫的选择。

例如,牛顿提出的与距离平方成反比的引力定律以令人赞叹的精确性描述我们能够观察的天体运动。然而,我们能够以无限的方式用距离的其他函数代替距离的反平方,使得新的天体力学像旧的天体力学一样以相同的精确性描述我们所有的天文观察。

实验方法的原则会迫使我们把严格相同的逻辑有效性赋予这两种不同的天体力学，这并不意味着天文学家不愿保留牛顿引力定律而偏爱新定律，不过他们想要保留它是由于距离反平方提供罕见的数学性质，这些性质有利于把简单性和优美引入他们的结论。当然，这些动机会被充分地领会；可是，它们没有构成决定性的或确定性的东西，当牛顿引力定律也许不适合描述可能被发现的现象而另一种天体力学能够给它以满意的描述时，它们就不会有什么重要性了；在那一天，天文学家必然宁愿选择新理论而不是旧理论。①

在这样理解时，让我们假定我们有两个天体力学体系，二者从数学观点来看不同，但却以相同的近似程度描述直到现在所做出的所有天文观察。让我们更进一步：设我们使用这两个天体力学计算天体在未来的运动；让我们假定，一个的计算结果如此接近另一个的计算结果，以致它们确定同一天体的两个位置之间的偏差甚至在一千年末甚或一万年末也小于实验误差。于是，我们在这里有两个天体力学体系，我们必须认为二者在逻辑上是等价的；不存在什么理由强迫我们偏爱一个胜过另一个，而且在一千年末或一万年末，人们仍将同等地估量它们，使他们的选择悬而未决。

很清楚，来自这两个理论的预言将值得同等程度的信任；很清楚，逻辑未给我们任何权利断定第一个理论的预言而不是第二个理论的预言将与实在符合。

---

① 事实上，这就是当他们为了能够描述毛细现象的定律，通过引入分子引力的观念使牛顿引力的公式变复杂时，他们所做的事情。

290 说实在的，这些预言在一千年或一万年的时间流逝中都完全一致，但是数学家告诫我们，由此得出这种一致将永远持续下去的结论也许是轻率的，他们用具体例子向我们表明，达种不合法的外推法能够把我们导向什么错误。[①] 如果我们要求我们的两个天体力学体系向我们描述一千万年末的天体的状态，那么这两个理论的预言将会尤其不一致；它们中的一个可能告诉我们，行星在那时还会描绘与它们现在描绘的轨道几乎没有什么不同的轨道；然而，另一个可能十分充分地宣称，太阳系的所有天体那时将给合成单一的质量，要不然它们将相互在空间中以极大的距离散开。[②] 在这两个预测中，一个宣布太阳系的稳定性而另一个宣布它的不稳定性，我们将相信哪一个呢？无疑地，是相信将最充分适合我们的超科学的先入之见和偏好的预测；但是肯定地，物理科学的逻辑将不会向我们提供任何充分令人信服的论据捍卫我们的选择而抵御进攻的派别，也不会把它强加于他。

对于任何长期的预言来说，情况就是如此。我们有一门热力学，它十分充分地描述大量的实验事实，它告诉我们孤立系统的熵永恒地增加。我们可以毫无困难地构造一门新热力学，它像旧热力学一样充分地描述直到现在已知的实验定律，它的预言在一万年都与旧热力学的预言一致；可是，这门新热力学可以告诉我们，

① 参见上面的第二编第三章，尤其是该章的第 3 节。

② 在牛顿引力和毛细作用引力的同时作用下，行星的轨道与同一天体仅仅经受牛顿引力的轨道相比，也许在一万年期间不会十分明显地显示任何可觉察的程度上的差异；可是，我们能够毫不荒谬地假定，在一亿年期间积累的毛细作用引力的效应也许可以可估量地扰动行星脱离唯有牛顿引力能够使它遵循的轨道。

宇宙的熵在一亿年期间增加之后，将在新的一亿年期间减少，以便在永恒的循环中再次增加。

就其真正的本性而言，实验科学不能预言世界的终结以及断言它的永恒的活动。只有对它的范围的严重误解才会要求它证明我们信仰肯定的教义。

形而上学家应该懂得物理学理论，以便在他的思辨中不非法地使用它

291

于是，在这里你拥有既不是信仰者的理论，也不是非信仰者的理论，而纯粹只不过是物理学家的理论的理论物理学；它极其适合于分类实验家研究的定律，而无能力反对任何无论形而上学的还是宗教教义的断言，同样也无能力给任何这样的断言以有效的支持。当理论家侵入形而上学或宗教教义的领地，无论他打算进攻它们还是希望捍卫它们，他在他自已领域中如此成功地使用的武器，在他的手中依然是无用的和没有力量的；锻造这一武器的实证科学的逻辑精确地标出前沿，超出这一前沿，这种逻辑给予它的硬度就会变钝，它的切割能力便会丧失。

但是，从健全的逻辑并未授予物理学理论以任何确认或使形而上学命题无效的能力的事实，可以得出给予形而上学家以怀疑物理学理论的权力吗？可以得出他在丝毫不关心物理学家用来成功地描述和分类实验定律集合的数学公式集合的情况下，能够寻求构造他的宇宙论体系吗？我们不相信会如此；我们将力图表明，在物理学理论和自然哲学之间存在着关联；我们将力图表明，这种

关联正好在什么地方。

但是首先,为了避免任何误解,让我们做点评论。形而上学家必须考虑物理学家的陈述吗?这个问题绝对只适用于物理学理论。该问题不适用于实验事实或实验定律,因为答案不能是可疑的;很清楚,自然哲学必须考虑这些事实和这些定律。

事实上,陈述这些事实和阐明这些定律的命题具有客观含义,而纯粹的理论命题则不具有客观含义。于是,前者可以与构成宇宙论体系的命题一致或不一致;这个体系的作者既没有权利不关心这种给他的直觉带来有价值的确认的一致,也没有权利不关心这种超出要求谴责他的学说的不一致。

292 当所考虑的事实是日常经验的事实时,当所对准的定律是常识的定律时,[①]这种一致或不一致的判断一般来说是容易的,因为把握在这样的事实或这样的定律中什么是客观的,不必是职业物理学家。

另一方面,当这种判断达到科学事实或科学定律,它就变得无限微妙和棘手了。事实上,一般而言,阐述这个事实或定律的命题是赋予客观含义的实验观察和没有任何客观含义的理论诠释即纯粹符号的密切混合物。对于形而上学家来说,必须分离这种混合物,以便得到尽可能纯粹的、形成它的两个要素中的头一个;确实,只有在这个要素中,只有在这个观察要素中,他的体系才能够找到确认或陷入矛盾。

例如,假定它是关于光干涉现象的实验的问题。这样的实验

① 参见上面的第二编第四章和第五章。

的报告包含与光的客观特征确实有关的陈述，例如某个断言：似乎恒定的照明实际上是从一个时刻到下一个时刻以周期的方式十分急剧地变化的性质的表现。但是，这些断言正是通过通常表达它们的语言密切地和与光学理论有关的假设结合在一起。为了表达它们，物理学家谈论弹性以太的振动或电介质以太的可变极性；现在，我们不必立即把完备的和完全客观的实在或归属于弹性以太的振动，或归属于电介质以太的极化，因为它们实际上是理论设想的符号的建构，为的是概述和分类光学的实验定律。

在这里，你有形而上学家为什么不应该忽视物理学理论的研究的第一个理由。他必须懂得物理学理论，以便能够在实验报告中把从理论出发的且仅具有描述工具或记号价值的东西与构成实验事实的实在内容或客观素材的东西区别开来。

让我们不要向前再走，不要进而设想，对理论完全肤浅的了解对那种意图来说也许是足够的。在物理学实验报告中十分经常的是，实在的和客观的素材和纯粹理论的和符号的形式以如此密切和复杂的方式相互渗透，以致具有明晰而严格的程序的几何学心 293 智——太单纯和僵硬了，无论如何没有敏锐的洞察力——可能不足以分离它们。在这里，我们需要具有敏感性的敏锐心智的暗示的和较宽松的方法；唯有它通过在这种素材和这种形式之间滑动，才能区分它们；唯有它才能够猜测，后者是理论纯粹虚构的结构，对形而上学家没有任何价值，而前者富有客观真理，适合于教育宇宙论家。

现在，敏锐心智在这里像在其他各个地方一样，也被长期的实践砥砺了；正是通过深刻而详尽的理论研究，人们才能够获得这样一类眼光:多亏这种眼光,人们将在物理学实验中分辨什么是理论符号;多亏这种眼光,人们将能够把这个没有哲学价值的形式与哲学家应该考虑的真正的经验教导分开。

因此,形而上学家有必要具备十分精密的物理学理论的知识,为的是当它越过它自己的领域的边界而打算渗透到宇宙论的领地时,他能够毫无错误地辨认它;凭借这种精密的知识,他将有资格使理论停止前进,并提醒它,它既不能从他的援助中获益,也不能反对他的异议。如果形而上学家希望肯定物理学理论将对他的思辨不施加任何不合逻辑的影响的话,他就必须深刻地研究它。

物理学理论让自然分类作为它的限定形式

还有其他更为严肃的理由,使物理学理论的教导本身不能不引起形而上学家的注意。

科学方法本身并未携带它的充分的和完整的正当理由;它仅仅通过它的原则不能说明所有这些原理。因此,我们不应该感到惊讶:理论物理学依赖于只能通过外在于物理学的理由认可的公设。

在若干这些公设中,有如下一个公设:物理学理论必须力图用单一的体系描述整个自然定律群,该体系的所有部分在逻辑上是彼此相容的。

如果我们把自己局限于仅仅乞灵纯粹逻辑,即容许我们决定物理学理论的目标和结构的那种逻辑的根据,那么就不可能为这个公设辩护；[①]就不可能谴责想要宣称用几个逻辑上不相容的理论或者描述各种实验定律的集合，甚或描述单一的定律群的物理学家；能够要求他的一切是，不要把不相容的理论混为一谈，也就是说，不要把从这些理论之一中得到的大前提与另一个理论提供的小前提结合起来。

这个结论，即物理学家有权利发展逻辑上不连贯的理论，实际上是分析物理学方法而不求助于这种方法之外的任何原则的人所达到的结论。在他们看来，理论的描述只是方便的概要，只是人为的技巧，其目的在于促进发现工作。当工人发现根本不同的工具中的每一个充分适合于某一项任务却不充分适合于另一项工作时，我们为什么要禁止他相继使用它们呢？

然而，这个结论大大震撼大量为物理学的进步而奋斗的人；他们中的一些人希望在这种对理论统一的蔑视中，看到信仰者想要以牺牲科学为代价而抬高教义的偏见；要支持这一见解，可以注意一下聚集在爱德华·勒卢阿周围的杰出的基督教哲学家明星，他们欣然认为物理学理论只不过是处方。在如此推理时，太经常忘记的是，昂利·彭加勒第一个以正式的方式宣布和教导，物理学家能够像他们认为是最好的那样，相继使用这么多的它们本身之间不相容的理论；我不知道，昂利·彭加勒共同具有爱德华·勒卢阿的宗教信仰。

可以肯定，昂利·彭加勒以及爱德华·勒卢阿受到维护他们立场的物理学方法的逻辑分析的充分认可；同样可以肯定，这种具

---

① 参见上面的第一编第四章第十节。

有怀疑论暗示的学说震撼大多数为物理学的进展正在工作的人。虽然对他们使用程序的纯逻辑研究并没有向他们提供任何令人信服的论据以支持他们观看事物的方式,但是他们感到,这一方式是正确的方式;他们直觉到,逻辑统一作为物理学理论不断趋向的理想强加于它;他们感到,在这种理论中,任何逻辑的缺乏,任何不融贯,都是瑕疵,科学的进步应该逐渐地远离这种瑕疵。

295

这种确信基本上被捍卫理论的逻辑融贯权利的人所分享。在他们之中,有个别片刻犹豫地偏爱严格协调的理论而非一大堆势不两立的理论,为了批判对手而不力求在他身上发现谬误和矛盾的人吗? 因此,他们并没有全心全意地宣布逻辑融贯的权利;像一切物理学家一样,他们认为能够借助单一的、逻辑协调的体系描述所有实验定律的物理学理论是理想的理论;如果他们倾向于抑制他们对这一理想的渴望,那么这唯一地是因为他们相信它无法实现,因为他们对达到它感到绝望。

现在,认为这一理想是乌托邦正确吗? 回答这个问题轮到物理学史;正是物理学史有责任告诉我们,自从物理学呈现科学的形式以来,人们是否徒劳地耗尽气力把实验家发现的无数定律结合到一个协调的体系中;要不然,在另一方面,这些努力是否通过缓慢而连续的进步,力求把起初是孤立的理论片段融合在一起,以便产生日益统一的和更为充分的理论。对我们的心智而言,当我们再追溯物理学学说的进化时,这是我们应当汲取的重大训诫,阿贝尔·莱伊十分清楚地看到,这是我们在研究过去的理论时找到的主要训诫。

当这样提出问题时,历史给我们什么答案呢? 这个答案的意义是毋庸置疑的，这里是莱伊先生对它的诠释："物理学理论绝不是以歧异的和矛盾的假设的集合呈现给我们。相反地，如果我们全神贯注地追踪它的变化，那么它提供给我们的是**连续的发展和真正的进化**。当科学的领域扩大时，在科学中的给定时期似乎是充分的理论作为一个整体并未崩溃。由于它恰当地说明若干事实，它对这些事实依然继续有效。只是它对新事实来说不再如此了；**它未被毁坏；它变得不充分了**。为什么？因为我们的心智除了探求简单的东西之外不能把握复杂的东西，除了探求较少普遍的东西之外不能把握更为普遍的东西。因此，为了在十分复杂的细节中不错过隐蔽的事物的精确关系，心智忽略了某些样式，限制了探索条件，并减小了观察和实验的领域。科学发现——当我们实际知道如何理解它时——只是逐渐地扩大这个领域，逐渐解除某 296 些限制，并复兴起初判断为可以忽略的考虑。"

差异融合到一个愈益综合和愈益完美的统一体中，这是概括物理学说整个历史的伟大事实。在这个历史中向我们显示出其规律的这种进化为什么竟然会突然停止呢？我们今天在物理学理论的各个分支中注意到的差异为什么在明天不应该融合为和谐的一致呢？就不能医治的缺陷而论，我们自己为什么要顺从它们呢？当实际建构的体系从一个世纪到另一个世纪越来越接近完备统一的和逻辑完美的理论的理想时，我们为什么要放弃这个理想呢？

于是，物理学家在自身中发现对于这样的物理学理论的不可抑制的渴望，它们能够借助具有完美的逻辑统一的体系描述所有实验定律；当他向实验方法的精密分析询问物理学理论的作用是什么时，他在其中没有发现任何能为这种渴望辩护的东西。历史向他表明，这种渴望像科学本身一样古老，相继的物理学体系一天一天地越来越充分地实现这一欲求。但是，物理科学借以做出进步的程序的研究，并没有向他揭示这一进化的完整的基本原则。因此，引导物理学理论发展的趋势对于物理学家来说不是完全可以理解的，如果他希望仅仅是一个物理学家的话。

即使他希望仅仅是一个物理学家，即使他作为一位不妥协的实证论者认为不能用适合于实证科学的方法决定的一切都是不可知的，他也将注意这一强有力地激励他自己的研究的趋势，因为它指导所有时代的实证科学；但是，他将不寻找它的来源，因为他信赖的唯一发现方法将不能向他揭示它。

另一方面，如果他服从于对极端的实证论要求极为反感的人类心智的本性，那么他将想了解推动他前进的东西的理由或说明；他将突破阻挡物理学程序的无用之墙，他将断言这些程序没有正当理由；它将是形而上学的。

不管强加于物理学家习惯使用的方法上的几乎被迫的约束，他将要做出的形而上学断言是什么呢？他将断定，在可观察的资料即他的方法可以达到的唯一资料下面，存在其本质不能用这些相同的方法把握的隐藏的实在，这些实在以物理科学不能直接凝视的某种秩序排列起来。但是，他将注意到，物理学理论通过它的相继进展趋向于按越来越类似于超验的秩序排列实验定律，实在就是依照这种秩序被分类的；其结果，物理学理论逐渐进展到它的限定形式即**自然分类**形式；最后，逻辑统一是一个特征，没有这个特征，物理学理论不能自称具有自然分类的地位。

于是，物理学家被导致超过实验科学的逻辑分析授予他的权力,并用下述断言为理论朝着逻辑统一的倾向辩护:物理学理论的理想形式是实验定律的自然分类。另一类考虑也敦促他阐述这一断言。

能够十分经常地从物理学理论演绎的不是描述已观察的定律,而是描述可能观察的定律的陈述。如果我们把这一陈述与实验结果加以比较,那么后者将与前者一致在这里有什么机遇呢?

如果物理学理论无非是物理学家操作程序的分析揭示的东西,那么就没有一种机遇从理论上预言与事实一致的定律。对渴望冒险的物理学家来说,从该理论的原理演绎的陈述并非是不受他的习惯方法检验的东西,恰恰就像它被偶然地阐述一样;这位物理学家将期望早点发现这个预测被观察反驳,正像期望早点看到它被它确认一样;严格的逻辑可以正式不承认任何关于把这个陈述交付的实验检验的预想观念和任何对于这一检验成功的预期的确信。确实,对逻辑来说,物理学理论仅仅是我们理解力的自由判决为了分类已知的实验定律而创造的体系。当我们在这个理论中偶然碰到空虚的分隔空间时,我们能够由此得出结论说客观地存在为充满这个分隔空间定做的实验定律吗?我们曾嘲笑没有为白色的海洋贝壳准备抽屉,从而推断在世界上不存在白色的海洋贝壳的收集者;如果从他的贝类学者在标本柜中为蓝的但还空着的颜色保留抽屉这一存在中,他开始断言自然界拥有注定充满空抽屉的蓝色的海洋贝壳,这会少一些愚蠢可笑吗? 298

现在,当最终把理论预言的定律与事实比较时,我们能够在什么样的物理学家中间遇见甚至对检验的结果以及对这个结果的意义缺乏任何预言完全漠不关心的人呢?物理学家十分清楚地了解，严格的逻辑绝对容许他对此漠不关心，它未认可理论预言和事实一致的希望；不管怎样，他等候这种一致，期待它，并认为它比反驳更为可能。经受检验的理论越完美，他归之于它的可能性同样也就越大；当他确信许多实验定律在其中找到满意描述的理论时，这种可能性对他来说似乎接近于确定性。

支配实验方法运用的法则中没有一个为理论预知的这种确信辩护，可是这种确信在我们看来似乎不是荒谬的。如果我们隐匿谴责它的预设的某种意图，那么物理学史确实不会花费很长时间迫使我们修正我们的判断；事实上，它能引证无数的事项表明，实验在直至最小的细节上都确认理论的最惊人的预言。

于是，物理学家在不使自己成为笑柄的情况下断言，因为它的理论要求某一定律的实在性，所以实验将揭示这个定律；相反地，如果在贝类学者的专用于各种色谱的标本抽屉中仅仅空虚的分隔空间的存在就导致他得出结论说，在海洋中不存在蓝色的贝壳，那么他便会是愚蠢可笑的；物理学家为什么能够那样做而贝类学者却不能呢？显而易见，因为这位收集者的分类是纯粹任意的体系，没有考虑各种各样的软体动物群之间的实在的亲缘关系，而在物理学家的理论中，存在着某种类似于本体论秩序的明显反映的东西。

因此，凡事都敦促物理学家假定如下的断言：就物理学理论做出进步来说，它变得越来越类似于作为它的理想结局的自然分类。物理学方法无力证明这一断言是有正当理由的，但是倘若不是这样，指引物理学发展的趋势便会始终是不可理解的。因此，为了找到确立它的合法性的资格，物理学理论不得不向形而上学要求它。

宇宙论和物理学理论之间存在类似

299

作为实证方法奴隶的物理学家像洞穴中的囚犯[1]一样，供他使用的知识只容许他看见面对他的洞壁上一系列的影像；但是，他猜测，这个其轮廓是阴影的影像的理论只是一系列确实的人物的映像，他断言在他不能到达的墙那边存在这些不可见的人物。

物理学家也如此断言，他为了构成物理学理论而用来排列数学符号的秩序，是无生命的事物据以被分类的本体论秩序的越来越清楚的反映。他断言其存在的这一秩序的本性是什么呢？通过什么种类的亲缘关系，处在他的观察之下的对象的本质相互接近呢？这是不容许他回答的问题。在断言物理学理论倾向于与物理世界的实在按其排列的秩序一致的自然分类的情况下，他已经越出他的方法能够合法地运用的领域的界线；这种方法不能揭示这一秩序的本性或告诉它是什么的理由还要多得多。弄清这一秩序的本性正好是定义宇宙论；向我们展示它就是阐述宇宙论的体系；在两种情况下，正在做的工作不是对物理学家来说必不可少，而是对形而上学家来说必不可少。

当物理学家用发展他的理论的方法着手证明某一宇宙论命题为真或为假时，它是无能为力的；以宇宙论的命题为一方，以理论物理学的定理为另一方，二者从来也不是与相同的术语有关的判断；由于是根本异质的，它们既不彼此一致，也不相互矛盾。

---

① 参见 Plato，*Republic*，Book Ⅶ.

由此可得,物理学理论的知识对为宇宙论的进步而工作的任何人来说是无用的吗?这是我们现在应该乐于审查的问题。

首先,让我们真正厘清这个问题的精确意义。

我们不去询问,宇宙论家是否在不受损害的情况下能够对物理学一无所知;这个问题的答案太明显了,因为十分明白,没有任何物理学知识,就不能合情合理地建构宇宙论体系。

300 宇宙论家和物理学家的沉思有共同的起点,即观察揭示的适用于无生命世界的现象的实验定律。只是他们离开起点后所遵循的方向把物理学家的探究与宇宙论家的探究区分开来。前者希望获得他发现的定律的知识,这种知识越来越精确和详尽,而后者分析这些相同的定律,为的是在可能时揭发它们向我们的理性显示出的基本关系。

例如,如果物理学家和宇宙论家同时研究化学结合定律,那么物理学家将希望十分精密地了解,在进入结合的物体的质量中比例是什么,在什么温度和压力条件下反应可以发生,包含多少热。宇宙论家的先入之见将是迥然不同的:观察向他表明,某些物体即结合中的要素至少表面上不再存在了,新物体即化合物出现了;哲学家将力图想象,这种存在模式的变化实际上在于什么。要素在化合物中实际继续存在吗?或者,它们只是潜在地存留在化合物中?他希望回答的问题是这样的。

物理学家将用他的众多的和精确的实验决定的细节对哲学家来说都是有用的吗?无疑不是;为满足细节的精确性的欲求而做出发现之后,这些细节的大多数在其他需要引发的探究中将依然是无用的。但是,所有这些细节对宇宙论家而言将是无效的吗?

如果情况如此，如果某些事实无助于启发使哲学家专注的某一问题的答案，那才是奇怪的。例如，当后者试图在化合物中看穿神秘地向他隐蔽的要素的实在状态时，他难道在他解答的尝试中一点也不应考虑实验室工作获得的某些精确的细节吗？实验室分析证明，我们总是能够在丝毫不损失或获得物质的情况下，从化合物中得到参与形成它的要素，这些分析难道没有为宇宙论家力图构造的学说提供在它的严格性和可靠性方面有价值的基础吗？

于是，毫无疑问，物理学知识对于宇宙论家来说能够是有用的，甚至是不可或缺的。但是，物理科学是由两类要素密切混合构成的：其一是判断的集合，它的主题是客观实在；其二是记号的体系，它有助于把这些判断变换为数学命题。第一类要素代表观察的份额，第二类要素代表理论的贡献。现在，如果这两类要素中的第一个对宇宙论家是明显有用的，那么似乎很可能，第二个对他是无用的，他必须了解它，只是为了不把它与第一个混淆起来，从来也不过早地依赖它的帮助。 301

如果物理学理论仅仅是为了按照完全人为的秩序排列我们的知识而任意创造的符号体系，如果它在实验定律之间确立的分类与分别统一无生命世界的实在的亲缘关系毫无共同之处，那么上述结论肯定总是正确的。

如果物理学理论以实验定律的自然分类作为它的限定形式，那么情况就完全不同了。在这种自然分类或达到它的最高完美程度之后的物理学理论与已完成的宇宙论能够用来排列物质世界的实在的秩序之间，总是存在十分精密的对应；因此，以物理学理论为一方，以宇宙论为另一方，二者在它们的完美形式上越彼此接近，这两种学说的类似也应该越明确、越详尽。

这样一来，物理学理论从来也不能证明或反驳宇宙论的断言，因为构成这些学说之一的命题永远不能与形成另一个学说的命题负荷在相同的术语上，在两个与相同的术语无关的命题之间，既不能够一致也不能够矛盾。然而，在与不同本性的术语有关的两个命题之间，无论如何有可能存在**类似**，正是这样的类似，应该把宇宙论和理论物理学关联起来。

正是由于这种类似，理论物理学的体系才能够最终对宇宙论的进步有所帮助。这种类似可以启发哲学家提出整个诠释群；它的明晰的和确实的存在能够增强思想者对于某一宇宙论学说的确信，它的不存在促使他防范另外的学说。

这一诉诸类似(analogy)在许多案例中形成研究或检验的宝贵工具，但是不夸大它的功能才是可取的；如果在这一点上讲词语“用类比(analogy)证明”的话，那么就完全可以精确地决定它们的意义，而不把这样的证明与真正的逻辑论证混为一谈。类似与其说是被推断的，还不如说是被感觉的；它并不是以矛盾律的全部分量把它自己强加于心智。在一个思想者看到类似之处，另一个通过术语之间的对照留下更强烈的印象，而不是通过它们的相似(resemblance)加以比较的思想者十分可能看到对立。为了使后者把他的否定变为肯定，前者不能利用三段论的不可抗拒的力量；他用他的论据能够做的一切就是把他的对手的注意力吸引到他判断是重要的相似(similarity)，并使他离开他认为是微不足道的歧异。他能够希望劝服他正与之争论的人，但是他不能宣称使他信服。

302

另外的考虑的秩序也有助于限制从与物理学理论的类比中得

到的宇宙论中的证据之范围。

我们说过，在无生命世界的形而上学说明和达到自然分类状态的完美的物理学理论之间，应该存在类似。但是，我们并不具有这种完美的理论，人类将永远不具有它；我们具有的和人类将总是具有的东西，是不完美的和暂定的理论，这种理论通过人类无数的摸索、踌躇和悔悟，才缓慢地进展到也许是自然分类的理想形式。因此，为了支持两种学说的类似，我们必须和宇宙论比较的，不是像我们所拥有的物理学理论，而是理想的物理学理论。现在，对于只知道什么存在的人来说，要知道什么应该存在是何等困难啊！当他说**这个**学说最终以理论体系确立起来，并且将在时间的进程中依然是不可动摇的，而**那个**学说却是易脆的和易变的，并且将被下一批新发现裹挟而去时，他的断言是多么可疑、多么有待于斟酌啊！当然，在这样的事情上，我们不必为听到物理学家宣布大相径庭的见解而惊讶；为了在这些见解之间选择，我们不必要求断然的理由，而必须满足于敏感的心智将暗示的不可分析的本能的判断，而几何学心智将宣告它自己不能为它们辩护。

我们相信，这几点评论足以向宇宙论家建议，他们要极其谨慎地运用他所信奉的学说和物理学理论之间的类比；他永远也不应该忘记，他最清楚地看见的类似可能在其他人看来模糊到这样的程度，他们可能甚至没有瞥见到它。他尤其应该担忧，在支持他提出的说明中使用的类似仅仅把这个说明与某个暂时的和摇晃的理论脚手架关联在一起，而不是与物理学的确定的和不可摇撼的部分关联在一起。最后，他应该记住，任何以如此难以判断的类似为基础的论据，都是无限脆弱的和娇嫩的论据，实际上不能驳倒直接

303

论证可以证明的东西。

于是，在这里有两点我们可以作为获得物而采纳：宇宙论家在他的推理过程中可以使用物理学理论和自然哲学之间的类似；他只是应该极其谨慎地使用这种类比。在哲学家可以把他的宇宙论与物理学理论做过多的类比之前，他应该采取的第一个预防办法是，要逐渐十分准确地和细致地了解这个理论。如果他仅仅模糊而肤浅地了解它，他将听任他自己被细节的相似、偶然的姻缘关系，甚至被他将作为实在的和深刻的类似的指示看待的词语的部分相似欺骗。只有能够看穿理论物理学的最隐蔽的秘密和揭露它的最深处的根基的科学，才能够促使他警惕这些强词夺理的错误。

对于宇宙论家来说，十分准确地了解目前的理论物理学学说还是不够的；他也必须获悉过去的学说。事实上，宇宙论应该与之类似的不是目前的理论，而是目前的理论经过连续进步趋向的理想理论。于是，通过把科学冻结在它的进化的一个精确时刻而比较今日的物理学与他的宇宙论，这不是哲学家的任务，恰当地讲，他的任务在于判断理论的趋势并猜测它指向的鹄的。此刻，若不知道物理学已经走过的道路，那就没有什么东西能够指导他保险地推测它将要采取的路线。如果我们在某一瞬间瞥见室内网球手击球的一个孤立的位置，那么我们不能猜测他对准的目标……；但是，如果我们的眼光从他的手伸出击球的时刻就跟踪球，那么我们的想象在延长轨线时便预先标明将被击中的点。因此，物理学史允许我们猜想科学进步趋向的理想理论，即将是宇宙论的一种反映的自然分类的几个特征。

例如，考虑某人在公元一九○五年采纳我们正好具有的物理学理论，该理论是大多数教它的人介绍的。任何一个愿意仔细倾听班级谈论和实验室闲聊而不回顾或关心通常所教的东西的人，304 都会听到物理学家在他们的理论中不断地使用分子、原子和电子，计数这些小物体，决定它们的大小、质量和电荷。由于几乎普遍赞同这些理论，由于它们激起的热情，由于它们激励的发现或为发现做出的贡献，它们无疑会被看做是预示注定在未来获胜的理论的先驱者。他也许判断，它们揭示物理学将在每一天更加相似的理想形式的第一个草案；由于这些理论和原子论者的宇宙论的类似给他留下如此明显的印象，他会得到对这种宇宙论的显著赞同的推断。

如果他不满足于通过片刻的闲聊了解物理学，如果他深入地研究它的所有分支——不仅是正在流行的分支，而且也是不公正的忘却听任忽略的分支——尤其是历史研究通过回忆过去世纪的错误促使他警惕对目前时代的无根据的夸张，那么他的判断将是多么不同啊！

好啦，他将看到，以原子论为基础的说明尝试长时期以来一直伴随物理学理论；而在物理学理论中，他将辨认出抽象能力产生的成果，这些说明的尝试将作为心智的成就出现在他面前，心智希望设想应该被纯粹构想的东西；他将看到，这些尝试不断地再生，但却不断地失败；每当实验家的幸运的果敢行为将发现新的实验定律的集合时，他将看到原子论者以狂热的草率行为占据这个刚刚探索的领域，并构造近似描述这些新发现的机械论。再者，随着实验家的发现变得愈益众多和详尽，他将看到原子论者的组合变得复杂、混乱、因任意的杂乱无章而过载，然而却没有成功地对新定律提出精确的解释，或把它们与旧定律牢固地关联起来；在这一时期，他将看到，通过辛勤劳动而成熟起来的抽象理论占据实验家探索的新土地，组织这些征服地，把它们添加到它的旧领地，并完美地协调它们的统一的帝国。对他来说似乎很清楚，宣布对永恒的新颖开端不适用的原子论的物理学经过连续的进展并未趋向物理学理论的理想形式；相反地，当他思索从经院哲学到伽利略和笛卡儿，从惠更斯、莱布尼兹和牛顿到达朗伯(D'Alembert)、欧拉、拉普拉斯和拉格朗日，从萨迪·卡诺和克劳修到吉布斯和亥姆霍兹的所经历的抽象理论时，他将推测这一理想逐渐会完全实现。

305

论物理学理论和亚里士多德的宇宙论之间的类似

在进一步前进之前，让我们概述一下我们上面得到的东西：

在物理学理论和宇宙论缓慢走向的理想形式之间，应该存在类似。这个断言绝不是实证方法的推论；尽管它被强加于物理学家，但它本质上是形而上学的断言。

我们判断在物理学理论和形而上学学说之间存在或多或少广泛的类似，而我们借以判断的智力程序截然不同于借以展开可信的论证的方法；它们并未把自己强加于人。

这种类似不应把自然哲学与物理学理论的目前状态关联起来，而应把自然哲学与物理学理论趋向的理想形式关联起来。现在，这种理想状态并未以明确的和无可争辩的方式给出；它是以无限微妙的和易变的直觉提示给我们的，而类比则受对理论及其历史的深刻知识的指导。

哲学家能够从物理学理论得到的信息种类既不支持，也不反对宇宙论学说，因此它们几乎没有勾勒什么迹象；他要是把它们视为某种科学论证，并为看到它们被讨论和被争辩而感到惊讶的话，他也许是十分愚蠢可笑的！

在如此确定地肯定物理学理论和宇宙论的论证之间的比较多么不同于严格意义上的论证之后，在指出它为踌躇和怀疑留下充足的余地之后，将容许我们表明，物理学理论的目前形式在我们看来好像趋向于理想形式，宇宙论学说在我们看来似乎与这个理论具有最强烈的类似。我们没有强调，这种表明是以属于物理科学的实证方法的名义给出的；在我们讲了那些话之后，显然十分清楚，它超出这种方法的范围，这种方法既不能确认也不能反驳它。在这样做时，在由此洞察属于形而上学的领域时，我们知道在我们背后为物理学留下领地；我们知道物理学家在与我们同行通过后者的领地后，可能十分彻底地拒绝跟随我们进入形而上学的地域，尽管这并不违反在逻辑上强加的法则。 306

在科学人不等地偏爱的、现在涉及物理学理论的各种方式中，哪一个是包含着理想理论的胚芽的方式呢？哪一个方式通过它用来排列实验定律的秩序已经向我们提供某种像自然分类的草图一样的东西呢？我们十分经常地说过，按照我们的看法，这个理论就是所谓的广义热力学理论。

这一判断是通过对物理学目前状况的沉思，通过由实验家发现和使之精确的定律构成的广义热力学而形成的和谐整体向我们口授的；它尤其是通过导致物理学理论达到它的目前状况的进化的历史向我们口授的。

物理学借以进化的运动实际上可以分解为两个另外的不断相互叠加的运动。一个运动是一系列永恒的变化,其中一些理论出现了,在一段时间统治科学,然后崩溃,从而被另一种理论取代。另一个运动是连续的进步,我们通过这种进步看到,在一整段时期不断创造出愈益丰富和愈益精确的、实验向我们揭示的无生命世界的数学描述。

现在,这些短暂的胜利被突然的崩溃紧随,构成这两个运动中的头一个,它们是各种力学物理学体系在相继的角色中,其中包括牛顿物理学以及笛卡儿物理学和原子论物理学,所经历的成功和挫折。另一方面,构成第二个运动的连续进步导致广义热力学;在其中,先前理论的所有合法的和富有成效的倾向都最终会聚起来。显而易见,在我们生活的时代,这对于将把理论导向它的理想目标的向前行进来说是一个起点。

在广义热力学参与物理学理论的地方,存在着可能类似于我们在道路的终点瞥见到的这个理想的宇宙论吗?确实,正像它不是笛卡儿所创造的自然哲学或由牛顿观念激发的博斯科维奇学说一样,它也不是古代的原子论者的宇宙论。相反地,它是广义热力学明白无误地类似的宇宙论。这个宇宙论是亚里士多德的物理学;由于较少被预期,由于热力学的创造者对亚里士多德哲学而言是陌生人的事实,这种类似更为引人注目。

307

广义热力学和亚里士多德学派的物理学之间的类似是由许多特征标志的,这些特征的凸现从一开始就吸引住人们的注意力。

在实物的属性中,亚里士多德的物理学把同等的重要性授予量和质的范畴;现在,广义热力学通过它的数值符号也描述了各种量的大小和各种质的强度。

局部运动对亚里士多德来说只是广义运动的形式之一。而笛卡儿的、原子论的和牛顿的宇宙论一致认为,唯一可能的运动是在空间中的位置变化。请注意,广义热力学在它的公式中处理像温度变动或磁状态或电状态改变这样的变更,一点也没有试图把这些变动还原为局部运动。

亚里士多德的物理学比为其保留运动名称的转变更深刻地认识变化。运动仅达到属性;那些变化即生成和腐坏则渗透在实物本身之中,它们在消灭预先存在的实物的同时,创造新的实物。同样地,在广义热力学的最重要分支之一的化学力学中,我们用化学反应可能创造或消灭的质量描述不同的物体;在化合物物体的质量内,组分的质量只是潜在地继续存在。

这些特征和许多其他的需要花太长时间列举的特征,强烈地把广义热力学与亚里士多德的物理学的基本学说关联起来。

我们说"与亚里士多德的物理学的基本学说",我们现在必须强调这一点。

亚里士多德建立给人深刻印象的纪念碑,它的蓝图为我们保存在他的《物理学》、《论生成和腐坏》、《论天》和《流星》中,此时实验科学还处在它的摇篮时代;在那时,他的注释者诸如阿弗罗狄西亚的亚历山大、西米斯蒂乌斯、辛普利希乌斯、阿威罗伊和无数的经院哲学家,都努力雕凿甚至磨光这个庞大建筑物的最微小的部分。如此大大增加我们认识手段的范围、确定性和精确性的工具并不适用于把握物质实在;人们仅仅拥有他的赤裸裸的感官;可观 308

察的资料到达他，正像它们首次显露给我们的知觉；分析还没有分辨和解开可怕的复杂局面；比较发达的科学必须认为是众多同时的、连锁的现象的结果之事实，最后却被天真地作为自然哲学的简单的和基元的资料来看待。在实验科学中是不完美的、早熟的和幼稚的一切的痕迹，都必然存在于由它产生的宇宙论中。仓促浏览亚里士多德的著作，勉强触及在这些著作中陈述的学说的表面的人，处处都注意到奇怪的观察、不重要的说明、无根据的和过于讲究的讨论，一句话，与今日的物理学形成鲜明对照的古式的、陈腐的、退化的体系，以致要在它们之中辨认出与我们现代物理学的最细微的类似，也仅有十分稀少的可能。

进一步深究的人经历的完全是另外一种印象。在这个保留以前时代死亡的和僵化的学说的表面外壳之下，他发现处于亚里士多德宇宙论的真正核心的深刻思想。剥去掩盖它们和同时约束它们的表皮，这些思想呈现出新的生命和活力；随着它们逐渐地变得有生气，我们看见把它们隐蔽得无踪影的退化的伪装；它们的恢复活力的面容和我们的广义热力学立即呈现出显著的相似。

于是，任何希望辨认亚里士多德的宇宙论与理论物理学的类似的人，今日必须不要停止在这一宇宙论的表面形式上，而必须看穿它的更深刻的意义。

可以引入一个例证，以澄清我们的思想并使之更精确。

我们愿从亚里士多德宇宙论的基本理论之一，从“要素的自然位置”理论，借用这一例证；我们将首先在表面上考虑这一理论，也就是说，从外部考虑它。

在所有物体中，我们总是遇到四种质，即热和冷、干和湿，尽管是在各种不同的程度上遇到。这些质的每一种本质上概括一种要素的特征:火显然是热要素;气显然是冷要素;土显然是干要素;水显然是湿要素。我们周围的所有物体都是混合物;就四种要素火、气、水和土之中的每一种进入混合物的组分的程度而言,它是热或者是冷,是干或者是湿。除这四种能够通过腐坏和生成相互转化的要素之外,还存在着不能腐坏和不能生成的第五种要素;这种本质形成天球和把这些天球的部分浓缩的恒星。 309

每一种要素都具有"自然位置",当它处在这个位置时,它保持静止;但是,当它受到"狂暴"从该位置离开时,它借助"自然运动"重返它。

火基本上是光;它的自然位置是月球天球的凹面;于是,它因自然运动而升起,直到它靠近这个固体的天穹而停止。土是特别重的要素;它的自然运动携带它到世界的中心,这里是它的自然位置。气和水是重的,但是没有土重;此时由于自然运动,较重的倾向于处在较轻的之下;各种要素因此将处在它们的自然位置,这时与宇宙同中心的三个球面把水与土、气与水、火与气分开。当每一种要素处在它的自然位置时,它在那里维持什么呢?当把它从这个位置移开时,什么携带它趋向它呢?是它的实质的形式。为什么?因为每一种存在都倾向于它的完美,而且只有在这个自然位置,它的实质的形式才能获得它的完美。在那里,它最彻底地抵制任何可能使它腐坏的东西;在那里,它以最有利的方式经受天球运动和星际光的影响,在月下物体内的所有生成和所有腐坏的根源的影响。

这一切重的和轻的理论在我们看来是多么幼稚啊!我们辨认

出人的理性试图给下落物体以说明的第一次牙牙学语是何等单纯！在这些天真的宇宙论的牙牙学语和科学在像哥白尼、开普勒、牛顿和拉普拉斯这样的心智的天体力学中达到充分严格性的令人赞美的发达之间，我们如何敢于确立最细微的关联呢？

当然，在今日物理学和自然位置理论之间好像没有类似，如果我们这样看待这一理论，是因为它乍看起来以全部细节构成它的外部形式。但是，让我们现在去掉这些细节，打碎必须把亚里士多德宇宙论注入的陈旧科学的模子；让我们走进这个学说的底部，以便把握作为它的灵魂的形而上学观念。我们在要素的自然位置的理论中发现什么是真正本质的东西呢？

我们在那里发现这样的断言：能够构想宇宙秩序在其中可以是完美的状态，这个状态对世界来说总会是平衡状态，而且总会是稳定平衡状态；离开这个状态，世界会倾向于返回它，所有自然运动，所有在没有任何能动的促动者干预的情况下在物体中产生的自然运动，都是由下述原因产生的：它们的目的都能够是把宇宙导向这一理想的平衡状态，以至这个终极原因同时总能够是它们的有效原因。

310

现在，在这种形而上学的对面，物理学理论站立着，这里是它教导我们的东西：

如果我们构想一个无生命的物体的集合，我们假定使它脱离任何外部物体的影响，那么这个集合的每一个状态对应于它的熵的每一个值；在某一状态中，该集合的这种熵具有比任何其他状态大的值；这一最大熵状态总会是平衡状态，而且总会是稳定平衡状态；在这个孤立系统内产生的所有运动和所有现象都使它的熵增加；因此，它们都倾向于导致这个系统达到平衡状态。

此刻，在还原为它的基本断定的亚里士多德宇宙论和热力学的学说之间，我们如何能够辨认鲜明的类似呢？

我们可以增加这种类型的比较，我相信，它们会认可下述结论：如果我们使亚里士多德的和经院哲学的物理学脱掉披在它身上的陈旧而过时的科学外衣，如果我们在它的严格的和和谐的裸体中显示出这种宇宙论的活生生的肉体，那么我们就会被它与我们现代物理学理论的相似而震撼；我们在这两种学说中辨认出具有相同本体论秩序的两种图像，它们之所以截然不同，因为各自是从不同的观点看待它们的，但是它们绝不是不一致的。

据说，其与亚里士多德和经院哲学的类似如此被明确指出的物理学是信仰者的物理学。为什么？是在亚里士多德的宇宙论和在经院哲学的宇宙论中隐含对天主教教义的必然信奉吗？非信仰者以及信仰者不可以采纳这一学说吗？事实上，它难道未被不信仰宗教者、穆斯林、犹太教徒和异教徒以及教会的忠实追随者教导吗？而且，在哪里存在据说被打上印记的本质是天主教的特征呢？事情在于大量的天主教学者、一些最著名的学者为它的进步而工作这一事实吗？事情在于教皇不久前宣告圣托马斯·阿奎那的哲学以前曾为科学服务而且在将来它还可以为科学服务这一事实吗？由这些事实可以得出非信仰者在不赞同不是他自己的信仰的情况下无法辨认出经院哲学的宇宙论与现代物理学的一致吗？肯定不。这些事实强加的唯一结论是，当人的理性力求发现自然秩序的真理时，天主教会在许多场合曾经有力地有助于、它现在还有助于使这种理性保持在正确的道路上。此刻，什么样的公正而明智的心智会胆敢错误地做出不利于这一断言的证明呢？ 311

物理学理论的价值

关于最近的一本书[①]

自从最古老的思索为我们所知以来，哲学就与关于自然的科学以及关于数和形的科学不可分割地联系在一起。几百年前，这种联系——哲学首次与自然哲学的结合已有数千年之久——看起来好像被减弱到决裂之点。在把日益变得更详尽和更困难、为特殊科学的进展而工作的任务留给数学家和实验家时，哲学家把形而上学、心理学和伦理学的最普遍的观念看做是他的反思的唯一对象；从而，他的思想似乎更容易、更适合上升到聪明人直到那时还无法企及的高度，尽管他们背负如此之多的、与他们的真实而高尚的研究相异的知识分支的重担。

摆脱数学、天文学、物理学、生物学和一切具有非初学者可以理解的复杂技巧和非规范术语的、缓慢进展的科学，哲学家采用易

① 该书是阿贝尔·莱伊的《当代物理学家的物理学理论》(*La Théorie de la Physique chez les physiciens contemporains*,Paris,1907)。我们的这篇文章发表在《纯粹科学和应用科学总评论》(*Revue générale des Science pures et appliquées*),XIX(一九〇八年一月十五日),7-19。

懂的学说的形式，这种形式是大众可以接近的，是在用一切有教养的人都可以理解的雄辩语言阐述它的学说时精巧制作的。

这一被分离的哲学的时尚并未持续很长时间；有远见的心智没有花很长时间就察觉到这种方法的诱人外表几乎未掩盖的错误原则。无疑地，这种哲学似乎是轻装的，而且不同于被科学细节的庞大重量压制的古老智慧，但是如果哲学现在看来以最轻微的努力飞出，那么这并不是因为它的羽翼变得更丰满、更有力；这只是因为它使自身失去它把它的可靠性归因的内容，因为它把自身还原为剥夺质料的空洞形式。

为数众多的人早就惊恐地发出呐喊；十九世纪初尝试的改革危害哲学的真正未来；如果人们不希望看到它退化为冗词赘句——其声音暴露它的空洞无物，那么就必须养育它，在这么长的时间供养它，直到断定不必要时离开它。由于它与特殊科学相距十分遥远，必须用这些科学的学说养育它，以至它可以把它们吸收并同化到它自身之中；它必定值得重新冠以使它这么长时间生色的称号：科学的科学(Scientia Scientarum，science of science)。 313

给予劝告比听从劝告容易。打碎传统是容易的，但重建它却并非易事。在特殊科学和哲学之间挖了一道深渊；先前把这两个大陆联在一起的、在它们之间建立观念的持续交流的海底电缆被弄断了，必须再次接通的两端处于深渊的底部。今后，由于剥夺任何通讯手段，以哲学家为一方和以科学人为另一方的两岸居民，没有条件协调他们向着统一的努力，而所有人都觉得必须统一起来。

不管怎样，双方勇敢的人士承担起这项任务。在那些献身于专门科学的人中间，有几个人尝试以哲学家可能会欣然同意的形式给哲学提供他们详尽探索的最普遍和最基本的结果。某些哲学家在他们一边毫不迟疑地学习数学、物理学和生物学的语言，并且逐渐熟悉各个学科的技巧，以便能够从它们积累的宝库中借用任何可以丰富哲学的东西。

一八九六年，一位哲学研究生、高等师范文学系前学生在巴黎的文学院面前答辩关于《数学的无限》的学位论文；这是一个真正著名的事件，因为库蒂拉特（Couturat）先生至少这样显示哲学关心地重返科学研究以及恢复太长时间抛弃的传统。

在为他的博士学位论文选择当代物理学家中的物理学理论的论题时，阿贝尔·莱伊绷紧了库蒂拉特先生复兴的联系。即使他仅仅做这一件事，他也会值得所有关心哲学未来的人欣赏。

但是，这部著作不仅在这个原因上是有价值的；它之所以有价值，也是由于作者审查的问题的重要性，以及他准备他提出的答案的谨慎小心。

314

一

首先，莱伊先生在这里是如何提出问题的（p. iii）：

“十九世纪的信仰主义的和反理智主义的运动通过使科学变成功利主义的技巧，宣称受到比直到那时已作出的对物理科学的所有分析还要精密、还要深刻的分析的支持。它通过对当代物理学的命题、它的方法和它的理论的公正审查，也许表达了当代物理学的普遍精神，概述了它的必然结论。……”

"要证实这些断言是否有正当理由,是迫使我着手撰写这部著作的指导思想。"

这里是作者希望给予这个问题的答案(p.363):

"是的,科学尤其是物理学具有功利主义的价值,事实上是值得重视的价值。但是,那是它们作为无私利的(disinterested)知识的价值旁边的小事一桩。为前者而牺牲这个方面是忽视物理科学的真正本性。我们甚至可以说,物理科学本身自然而然地仅有知识的价值。"

我们甚至可以更进一步(p.367):"**在该词的严格含义上**,我们只想了解,物理科学将能够获得什么,此外别无其他。在作为物理学的对象的领域内,将不存在其他知识手段。因此,不管物理科学的尺度如何可能是人类的,我们仍将被迫满足于这门科学。"

当代的实用主义断定,物理学理论并不具有作为知识的价值,它们的作用完全是功利主义的,它们经过最终分析仅仅是能使我们在外部世界"成功地"行动的"方便的处方"。为了反击这一断言,我们只需要为下述古老的物理学概念辩护:物理学理论不仅具有实际的功用,而且尤其具有作为物质世界的知识的价值。它不是从另外的方法获得这种价值,而这一另外的方法据说由于在同时应用于相同的对象,能够弥补物理学方法的不足,能够把超越于理论自身本性的价值授予它的理论。物理学方法能够用来研究物理学研究的对象,不存在除物理学方法之外的方法;物理学方法本身竭尽全力为物理学理论辩护;它指明且唯有它指明,这些理论是值得作为知识的东西。

还有陈述的问题和阐明的答案。为了不使争论陷入混乱而增

315 添不确定性，让我们细心地回忆一下，答案并非与整个物理学有关；实验事实在论据之外；除了其评论逃避所有讨论的怀疑论者之外，没有一个人对实验事实的文献价值提出质疑，或者否认它们就外部世界教导我们。唯一的诉讼之点是物理学**理论**的价值。

我们现在知道激励作者撰写他的著作的问题，我们了解他希望达到的目的。他在起点和终点之间将沿着什么道路行进呢？

有一条道路也许是最直接的和最可靠的。它在于逐一权衡和仔细审查代表实用主义的论据，揭露使它们失效和使它们变得不适合为它们打算证明的论题辩护的弱点。

也许可以容许我表示遗憾，作者没有找到通向他乐于遵循这种方法的道路。我们想看到他迎头痛击、直面反对该学说，而不是通过迂回的道路反击它。特别是，我们希望他引用和列举这个学说的倡导者；其名字在他的著作中不时重现的数学家和物理学家不会因在这一群人中存在而受到冒犯；哲学家或纯粹科学人不可能分享爱德华·勒卢阿——仅仅提到他——的所有见解，但是他却通过双方的考验，两个派别都认为他是它们自己的成员。

无论情况如何，让我们不要浪费时间称赞莱伊先生不愿意遵循的直接路线，让我与他一起在他选择的道路上行进；首先，我们请求他指明这条道路(pp. ii-iii)：

"方法只能是在当代物理学家中的探究。在这里，该任务受到下述事实的异常促动：某些物理学家——以及一些十分重要的物理学家——今日在给这个课题以几乎实证论的含义时关心物理学哲学，这种实证论含义是就关于科学包含的重大问题、它的方法和它的过程的普遍的、综合的和批判的观点而言的。"

“于是，我要达到我的目标，在这里依然只是寻求物理学家现在关于他们的科学的本性和结构坚持的见解，并通过下述人员力图介绍它的系统发展：这些人员特别依恋这些问题，在我看来似乎最彻底和最明确地阐明了它们。”

就若干数学家、工程师和物理学家的论著询问，它们的作者关于物理学理论的价值思考了什么；把往往散播和依然不可言传地理解的见解汇集起来并清楚地加以阐述，注意到所有这些见解不管十分经常地把它们分开的深刻差异，都是由会聚到同一命题的共同趋势定向的；最后，谈及这一命题是对物理学理论的信念的断言，而物理学理论的价值是**知识**的价值而不仅仅是实际用处的价值：莱伊先生尽职尽责进行的研究就是这样的，他具有如此之多的才干，以至人们忘记了这必须花费多大气力。 316

但是，这样的研究具有作者赋予它的重要性吗？它易于对所提出的问题给出令人信服的答案吗？首先，必须看到，它是极其不公正的，它不能是另外的样子。当然，要求在这类商讨中提出见解的科学家和学者的数目相对于没有听到的多数人而言是很小的。即使它是比较完备的和详尽无遗的，物理学家的这类**公民投票**还会远离提供证明，因为逻辑中的问题不是由投票的多数解决的。即使最成功地实践物理学的人，其名字因最杰出的发现而卓尔不群的人，在关于他们贡献一生的科学的目的和价值方面，难道不可能甚至严重地受骗吗？当克里斯托弗·哥伦布（Chritopher Columbus）以为他到达印度时，难道他没有发现美洲吗？科学人十分经常地就他们发现的真理的本性创造幻想，这难道不是实用主义格外喜爱的论题之一吗？他的确不同意莫里斯·布隆代尔

(Maurice Blondel)以它的奇特的形式如此强有力地表达的公式："科学不知道它知道的东西，正像它知道它一样。"

而且，莱伊先生十分明确地理解，为了认识物理学理论的真实价值，在这个问题上组织物理学家的公民投票是不够的；他把布满我们实验室的正在工作的多数人撇在一边，而仅仅采纳这样一些人的见解：这些人在某种程序上生活在远离喧闹之处，他们从"远山"的绝顶能够看见向真理发起的攻击的总动向。因此，作者唯一地依附那些在物理学理论的价值方面绝不盲目相信实验家，但却在给这种价值以任何信任前把它交付严厉的批判性审查的人的见解。这就是为什么那些人的见解并非仅仅算做是任何公正的物理学家的声音，这就是为什么他把十分特殊的权重归之于这些见解；这种权重如果不是来自把本能的倾向转变为有理由的确信的逻辑分析，那么它来自何处呢？这就是说，指明逻辑学家关于物理学的见解，注意这一见解有利于作者的论点，还是不够的；也必须审慎地审查有助于为这一见解辩护的一系列演绎，因为后者是具有这一推理所值的价值。莱伊先生并非没有意识到这样的批判的必要性。在他的著作中，后者总是像他可能做到的那样严厉和仔细吗？高兴地欢迎符合作者渴望的结论有时不妨碍他瞥见把这个结论与前提隔开的空隙吗？我们不敢说是如此。

317

二

在收集物理学家的见解，或者恰当地讲收集逻辑家关于物理学的见解之前，莱伊先生把它们加以分类；用以针对每一种见解指定它落入其中的范畴的标志，是由每一种就机械论所采取的态度提供的。

就物质的力学理论而言，三种态度是可能的：敌对的态度，仅仅希望的或批判的态度，赞成的态度。

敌对的态度是概括下述人的特征的态度：首先是麦夸恩·兰金，其次是恩斯特·马赫和W.奥斯特瓦尔德(W. Ostwald)，最后是我自己。

仅仅希望的和批判的态度是昂利·彭加勒的态度。

至于赞成机械论的态度，比较难以找到它的代表人物：这些人在采取这种态度前分析偏爱它而不是任何其他态度的理由，就他们来说，它与其说是本能的和自发的态度，还不如说是有意识的和沉思的态度。"几乎不可能〔p. 233〕在详述机械论的理论时遵循我们追求其他物理学概念的方法。事实上，这些概念是由它们的内行中的这个或那个人以明晰的样式详述的。在分析这些科学家的论著时，可以完备地定义使他们的学派生气勃勃的普遍精神。但是，就机械论来说，它是完全不同的事情。首先，它是比较实际的学说；我们永远也不能够详述它的所有细微差别，即使我们想这样做。然而，这不是令人惊讶的事实，尽管我们知道它的内行的人数。于是，就我所知，没有一个人打算彻底地详述和定义机械论的物理学理论。由于传统的帮助，情况好像是如此自然，以致没有一个人梦想分析它。"

318

可是，即使只是为了以十分清楚的方式使莱伊先生在各种物理学家学派之间所划出的分界线变得精确一些，在这里分析也是必要的。

确切地讲，我意谓的机械论是什么呢？

我们将把它定义为借助按照动力学原理——或者我们希望更精确的话按照拉格朗日方程——运动的系统描述所有物理现象而提出的学说吗？于是，我们将十分精密地知道，我们所谓的机械论的物理学意味着什么，尽管我们能够指出它的两部分。在一部分中，我们承认，相互分开的物体能够彼此施加引力或斥力；这是牛顿、博斯科维奇、拉普拉斯和泊松的机械论的物理学。在另一部分中，我们不承认任何不是两个接触物体之间的约束力的力的；这是海因里希·赫兹的机械论的物理学。

这种十分精密地划定界线的机械论一词的意义，并不是我们在读莱伊先生的著作时必须理解的意义。我们看到，这位作者把像J.J汤姆孙和让·佩兰(Jean Perrin)这样的物理学家也列入到机械论者的行列中；现在，在这些人看来，其运动是体现物理学定律的系统不受动力学方程支配，而受电动力学方程支配；这样的物理学家不是**机械论者**，至少在我们刚刚给予这个词的狭窄含义上不是机械论者；宁可说它们是**电动力学论者**。

因此，情况看来好像是，对莱伊先生来说，机械论一词是在十分宽泛的意义上采用的。无论如何，让我们试图精密地限定它。

如果我们在为数甚多的理论中寻找共同的东西，而且它们是十分不同的，却被莱伊先生在机械论名目之下汇集在一起，那么这就是我们发现的东西：所有这些理论都试图借助固体群描述物理学定律，而这些固体具有我们能够看见和触及、能够用木头或金属塑造的尺度；不管它们是由分子还是原子、由离子还是电子形成，理论家描述其运动的系统不顾它们极小的尺寸，都被构想为类似于宏伟的天文学系统。因此，所有这些思考在下述之点上是相似的：他们希望通过想象，把我们在自然界中观察到的所有性质还原为易于遭受转移的形状和运动的组合。莱伊先生在给他的著作的第四编所取的标题"机械论的继承者：形象的假设"清楚地表明这一点。 319

于是，存在莱伊先生在各种物理学家学派中间建立的具有鲜明特征的分类。请容许我们立即说说：鉴于作者用来进行他的探究的问题，这种分类在我们看来好像不是可以被最合适地采纳的分类。事实上，它似乎能够在这个问题和一个不同的问题之间造成无法摆脱的混乱，尽管后一个问题接近头一个问题，不过本质上与它大相径庭。最初打算要回答的问题如下：物理学理论是作用于自然的工具吗？或者我们应该赋予它们以在它们的实际用处之外的作为知识的价值吗？请不要把这个问题与另一个问题混为一谈：物理学应该是机械论的吗？或者，更精确地讲，请不要把这个问题与下述问题混淆起来：把所有的物理学假设解析为与能够被描绘和被想象的小物体的运动有关的命题，是必要的吗？另一方面，物理学有权利就能够被构想，但却不能还原为能够被勾画和被塑造的系统的运动之性质进行推理吗？

毋庸置疑，科学发展的历史和对物理学家心智的心理学研究，能够使人们在各个学派打算为这两个问题给予的答案之间建立起诸多密切关系，但是同样无可怀疑的是，这两个问题基本上是相互独立的，一个物理学家就它们之一采取的答案绝不是由逻辑的必然性决定他就另一个应该采取的答案。

人们需要指出——清楚得足以使所有人看到——两个问题的

这种独立性的例子吗？

在英国的物理学中，理论仅仅起**模型**的作用，而与实在没有任何关联，有比这种物理学更少要求**知识**，而更明确、更纯粹是功利主义的物理学吗？当昂利·彭加勒正在研究麦克斯韦的著作，并且如此感悟到物理学理论被视为只不过是实验研究的方便工具的著名版面时，首先引诱他的不就是这种物理学吗？在法国针对莱伊先生今日主张的东西而产生的物理学的实用主义批判，不正是这位卓越的巴黎大学教授的响亮序言吗？可是，这种英国的物理学完全是力学的；它独一无二地使用想象的假设。

320 另一方面，在所有物理学学说中，有一种物理学最有力地拒绝把物体的所有性质还原为几何形状和局部运动的组合，它无疑是亚里士多德学派的物理学。可是，它们之中的任何一个坚定地维护实在的科学的名称吗？

因此，在这两个疑问中，我们似乎有两个逻辑上独立的问题：物理学理论具有还是不具有知识的价值？物理学理论应该还是不应该是机械论的？我们坚持这种独立性，因为它容易被莱伊先生的书的读者错过，即使它未被作者遗漏。事实上，莱伊先生似乎认为机械论是这样一种学说，即它的必然结局是绝对相信物理学理论的客观有效性。让我们听他是怎么说的(p. 237)：

“证明物理学的客观性的问题即使在这里也未难住它自己。物理学的客观性是出发点和必要的公设。给予这一点最细微的怀疑，最小的不确定性或最少的偶然份额，那么你便超过机械论。”

他又说(pp. 254-256)：“为保持物理学的客观性我们必须处处解决的重大问题，我们必须艰难地克服的但有时却在答案下依然留下担忧的障碍,就是不得不把弄断后的链环的两端重新连接起来。

"机械论没有意识到这一成见。问题对它来说并不存在,由于它只不过是保持了文艺复兴的传统和伽利略、笛卡儿、培根和霍布斯(Hobbes)的思想。

"机械论把可理解的东西和经验、可思考的和可描述的东西、合理性的和可感知的东西的深刻统一,视为建构的牢固基础。"

现在,假若没有实在的东西和可理解的东西这种深刻的等价性,没有事物和理智的适当性,那么亚里士多德主义的第一公设和最基本的公式,也就是说物理学体系中的最实在论的、最客观的,但同时又是最少机械论的和最定性的东西存在吗?

因此,在我们看来,莱伊先生认为他在机械论和对理论的客观价值之间建立的不可分割的联系似乎是混乱。这种混乱造成其他一些事态。

"机械论断定(pp. 235-241)实验和理论之间的直接的和间接的连续性是一个不可动摇的基础,它的所有其他特征都可以从这个基础演绎出来。……理论完全出自实验,并希望成为客体的摹图。作为它的基础的模型的经验客体给理论以它的原理、它的方向、它的一步一步的发展和它的确认。在理论物理学中,没有不受实验支持、不直接从实验产生和不受实验确认的东西。至少,这是要求,任何假设不管多么冒险和普遍,都将以实验为基础,将本质上是**可证实的假设**。……

"因此,机械论拒绝接受任何仅仅是主观的观点的概括。每一个概括都被认为处在实验的直接的、在某种程度上必然的影响之

321

下。当实验不容许我们做其他事情时,当自然对我们来说几乎普遍化时,我们就必须概括。有效概括并非是想象的危险的虚构,它是自然的外延,当实验本身开始变化时,它便呈现这种自然外延。……

“这些观点从牛顿到贝特洛(Berthelot)没有变化。”莱伊先生想起牛顿关于这个问题的有名陈述:“我不构造假设。”

事实上,他在这里描绘的方法正是牛顿用来结束他的《原理》一书的“总释”所宣布的归纳法。但是,正如我们的作者乐于提出的,这种方法是“机械论的不可动摇的基础”吗?当牛顿详述该方法时,它是作为关于机械论的物理学的某一专论著作的序言吗?完全相反。他陈述了归纳物理学的法则,以便把它们竖起作为这样一些人的障碍,这些人责备他承认万有引力是“隐秘的质”,而不用形状和运动的组合说明它。他拒绝杜撰的假设是关于重量原因的力学假设,它类似于笛卡儿或惠更斯设想的假设;仔细读一下“总释”,将不会对此怀疑;如果你借助惠更斯的通信注意到,牛顿处理物理学所开创的方法在当时的力学家中间,在诸如惠更斯、莱布尼兹、法蒂奥·德·迪伊利埃斯这样的人中间造成什么反感,那么将更不会怀疑;如果你研究一下科茨作为《原理》第二版的序言插入的“总释”的美妙发展,那么将根本不会留下一点怀疑。

几年前,一位过早地沉湎于科学的数学家尽量清楚地重新详述牛顿归纳法的准则。古斯塔夫·罗班声称他遵循这种方法曾经 322 正在构成机械论的物理学吗?根本没有;它是热力学的路线,而任何力学假设都被严格地从热力学中排除出去。

于是,让我们认为,在牛顿宣布的归纳法和物理学的力学概念之间不存在必然的关联是真正的真理。实际上,人们看到机械论者反对这种方法比他们坚持它更为经常。纯粹的归纳法能够受到批判(我们在另外的地方已这样做了);我们能够力求证明它基本上是不可实行的;但是,在任何情况下,都应该把这种批判与对机械论的批判截然区分开来。一个的结果几乎对另一个没有任何影响:拒绝牛顿方法并不意味着机械论的理论的崩溃;采纳前者也未附带担保后者的凯旋。

一种混乱很容易引起另一个混乱;从我们刚才驱除的一种混乱中,出现第二种混乱,我们将轮到力图驱除它:

"在机械论的理论中(p. 251),实验物理学和理论物理学之间的连续性像可以想象的那样完备。甚至不再有区分它们的任何余地:实验和理论相互隐含,并最终等价。"

"我们知道(p. 257),机械论在理论物理学的基础提出的想象要素整体地在于什么。它的真正的名称来自这样的事实:它的要素是力学和作为力学先决条件的科学即数的科学和几何学已经研究的要素,诸如均匀的空间和时间、位移、力、速度、加速度、质量,这些要素都是它打算用来使物理宇宙变得可理解的图像或描述。我们刚刚看到,物理学在三百年间为什么总是以这些十分相同的要素告终,并且仅仅以它们告终。……不存在实验强加于我们的东西之外的知识。正是因为实验使我们求助于直到现在为止的这些要素,因为任何描述或任何感官知觉都听任本身被分解为这些要素并由这些要素出发被重新合成,因为分析和综合能够用它们并且只能用它们来客观地描述,所以我们有权利认为它们是物理学理论的原始要素。"

可以确定，借以构造机械论的理论的观念即图形和运动，都是
323 由实验十分直接地提供的。但是，同样也可以确定，实验恰好直接地向我们提供其他观念，例如明和暗、红和蓝、热和冷。最后，也可以确定，听任它本身自行其是的实验绝对没有在这些观念和先前的观念之间建立关系；实验把最后的观念作为与头一批观念根本不同的和基本异质的东西呈现给我们。

机械论的理论的起点是下述断言：唯有第一类范畴的观念对应于简单的和不可还原的客体；第二类范畴的观念对应于复杂的关系，这些关系可以而且应该被分解为图形和运动的集合。

这样的断言显然超越实验；仅有实验不能赞成或反对这一断言。

为了在这样的命题和实验之间建立对照，需要一种中介物。这种中介物是假设群，它用几何学和力学提供的观念的或多或少复杂组合代替亮、红、蓝、热等观念。在即时的观察资料和机械论理论的陈述之间不存在直接的接触；从一个向另一个的转化只是由十分任意的操作保证的，这样的操作插入原子和分子的群聚并想象振动、路径和碰撞，我们的眼睛在那里仅仅看到或多或少被照明和各种各样被涂色的客体，我们的手在那里仅仅把握或多或少温热的物体。

与像能量学之类的理论相比，这样的理论更不用说未被认可作为实验的直接的和不可避免的继续呈现出来，而在能量学中光依然是光，热依旧是热；能量学的理论坚持把这些质与形状和运动区别开来，因为观察是把它们作为形状和运动之外的东西给予我们的，而且在没有把未在实验上表现出来的还原强加于它们的情

况下，观察把自身限制于借助数值尺度为不同的亮度或不同的温度分等级。

把直接可观察的质与它们被说成可还原成的几何学量和力学量的这种深刻的裂隙，标志机械论的理论具有这样的基本的和明显的特征：机械论的所有对手在其中看到弱点，看到他们必须把他们的攻击对准的盔甲中的欠缺。他们对他们想要消灭的学说的不断谴责是，它不得不把最复杂的动因任意地组合起来，堆积**潜藏的质量**和**潜藏的运动**，以便填充那个张得很大的间隙。当牛顿宣布他的名言："我不构造假设"时，他拒绝承担的恰恰是这个任务。 324

在我看来，似乎应该厘清最后一个混乱；莱伊先生说（p. 379）："抽象的心智被最佳地委派整理已经获得的东西，即充分建立起来的知识；它们以其逻辑的严格性和理性的精密性表达科学。相反地，第二类心智即想象的心智被最佳地委派做出发现；我们把我们获悉的大多数事物正是归功于它们，科学史可以很容易确认这一点。我们立即看到，唯能论的理论一般地是第一类型的心智的工作，并将特别有助于分类和利用已获得的科学。机械论的理论一般地是具有具体举动的心智的工作，并将特别有助于研究和发现。"

于是，能量学的方法基本上总是展示的方法；机械论的方法总是适合于发现的方法。

在那些沉思物理学理论的人当中，这种对照诱惑不止一位思想家。莱伊先生相信，用历史为这一点辩护总是容易的；了解这种对照是否有效的问题确实是历史秩序的问题。我们承认，按照我们的见解，历史经过仔细的和公正的考虑之后会说，这种对照是没有根据的。

并非我们希望坚持认为,机械论的理论从未启示任何发现;用例证驳斥这一主张总是很容易的。除此而外,发现并未听任自己服从绝对的法则。人们基于什么奇怪的和无理的假定能够断言机械论从未产生并将永远不会产生任何发现呢?

我们只是意谓,机械论在过去并没有归因于它的引人注目的多产性。一种幻想被胡言乱语:许许多多的发现都是由牢固地依附机械论理论的原理的物理学家提出的,而且人们立即承认,这些原理启示他们做出他们的伟大发现。专心研究这些物理学家的工作几乎总是表明,这一结论是不可靠的。一般说来,机械论的方法不是揭示真理——它们用真理丰富科学——的方法,而是比较和概括的精神以及机械论学说在其中不起作用的许多思考。说形状325和运动的组合促进发现工作,这距它的真相十分遥远;说这些组合成功地操作能够接纳的体系以及它们不管它们的机械论哲学而发现的可能的真理,这几乎总是具有极大的困难。笛卡儿和惠更斯的工作尽管十分古老,在这里也能作为例证帮助我们,麦克斯韦和开耳芬勋爵最近的工作也是这样。

因此,如果人们希望指明机械论方法优于唯能论方法的长处,那么人们或者应该放弃乞灵于与实验资料的较完美的连续性,或者应该放弃乞灵于激励发现的更大的颖悟。有两个且仅有两个人们能够合法地为之提供案例的长处:

第一,这个长处是任何人无可辩驳的,被假定是原始的和不可还原的、机械论借以构造它的理论的观念是极少几个,比它们在任何唯能论学说中所有的还要少。笛卡儿的机械论只使用形状和运动;原子论承认形状、运动和质量;牛顿动力论仅把力添加到这些观念中。

第二,机械论用以代替经验直接提供的质的小物体的组合,不同于能量学在对这些相同质的强度分级时使用的纯粹数值符号,而前者的结构能够用这些质来描绘和塑造。这是一个对所有心智并非具有同等重要性的长处;抽象的心智几乎不称赞它,但是较多的想象的心智却认为它具有头等的重要性。

用帕斯卡的语言来讲,由于这些十分少数的观念易于为广博的心智而非强劲的心智理解,因此机械论像能量学能够做的那样主张描述物理学定律。这一主张有正当理由吗?这是一个在物理学家中间被争论的事实的问题;不管人们关于物理学理论必须作为知识受到欢迎的价值具有什么见解,都与那个争论毫无关系。

三

接着,让我们把对机械论的这种审查放在一边,达到对莱伊先生的论题来说是基本的问题。

让我们以鲜明地详述这个问题开始,尽管最确实的方式是不误解作者论据的精密含义。

没有人怀疑经验教导我们真理;听任它自行其是,它也许足以积累一个关于宇宙的判断群;这个群会构成经验知识。　326

理论拥有实验发现的真理;它把这些真理转化并组织为一个新学说:理性物理学或理论物理学。

理论物理学和经验知识之间的差异的本性确切地是什么呢?

理论仅仅是这样的人为的结构:它使经验知识的真理更容易把握,从而使我们在作用于外部世界时更果断和更有利地使用它,但是它关于这个世界告诉我们的只不过是实验已经告诉我们的东西吗?

或者相反地,理论告诉我们关于实在的某种东西,而实验却没有告诉我们并且不可能告诉我们实在即超越于纯粹经验知识的某种东西吗?

如果我们必须肯定地回答这个最后的问题,那么我们将能够说,物理学理论是**真的**,它具有**作为知识的价值**。另一方面,如果我们对第一个问题被迫说是,我们也将不得不说,物理学理论不是**真的**,而仅仅是**方便的**。它没有作为知识的价值,而只有**实际的价值**。

为了抄近路穿过这种进退两难的窘境,我们看到,莱伊先生开始在仔细审查物理学理论的科学人中间探询。让我们进而与他一起追踪这一探询。

搜集到的科学人的第一个见解是兰金这样概述的见解(p. 65):"实验提供科学的牢固的和确实的基础,为了构造作为知识的科学,实验使用数学,从而我们可以严格地演绎实验的所有推论,以便以精确的方式预言它们,确保我们在新知识的发现中使用已获得的所有知识。"显然,这些宣言似乎确定地陈述,被数学伴随的理论工作仅仅作为较大的方便是重要的,而没有把知识添加到经验告诉我们的东西之中。

可是(p. 66),我们在兰金那里发现"对他通过他的工作促使其进步的科学的真正热情,以及对于科学获得的结果和使他抱有希望的结果的不可动摇的信任。在英国物理学家的著作中没有怀疑论,甚或没有不可知论的痕迹。物理学的客观有效性尤其是批判"。现在,这种态度奇怪地与批判的审视形成对照,兰金通过这种审视只不过是把功利主义的目的赋予理论数学! 327

现在,让我们聆听一下恩斯特·马赫的观点。马赫十分清晰的学说全部概述在一个原理中,即思维经济原理。这位奥地利科学家以下述词语阐述这个原理:"整个科学的目的在于用尽可能简短的智力操作代替经验。"这就是为什么物理学首先把无数真实的或可能的事实浓缩为单一的定律,为什么在我们称之为理论的东西之中形成众多定律的极其集中的综合。"事实通过思想重构而由它们形成**体系**,以至每一个事实都可以用**最少的智力花费**恢复和重建,这正是以系统的秩序排列所呈现出来的事实的问题〔p. 103〕。"不可能更清楚地陈述,系统化的理论工作并没有自称在任何程度上增加实验施与给我们的真理的数量,但是其目的只是使经验知识更容易被我们吸收和使用。

可是,即使恩斯特·马赫以这样的精巧和自信追求的逻辑批判导致他把理论还原为只不过是经济的工具,几乎是专门的记忆技巧,但是他似乎并不想满足于理论的这种低下的作用。莱伊先生用这些话(p. 105)诠释他的思想:"而且,科学在它的形式发展中对准的物理学知识的一致综合仅仅作为经济的和和谐的协调是不重要的。这种综合不是科学工作的审美花冠。"情况实际上似乎是,当马赫在讲下面的话时,他在其中看到比这一点更多的东西:"恰当的世界概念不能**被给予我们**;我们必须获取它;正是只有让该领域对理智和经验——无论在何处唯有它们应该解决问题——

敞开,我们才能够希望为人类的目的趋近一致的世界概念的理想,而唯有该理想与健全构造的心智的秩序化相容。”

在收集了兰金的见解以及马赫的见解之后,莱伊先生也给我们以把我们的见解包括进来的荣誉,对此我们将不详述,因为我们认为它在那些专页中明白地显示出来。然而,我们将感谢作者费尽心力,他着手整理我们散布在世界四面八方的思想。如果他读了我们关于物理学理论的目的和结构的见解在其中找到它的完备表达的书,而不是仅仅查阅我们试验我们学说的各种文章的话,那么他也许会吝惜他的这些气力。

328

在评论机械论的对手后,莱伊先生向前迈进,并考虑那些坚持对这个学说持纯粹审查态度的人;他让昂利·彭加勒对他们讲话。

莱伊先生以大量的技巧,力求把完美的连续性引进彭加勒先生在不同时间就物理学理论的意义阐明的陈述中。我们担心,这种统一与其说是真实的,还不如说是人为的。对我们来说也许是,在充分理解这些陈述的基础上,人们看到,这位杰出的数学家的见解形成被一条深渊隔开的两个群。首先,它们在形式上看来相互矛盾;但是,这样的态度绝不是不合理的,我们相信,它能够彻底地受到较高的逻辑的辩护,因为我们现在将有机会表明这一点。

对英国物理学家的研究,尤其是对从麦克斯韦以来的物理学家的研究,导致彭加勒先生审查物理学理论赖以建立的原理;这种审查导致他得出他以他的惯有的明晰性阐述的结论:“实验是真理的唯一源泉;唯有它能够告诉我们某种新东西;唯有它能够给我们以确定性。”物理学理论赖以建立的假设“既不为真也不为假”;它们只不过是“方便的约定”。因而，相信它们把无论什么知识添加到纯粹经验的知识中，恐怕是愚蠢的。

昂利·彭加勒以无情的严格性所做的逻辑审视把他逼到下述十分实用主义的结论的角落：理论物理学仅仅是处方的集合。与这个命题针锋相对，他发动了一类革命，他响亮地宣布，物理学理论给我们以不同于纯粹事实知识的某种东西，它导致我们发现事物相互之间的实在关系。

在我们看来似乎是，在十分简缩的摘要中看到的、昂利·彭加勒关于物理学理论的价值的判断的叙述就是这样的。

现在，让我们看看，要经受这一相同的试验，机械论的继承者将要引入什么判断。

莱伊先生如何定义现代机械论的精神，以按照原状反对像笛卡儿、惠更斯、博斯科维奇和拉普拉斯这样的人所声称的教条的机械论的精神呢？

“机械论(p. 225)不再试图给予它的对象以不变的描述。相反地，它基本上是作为研究的方法、发现和进步的方法呈现出来。机械论坚持的一切是使用想象的描述的权利，当然在以更完备的样式向我们揭发自然时，这种描述是可以修改的。……机械论的物理学今天不要求力学图式的实际统一；它要求为物理化学现象的诠释和系统化而使用力学图式的权利。”

329

因此，确实意识到他自己思考的过程的机械论者，不再把他的形状和运动的组合作为潜藏在直接可觉察的质之下的实在给予我们；他遵循英国学派，在它们之中仅仅看到**模型**，模型使他理解直接获得的经验信息变得比较容易，并促使他发现新事实；他只是把它们看做脆弱的和暂定的建造物，看做与他正在致力于完善的纪念馆没有本质关联的脚手架。

可是(p. 268)："从机械论的分析中产生的结论是这个体系的客观主义。如果你乐意的话，机械论是对物理学理论(当它受到检验时)的实在性的信念，它把与在另一个定义——机械论是对外部世界的实在性的信念——中相同的含义给予这个定义中的词汇'信念'和'实在性'。

"在不恰当的和错误的猜测中，机械论宣称正在向复写所有的物理经验进发。在最终结果中，我们应该对物质宇宙拥有完备的描述，从构成它的基础的基元现象到它向我们感官呈现的复杂细节的完备描述。"

莱伊先生的查询在这里停止了。在我们方面，我们能够向前推进它并质问莱伊先生本人；他刚刚完成的著作的确授予他在这场争论中被听证的权利。那么，他对其他人的著作的辛苦研究和他自己的反思导致他得出的结论是什么呢？

他宣称(pp. iv-v)："所有物理学家都承认必然的和普遍的真理的不断增长的储备，这种真理储备是纯粹实验的结果的集合。"他承认："理论只是工作和系统化的工具；这不是小看它们的作用，因为它们原来是物理科学中的所有发现和所有过程的源泉。"

他再次说(p. 354)："物理学理论没有独立于实验的客观有效性。……它是物理学家的必要工具；没有某种理论，物理学家无法处理物理学。"

理论(p. 355)"至少在今天不能宣称除技术价值之外的任何价值，这种技术价值是功利主义的而不是客观的。物理学理论，或

330

者确切地讲,理论物理学即相同形式的物理学理论的集合,仅仅是工具。”

“如果物理学理论基本上是方法(pp. 357-358),我们很容易设想,它们可以有许多。……除了在假设领域之外,多样性和歧异性在物理学家中间不存在并且不能存在。……假设除了作为研究方法外没有其他作用。物理学理论仅仅在下述情况下才是多样的和歧异的:它们先于其他一切具有方法论的价值,它们出自心智在假设选择时以隐蔽它的无论什么名义做出的任意行为。”

在物理学中除实验事实以外不存在其他真理;理论仅仅是分类的手段和研究的工具。因此,物理学可以同时使用截然不同的和互不相容的理论;理论物理学只有技术的和功利的价值:莱伊先生通过对物理学中使用的程序的概观,通过对物理学家的各种观点的审查,在逻辑上导致的断言就是这样的。实用主义者对于更有利于他的观点的结论能够希望什么呢?一些人把物理学理论定义为要求就本性而言成功地指导我们行为的处方,作者似乎没有决定性地断言他们的意义吗?

可是,如果我们把自己局限于收集这样的断言,我们关于作者的真实思想该会犯多么大的错误啊!他也许会被列入行动哲学的最热情的党徒之中,而他的书却恰恰是为了答复实用主义而写的;他主张辩护的命题是如下阐明的(p. 359):“物理化学科学具有知识的客观价值。所谓知识的价值或理论的价值,我意指它们与不断扩展和深化的自然知识有关的价值,我排除它们与自然力的实际利用有关的价值。”

因此,我们收集到的与莱伊先生的著作的文本一致的判断表达他的思想的一部分，而且仅仅是一部分；它们表达紧随他的查询和批判性研究之后他被迫发表的结论；当首次审查时，它们在他的学说的表面上是十分清楚的和明显的，但是与他的理智的真正根基似乎没有关联；人们几乎可以说，它们是从外部强加的偶然的思想。在这一思想之下，存在着同时从理解力的最密切的部分突出的不同的思想；这个潜在的思想急欲支撑掩盖它的思想的重量；它331抗议逻辑批判要求强加给它的断言，这些断言的形式的和精确的语调并未成功地窒息自然用来反对它们的否定。

正是从他的书的头几页(pp. iv-v)开始，莱伊先生就声明："对于所有物理学家来说，存在必然的和普遍的真理的不断增长的储备，这种真理储备是由实验结果的集合形成的。"然而，逻辑学家在他那里十分明确地了解，任何实验结果都是特殊的和偶然的，但是自然反对逻辑并对他呐喊：通过观察向物理学家暴露的特殊的和偶然的真理，是必然的和普遍的真理向他显示的具体形式，尽管他的方法不容许他面对面地沉思这样的真理。

逻辑批判并未成功地在物理学理论中看到比工具更多的任何东西。现在，工人使用对他来说是方便的工具，他拿着它是因为他喜欢它，为了采用任何其他工具，他可以自由地丢弃它。方便决定性地是他的唯一指导；倘若他的工作出色地完成了，对他来说他用以完成它的最恰当的程序多么要紧！如此与物理学理论同行的是：物理学家可以任意地构造它们，无论何时他看到合适时都可改变它们；它们可以相继地属于所有学派，今天属于原子论学派，明天属于动力学学派，后天属于能量论学派。只要发现新事实，人们就没有权利指责他不一致或非难他翻案。

这里是自然如何重新反对这些批判性的教导(p. 354):"物理学理论不是每一个科学家在他看到合适时,可以使用或抛弃的纯粹个人的建议。……如果他今天面临几个理论形式,那么它们并非相互对立,尽管一个人的愿望与另一个人的愿望对立;但是,在一个学派的概念与另一个学派的概念对立时,也就是说,在情况要求是稳定的并把心智整合到同一道路时,它们是对立的。"

依据什么权利,纯粹技术的程序坚持把它自己强加于整个学派呢?尤其是,依据什么权利,它要求它自己普遍被接受,以致世界上的每一个工人被迫以相同的方式完成相同的任务呢?事实上,即使物理学理论仅仅是工具或器械,这种理论也没有毫不犹豫地断言对这一普遍统一的荒谬要求(p. 375):"物理学目前的容貌并非它将总是目前的容貌。相反地,一切都导致人们认为,它仅仅是由于相对短暂的偶然事件。……于是,我们在物理学理论中注意到的歧异甚或对立,将随物理学进步继续减少;它们已随物理学进步继续减少了。这种差异不是物理学的本性中固有的;它们本质上存在于它的发展的初始时期。 332

"因而,只要我们读一下物理学家——不管他是谁——对物理学的反思,我们从未看见他对科学的统一和理论的最终一致提出最细微的怀疑,至少是在它们的普遍路线上。每一个人都理所当然地认为,分歧只不过是暂时的。"

让我们承认它;让我们假定,所有这些分歧都被消除了。我们最终成功地构造出人人都接受、物理学家都渴望的单一理论。这个理论将享有普遍的赞同;然而,它的实质是不能被改变的。现在,逻辑批判教导我们,物理学理论本质上仅仅是分类工具,它未包含真理的片段,实验没有把真理的片段带给它。当所有物理学家采纳实验定律在其中被省略的同一理论时,理论物理学将是什么呢?它还将是并将总是被整理的经验知识。秩序将扩展到所有经验知识;这种秩序由以进行的分类模式将被所有科学人共同一致使用。无论如何,理论物理学比任何粗俗的、无组织结构的、经验的知识可以更方便地使用,更有实效,它将除了后者之外没有另外的作为知识的价值。

批判正是这么讲的;但是,自然为了使它希望落空,立即发出声音(p. v):

“理论构成假设的领域,也就是说,……构成相继近似于真理的领域,这预先假定愈来愈密切近似的真理。……可以合法地谈论物理科学的同质的理想心智:它同时允诺物理科学的未来实证逻辑和人的关于物质及其知识的哲学。”

因此,对物理学使用的方法和物理学家的证言的逻辑批判,导致莱伊先生如下断言:物理学理论只是适合于增加经验知识的工具;除了实验结果外,在其中没有为真的东西。但是,自然反对这一判断;它宣布,存在着普适的和必然的真理,物理学理论通过稳定的进步——这种进步不断地拓展它同时使它更为统一——一天接一天地使我们对这个真理有更完善的洞察,以致它构成名副其实的宇宙哲学。

333

四

阅读莱伊先生的著作向我们表明,这位作者依次采取了两种截然不同的和相当对立的态度:反思的和批判的态度,本能的和自发的态度。批判的反思迫使他宣布,理论物理学只知道实验上揭示的、必定是偶然的和特殊的真理,而理论只不过是分类和发现的工具,并未把知识添加到纯粹经验的事实中。另一方面,本能的和自发的直觉又驱使它宣布,存在绝对的和普适的真理,从而存在超越实验的真理,物理学理论稳定地变得更广阔和更统一的进步,指向对这种日益精确和完备的真理的某种洞察。

我们将宣布莱伊先生推理的、沿相反方向运动的这两条路线是矛盾的吗?我们将以逻辑的名义责备它们吗?肯定不。我们将不谴责它们,正像我们不谴责我们在机械论继承者的思想中辨认出的两种相反的趋势一样,正像我们不责备彭加勒先生就不连贯性——先是拒绝、接着又承认物理学理论的客观有效性——所阐述的命题一样。在马赫、奥斯特瓦尔德和兰金那里,以及在仔细审查物理学本性的所有人那里,我们都能够观察到相同的这两种态度,一个看来好像是另一个的平衡重量。宣称在这里只有不连贯和荒谬也许是幼稚的;相反地,很清楚,这种对立是一个本质上与物理学理论的真正本性相关的根本事实,我们必须如实地记住这个事实,如有可能就说明这个事实。

当物理学家把他的注意力对准他正在构造的科学,同时把他在构造它时使之起作用的各种程序交付严格的审查时,他在经验观察之外没有发现能够把最小的真理片段引入大厦结构的东西。我们能够就自称断言经验事实的命题并且只能就这些命题说,它们为**真**或为**假**。我们能够就这些命题并且只能就这些命题断定,它们无法容纳任何不合逻辑性,在两个矛盾的命题中至少它们之一必须被拒斥。至于通过理论引入的命题,它们既不**真**也不**假**;它们只是**方便的**或**不方便的**。如果物理学家判断借助相互矛盾的假设构造物理学的两个不同分支是方便的话,那么他可以自由地这样做。除了真和假之间的任何上诉外,可以利用矛盾律判决。因此,责成物理学理论在它的发展中保持严格的逻辑统一,也许是把不公正和不宽容的暴政强加于物理学家的心智。

334

当物理学家把他的科学交付这种仔细审查后返回他自身时,当他开始意识到他的推理的进程时,他立即辨认出,他的所有最强烈的和最深沉的渴望都因对分析结果的绝望而落空。不,他不能使他的心智在物理学理论仅仅看到一组实际程序和堆满工具的架子而和解。不,他不能相信,物理学理论仅仅分类经验科学积累的信息,而没有以任何方式改变这些事实的本性,或者没有在事实上留下仅有实验不会在物理学理论上雕刻的印记。如果在物理学理论中只存在他自己的批判使他在其中发现的东西,那么他便会停止把他的时间和精力投入这样的贫乏意义的工作。**物理学方法的研究无力向物理学家揭示导致他构造物理学理论的理由。**

物理学家不管是多么实证论的,都不能拒绝承认这一点。不过,如果他没有越过这一承认,并且断言他向物理学理论愈益统一和愈益完备的努力是合理性的,那么他的实证论必须是十分严格的,甚至比莱伊先生要求的还要严格,尽管物理学理论的逻辑审视无法发现它的理由。他在下述命题的矫正中不设置这个理由将是十分困难的:

物理学理论把某种关于外部世界的知识给予我们,这种知识不能还原为纯粹经验的知识;这种知识既不来自实验,也不来自理论使用的数学程序，以致仅仅理论的逻辑剖析不能发现把这种知识引入物理学结构所通过的裂隙；物理学家不能否定它的实在性，正像他不能描绘它的路线一样，通过这一途径是从易于为我们的工具所拥有的真理之外的真理推导出来的；理论用以排列观察结果的秩序在它的实际的或审美的特征中并未找到它的恰当的和完备的辩护；此外，我们推测，它是**自然分类**或它倾向于是自然分类，通过其本性逃出物理学的范围，但其存在却作为某种可靠的东西强加于物理学家心智的类比，我们推测它对应于某种极其突出的秩序。 335

一言以蔽之，物理学家被迫认识到，**如果物理学理论对形而上学没有日益明确确定的和日益精确的反思，那么为这种理论的进步而工作恐怕是不合理性的；对超越于物理学的秩序的信仰是物理学理论的唯一辩护。**

任何物理学家关于这个断言所采取的交替敌对的或赞成的态度，用帕斯卡的话概述如下："对任何教条主义来说，我无力证明任何东西是无可辩驳的；而对任何怀疑论来说，我们的真理观念是无可辩驳的。"

索　引

（索引中数码为原书页码，本书边码）